環境・生命科学

榊 佳之・平石 明 編

東京化学同人

表紙デザイン：中村未里（MiMiZK）

は じ め に

　ヒト *Homo sapiens* は紛れもなく生物の一員である．しかし，同時に"人間"という特殊な存在でもあり，地球環境に大きな負荷を与え，逆にそこから大きな影響を受けている．したがって，生命科学や環境科学を学ぶことは，自らを学ぶということでもある．

　生命科学の進歩はめざましく，生命にかかわる膨大な量の情報を簡単に活用できる時代になっている．そこから得られる知識は単に教養としてのみならず，各個人の人生の道標となるはずであり，人類全体の幸福をもたらす共有財産でもある．一方で，ヒトという存在は地球環境形成とともに歩んできた長い生物進化の歴史の賜物であり，命を育む良好な環境の維持がなければ成立しない．いま，深刻化してきた地球規模での環境の変化・劣化は，将来へ向けての人類全体の生存をも危うくしかねない段階まできている．すなわち，これ以上地球環境が悪化すると，もう後戻りできないという転換点に至っている．今日においては，個人の生活は無論のこと，政治・経済・産業・ビジネスなどありとあらゆる場面において環境への影響を考えざるをえない状況になった．まさしくここに生命と環境のかかわりを学ぶ意義があり，その重要性がますます高まっていくことに疑う余地はない．

　工科系学生は大学や大学院で高度の専門知識や技術を修得する一方，生命や環境に関する知識と知恵を身につけないままに社会に出ていくことも多い．しかし，モノ・技術と生命・環境のインターフェースを強く意識しなければならない今日の高度技術社会においては，これらの知識なくしては先導的技術者としての活躍は見込めない．とはいえ，工科系では，生命科学や環境科学の学習に多くの時間を割くことは難しく，また手頃な教科書も少ない．このような状況を考えて，筆者らは，本書の前身となる「理工系学生のための生命科学・環境科学」を2011年に出版した．

　それ以来，10年を過ぎて新しい生命科学，環境科学の知見も蓄積されてきた．この間，地球環境問題はますます深刻化し，2020年からは新型感染症によるパンデミックという危難にもさらされた．これらの状況を受けて，新たに本書を企画・制作した．本書は時代に合わせて新たな内容も盛り込んでいるが，理工系学生が環境と生命の基本情報を学ぶという入門書としての形は貫いている．すなわち，細部に立ち入りすぎることなく，工学系で必要とされる分子レベルからみた生命科学の基礎と，環境問題に絡む環境科学の基礎を過不足なく取入れ，半期の講義でカバーできる量に収めている．

　第1章から第5章までは生命科学の基礎に関する記述であり，適宜改訂を加えた．まず生物の基本単位である細胞に焦点を当て，それを構成する基本分子とそれらが生み出す生体反応を理解する．そのうえに立って生物の基本設計図であるゲノム・遺伝情報とそれに基づくからだの形成のプロセス，さらに，機能分化した細胞・臓器がバランスよく活動するための情報伝達システムを学べるように構成されている．第6章では，生物の仕組みを産業活用するうえで重要な生命工学について内容を刷新し，とくにゲノム編集の技術も併せて紹介している．

　第7章と第8章は生命と環境とのかかわりに重点をおいたセクションであり，生物の進化および生物圏・生物多様性について記述し，後半では人間圏や環境汚染についても触れながら，外来生物や遺伝子汚染についても情報を加えた．

第9章以降は環境科学のセクションであり，環境メディアとしての水，土，大気に続いて，とくに環境問題と関連が深い化学物質や廃プラスチック汚染を新たに取上げた．また，環境メディアとしての土については内容を一新した．社会とエネルギー，地球環境と持続社会についても，生命の集団的生存を可能にする方法論という観点から，持続社会形成や持続可能開発目標（SDGs）についても触れている．

本書を学ぶ学生は，それぞれに異なるバックグラウンドや知的興味をもっていると想像される．したがって，生命と環境を理解する道筋も多様であってよい．たとえば生体による物質生産に関心があれば，ゲノム・遺伝情報と生命工学の理解から入るとより興味が深まるかもしれない．エレクトロニクス，計測などに関心が深ければ，情報伝達から入り，その分子的基礎を学ぶとよいかもしれない．環境問題に関心があれば，後半から入っていただいても結構である．どこから学び始めてもよいよう，各章では適宜他章の内容を引用し，相互に参照できるように心がけた．

前書から引き続き，生命と環境のかかわりというテーマに果敢に挑み，改訂したつもりではあるが，なお不十分な点もあろうかと思う．多くの方々に目を通していただき，ご批判・ご意見をいただければ幸いである．最後に，本書執筆の機会を与えてくださり，労を厭わずご協力くださった東京化学同人編集部井野未央子氏，平田悠美子氏に厚くお礼申し上げる．

2021 年 9 月

榊　　佳　之

平　石　　明

編　集　者

榊　　佳　之　　豊橋技術科学大学 第6代学長，東京大学名誉教授，
　　　　　　　　　豊橋技術科学大学名誉教授，静岡雙葉学園 理事長，理学博士

平　石　　明　　豊橋技術科学大学名誉教授，理学博士

執　筆　者

井 上 隆 信　　豊橋技術科学大学建築・都市システム学系 教授，博士(工学)

浴　　俊　彦　　豊橋技術科学大学応用化学・生命工学系 教授，薬学博士

菊 池　　洋　　豊橋技術科学大学名誉教授，農学博士

北 田 敏 廣　　豊橋技術科学大学名誉教授，岐阜工業高等専門学校名誉教授，
　　　　　　　　　　　　　　　　　　　　　　　　　　　　　　工学博士

後 藤 尚 弘　　東洋大学情報連携学部 教授，博士(工学)

滝 川 浩 史　　豊橋技術科学大学電気・電子情報工学系 教授，博士(工学)

辻　　秀　人　　豊橋技術科学大学応用化学・生命工学系 教授，博士(工学)

豊 田 剛 己　　東京農工大学大学院生物システム応用科学府 教授，博士(農学)

中 鉢　　淳　　豊橋技術科学大学エレクトロニクス先端融合研究所 准教授，
　　　　　　　　　　　　　　　　　　　　　　　　　　　　　　博士(理学)

平　石　　明　　豊橋技術科学大学名誉教授，理学博士

横 田 久里子　　豊橋技術科学大学建築・都市システム学系 准教授，博士(学術)

吉 田 祥 子　　豊橋技術科学大学応用化学・生命工学系 講師，薬学博士

　　　　　　　　　　　　　　　　　　　　　　　　　　　　　（五十音順）

目　　次

プロローグ

われわれは**生物**というものを直感的に認識できる．たとえば，野山に繁茂する草木や飛び交う昆虫などをみて"生命"の息吹を感じとることができるし，身近にいるイヌやネコなどのペットに触れ，その温もりとともに生きていることを実感する．生き物は石や機械などの無機質なものとは違うものだと当然のごとく思ったりする．

では，生きているとは具体的にどういうことなのだろうか．生きている実体，すなわち生命体は，道具や機械とどのように違い，そしてどこが同じなのだろうか．生命の定義については第1章と第7章にも触れているが，最も大きな特徴の一つとして自らの手で自分のコピーをつくること，すなわち**自己複製**することがあげられるだろう．複製というと複写機で書類をコピーしたり，パソコンでファイルをコピーすることを思い起こすが，これらは自己複製ではない．機械の場合は"ものづくり"ともいわれるように，それらをつくった担い手（すなわち人間）が別に存在し，機械自身が自分のコピーをつくるのではない．一方，生命体の場合は自己複製によって親から子が産まれ，それが代々受継がれていく．ここでいう自己複製とは，狭義には生物の基本単位である**細胞**（第1章参照）が分裂することによりもとと同じ細胞ができることを意味している．細菌のような二分裂で増殖する単細胞生物は，まさしくこのような自己複製を行って子孫を増やしている．多細胞生物の個体でもこのような細胞レベルでの複製が日常的に起こっている．雄と雌の有性生殖によって生まれる子は，正確には自己複製ではなく，両親から半分ずつの性質を受継いでいるが，ヒトからはヒトが，チンパンジーからはチンパンジーが生まれるように種レベルでみれば自己複製ということになる．

生きていることのもう一つの証は，化学反応を起こすこと，すなわち**代謝**（＝物質交代）を行うことである（第2章参照）．物質という点においては，生命体と生命をもたないものとは本質的に違っているわけではないが，前者はおもに水と有機化合物からなる集合体であり，環境から物質を取込み，それをもとにして化学反応を行い，物質をまた環境中に排出する．たとえば，われわれヒトは栄養の一つとして**炭水化物** $C_n(H_2O)_n$ を摂取し，それを分解する過程で発生したプロトン H^+ と電子 e^- を処理するために，空気中から酸素 O_2 を取込み，これにくっつけて水 H_2O（糞尿，汗，水蒸気）として処理している．そして，残りの分解物は二酸化炭素 CO_2 として排出している．これは**呼吸**とよばれるエネルギーを得るための代謝の一種である．見かけ上，取込まれた酸素は血液によって体内に運ばれ，肺の中で二酸化炭素との交換が行われているため，呼吸とは"酸素を吸って二酸化炭素を吐き出すこと"と子供の頃に教わったりする．化学反応には多くは触媒が必要であるが，生命体のなかでそれを担うのは**酵素**とよばれるタンパク質である．タンパク質はまた，生体内における物質の貯蔵・輸送，免疫，受容体やシグナル伝達などさまざまな機能にかかわるだけでなく，皮膚，筋肉，臓器などといった体を構成する主要物質でもある．

以上で述べた"自己複製"と"代謝"の中心になるのが**ゲノム**および**遺伝子**である（第3章参照）．19世紀後半に，G.J. Mendel（メンデル）は遺伝の法則を発見し，遺伝形質は"遺伝粒子"によって受継がれるということを提唱した．この遺伝粒子に対して，20世紀初期に W. Bateson（ベイトソン）が初めて gene（遺伝子）という言葉を用いた．これらに先んじて，細胞の核の中には塩基性の色素でよく染色されるひも状の構造体が発見されており，1888年に H.W.G.von Waldeyer-Hartz（ヴァルデヤー・ハルツ）によって chromosome（染色体）と名づけられた．その後，T.H. Morgan（モルガン）らによるショウジョウバエを用いた研究結果から，遺伝子が染色体上にあることが証明され，1944年には O.T. Avery（アヴェリー）によって **DNA** が遺伝物質であることが実証された．そして，1953年に DNA の二重らせん構造が明らかにされたことにより，DNA が自己複製するのにきわめて都合のよい構造をもつことがわかった．

DNA，遺伝子，ゲノムがさす実体は同じであるが，意味は異なる．DNA はその実体の単なる物質名である．遺伝子の本体は DNA であるが，遺伝子という言葉にはその働きの概念が含まれる．すなわち，遺伝子

はタンパク質をつくるための設計図に相当し，生物の形，代謝，性質を決定づける．ゲノムとは元来一つの生物が生きるうえで必須な遺伝子の最小セットをさす用語だが，今ではその生物のもつ遺伝子および非遺伝子部分のDNA全体をさすようになっている．たとえば，大腸菌ゲノムのほとんど全部は遺伝子によって占められているが，ヒトゲノムの遺伝子部分（実際にタンパク質に翻訳される領域）は全体の1.5%しかない．

　このようにみてくると，生命体の本質はゲノムにあると考えられそうであるが，それだけで生命体を論じられるわけでもない．たとえば，**ウイルス**は複数の遺伝子からなるゲノムをもつが，細胞をもたず，代謝も行わない．通常は，ゲノムがタンパク質の殻に包まれた（一部はさらにエンベロープという外皮に包まれた）単なる微粒子（**ビリオン**）として存在しているだけである．新型コロナウイルス（SARS-CoV-2）のような病原性ウイルスも，宿主の外ではそうである．しかし，宿主の受容体を通してひとたび細胞の中に取込まれると宿主の力を借りて自己のコピーをつくる．ウイルスのこの特徴あるふるまいは，ある面で人工的な機械に似ている．機械は外から電気エネルギーや燃料を与えられないかぎり何もしない．だからといって放置されていても，壊れないかぎり機能を失うわけではない．しかし，ひとたびエネルギーが供給されれば仕事を行うことができる．

　一方，生命体は，芽胞などの耐久細胞の例外があるとしても，常に物質の出し入れをしていないと自己複製もできないし，生きることもできない．働きのうえでは有機的な超分子機械とみなすことができる生命体であるが，この点で人工的な機械やウイルスとは異なる動的な存在なのである．

　もう一つ生命体の重要な点として，われわれヒトにおいては実は自己のゲノムとは別のゲノムの集合体が存在し，生きることにかかわっていることを忘れてはならない．それは体内に共生する微生物のゲノムの集団であり，**ミクロバイオーム（微生物群ゲノム）**とよばれる．ヒトに限らず消化管をもつ動物であれば必ず微生物が共生し，さらに植物や単細胞の真核微生物でさえも細胞内に細菌を共生させている場合がある．このようなミクロバイオームは宿主の代謝に密接にかかわっていることから，宿主自身のゲノムの働きと併せ

て**超組織体**とよばれる．そして，この超組織体が，常に環境中の物質の流れの通り道（**交換プール**，第8章参照）になっている状態が，実際の生物としての姿なのである（下図参照）．

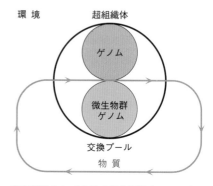

超組織体としての生命体と環境とのかかわり

　地球上には三千万種以上ともいわれる数えきれないくらいの生物種が存在し，それぞれが独自のゲノムと遺伝子をもっている．生命体の自己複製という仕事が忠実にコピーすることであるとするなら，これだけの莫大な多種・多様な生物がいることはむしろ不思議に思えるが，実は忠実度の高い自己複製でもわずかなエラーが起こる．その結果，時間に対して一定の速さでゲノムは変化することになる（第7章参照）．また，ゲノムの変化は環境の状態や変動に影響を受ける．すなわち，環境変動とゲノムの多様化に伴って生物の進化が起こり，環境との新しい相互作用も生まれる．このことこそが生命の本質と言えるかもしれない．

　遺伝学者の木原均は"地球の歴史は地殻の層にあり，すべての生物の歴史は染色体に刻まれている"という言葉を残した．実際には地層のなかにも生命の歴史があり，生命体のなかにも地球の歴史が刻み込まれている．生命と環境は密接につながった存在であり，生命の起原から現在に至るまで生命は地球環境とともに進化してきた．つまり，生命体は，ゲノムという内因性の存在によって制御されていると同時に，外因性の環境（地球）によって常に培養されているのである．環境は，いわば生命体およびその総体としての**生物圏・生物多様性**（第8章参照）の"ゆりかご"であり，**地球環境問題**（第13〜15章参照）の顕著化とともに，ますますその重要性を帯びてきている．

I

生 命 の 科 学

1 生命の基本構造

　生命とはなんだろう．この一見つかまえどころのない問題に対して，科学的に理解しようとするなら，まずそれがどのような形をし，どのようなものでできているかを客観的にみることから始めるのが正しい進め方であろう．本章では，生物個体共通の構造の特徴と，それを構成している物質について学ぶ．物質生化学的な立場から生命共通の物質を学ぶことにより，生命の本質に近づくための基礎を固めよう．

1・1　生体は入れ子構造

　生物は，地球上のいたるところに生息しており，ありふれた存在だが，多様な形がある．それゆえ生物全体を定義することは意外と難しい．生物の定義にはさまざまな視点があるが，一つの必要条件は，組織だった入れ子構造をもつことである．金属塊やバターのように，原子や分子がただ寄せ集まって形づくられているわけではない．図1・1に示すように，生物個体を構成するのは各器官であり，**器官**は，**組織**からなる．組織は，特異的な**細胞**が集まり，細胞内は，**細胞小器官**，**超分子**[*1]，**高分子**，**低分子**から原子に至るまでの間にはっきりと構造的に区別できる階層がある．これは，自

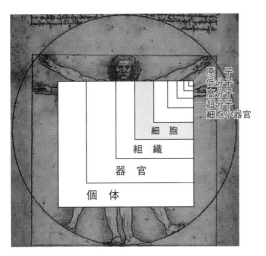

図1・1　生体は入れ子構造　複雑に見える生体も順次簡単な階層に分解できる．

動車など高度な機能的な機械にもみられることであり，その意味から，生物は高性能な分子機械とよばれることもある．しかし，何といっても生物が人工的な機械と異なる点は，個体が自己複製するところである．生命の定義については§7・1・1も参照されたい．

1・2　細　胞

　生物の自己複製に注目したとき，入れ子構造のなかで自己複製が可能な最も小さな単位は細胞である．細菌や酵母などの**単細胞微生物**は，1個の細胞で生活し，独立して自己複製している最も単純な生物である．そのことからも生物の基本単位は細胞であるといえる．ヒトの場合，約40兆個の細胞からなる**多細胞生物**の一種であり，機能が異なる200種類以上の細胞が存在するといわれている．

　細菌からヒトまでの生物を構成する細胞を詳しく観察すると，細胞には2種類あることがわかる．細菌などの**原核細胞**とそれ以外の生物の**真核細胞**である（図1・2）．真核細胞では，膜で包まれた**核**とよばれる構造が存在する．核は遺伝情報をもつ**染色体**を格納している．原核細胞には膜に囲まれた核構造はなく，染色体は裸の状態（核様体，図1・2b）で存在している．

　原核細胞はその遺伝情報の発信（**遺伝子発現**という）の仕方，**細胞膜**の構造，系統などから，さらに**細菌（バクテリア）**と**アーキア**という二つの集団に分けることができる．大腸菌（学名 *Escherichia coli*），結核菌（*Mycobacterium tuberculosis* など），乳酸菌（*Lactobacillus casei* など多数）など，日常的によく聞く病原菌や有用

---

*1　**超分子**：高分子が集合し，一つ一つの高分子にはない機能をもつ場合，その集合体を超分子とよぶ．しかしあまり厳密な定義はない．リボソーム（§3・4・2参照）や細胞膜など．ウイルスを超分子とする場合もある．

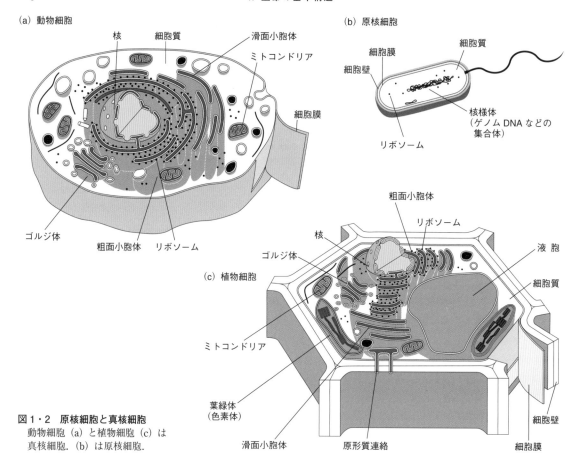

(a) 動物細胞

核　　細胞質　　　　　　滑面小胞体

ミトコンドリア

細胞膜

ゴルジ体　　　粗面小胞体　リボソーム

(b) 原核細胞

細胞膜　　細胞質

細胞壁

核様体
（ゲノム DNA などの
集合体）

リボソーム

(c) 植物細胞

粗面小胞体

リボソーム

核

ゴルジ体

液　胞

細胞質

ミトコンドリア

葉緑体
（色素体）

滑面小胞体　　原形質連絡

細胞壁

細胞膜

図 1・2　原核細胞と真核細胞
動物細胞 (a) と植物細胞 (c) は
真核細胞．(b) は原核細胞．

菌は細菌に属する．アーキアとよばれる一群の原核生物は，細胞形態上は細菌と見分けがつかない．高温や高塩濃度などの極限環境（§8・1・1 参照）に生息するものも多く，生理学的に**超好熱菌**（§7・2・1 参照），**高度好塩菌**，また**メタン生成菌**（§10・4・1 参照）などに分類されるものがある．

　生物の基本である細胞や系統を基準に自然界の生物を大きく分けると，**細菌，アーキア，ユーカリア**（真核生物）の三つに分類できる（§7・2・1 参照）．不思議に感じるかもしれないが，パンや酒を作るのに利用される酵母は単細胞微生物ではあるが，真核生物の仲間であり，同じ単細胞微生物である細菌よりも，はるかにわれわれヒトに近い生物である．

　動植物の細胞は，もちろん真核細胞であるが，動物と植物とではかなり違っている．植物細胞は多糖類などで構成される**細胞壁**をもつ．一方，動物細胞には細胞壁はない．細胞小器官といわれる**ミトコンドリア**（図 2・7 参照），**小胞体**[*2]，**ゴルジ体**[*2] などは，動植物共通にみられるが，**葉緑体**（図 2・10 参照）は，植物細胞のみにみられる細胞小器官である（図 1・2）．一方，原核生物には細胞小器官はみられない．

1・3　生命の分子

　細胞を化学的に分析してみると，70〜80％は水であり，その他はタンパク質，炭水化物，核酸，脂質，無

[*2]　**小胞体とゴルジ体**：小胞体（endoplasmic reticulum, ER と略される）は，真核細胞の細胞質にみられる膜系で核の外膜と連続している．表面にリボソームがついている粗面小胞体と，ついていない滑面小胞体とがある．合成されたタンパク質を受取り，その後の膜系への輸送の機能をもつ．ゴルジ体（Golgi body）は真核細胞にみられる細胞内小器官で，粗面小胞体でつくられたタンパク質がここへ運ばれ糖鎖の付加などを受ける．

機質，ビタミンなどである．これは，われわれヒトが日常，食物から得る必要のある5大栄養素（タンパク質，炭水化物，脂質，無機質，ビタミン）に核酸と水が加わっただけである．核酸はこれら5大栄養素があれば生合成が可能であるので栄養素には入っていない．一方，水はあまりにも普通，あるいは重要すぎて栄養素に入れていないのであろう．当然といえば当然であるが，われわれの体は自身で食べているものでできているのである．

1・3・1　水

宇宙探査機が他の天体で水を発見すると，生命体の存在の可能性が大きく報じられる．なぜかといえば，生命が水なしでは存在しえないからである．生きている生物のなかでは統制のとれた化学反応が常に起こっている．その化学反応は水を中心とした化学反応である．これらの化学反応は水を溶媒として行われており，また，水自身が反応物（**基質**）であることもある．水はそのほかにも生体内での物質輸送の媒体としても活躍する．

水 H_2O は，化学的に変わった物質である．周期表上，酸素と同族の硫黄やセレンの水素化合物である硫化水素 H_2S やセレン化水素 H_2Se の沸点は，それぞれ−60℃および−42℃である．分子量から単純計算すると水の沸点は−100℃と類推されるが，実際には+100℃で，異常に高い．また，蒸発熱も大きく，0℃という融点の高さも他の水素化合物に比較して異常である．この特殊な性質は，水分子どうしが互いに強く引き合っているからである．

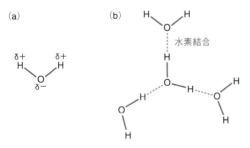

図1・3　水の構造　(a) 水分子の極性．δ+，δ−は，それぞれ，電荷が少しプラスおよびマイナスに傾いていることを表す．(b) 水分子間でできる水素結合．

酸素原子は**電気陰性度**（電子を引きつける性質）が大きく，水分子中の水素から電子を引きつける．その

ため，水素は正電荷を帯び，酸素は負電荷を帯びる（図1・3a）．このように電荷の片寄りをもつ分子を**極性分子**という．水は極性溶媒といわれ，同じ極性分子や電荷をもつイオンをよく溶かす．また，水分子どうしは図1・3(b)に示すように極性分子であるので，互いに結合し，一種の巨大分子のように振舞うため高い沸点や蒸発熱が大きくなることが説明できる．このように水素原子を介して電気陰性度の大きな原子が引き合っている結合を**水素結合**という．水素結合の**結合エネルギー**（結合を切るのに要するエネルギー）は12.5〜41.9 kJ/mol（3〜10 kcal/mol）で，**共有結合**の10分の1ほどで大きくはないが，切れやすくまたできやすい（表1・1）．

生命と水については，§9・2・1でも述べる．

表1・1　化学結合のエネルギー

結　合	$\Delta G°'$〔kJ/mol〕	$\Delta G°'$〔kcal/mol〕
共有結合	−209〜−460	−50〜−110
イオン結合	−4.2 （ただし水のないときは−335）	−1 （ただし水のないときは−80）
水素結合	−12.5〜−41.9	−3〜−10
ファンデルワールス力	−2.0〜−4.2	−0.5〜−1
疎水結合	−2.0〜−12.5	−0.5〜−3

結合エネルギー：安定な化合物内の原子間を解離させるのに必要なエネルギー．$\Delta G°'$は標準自由エネルギー変化（§2・2・1参照）．結合の切断で$\Delta G°'$が減少するので負の符号がついている．したがって絶対値が大きい方が強い結合であるといえる．

1・3・2　炭水化物

生物のエネルギーとなったり構造を支えたりする糖質は，主として炭素C，水素H，酸素Oからなり，一般に $C_n(H_2O)_n$ という分子式で表されるため**炭水化物**といわれる．糖質は，それ以上加水分解されない**単糖**，単糖がいくつかつながった**オリゴ糖**，さらに多数つながった**多糖**に分類される．

a. 単糖と光学異性体　単糖は，ふつう，分子内にアルデヒド基(−CHO)やケトン基(>C=O)をもっており，**還元性**を有する．アルデヒド基をもつ糖を**アルドース**，ケトン基をもつ糖を**ケトース**という．また，炭素の数に由来する名称もあり，炭素3個からなる単糖を**トリオース**（三炭糖），炭素4個のものを**テトロース**（四炭糖），炭素5個なら**ペントース**（五炭糖），6個なら**ヘキソース**（六炭糖）とよぶ．最も小さい単糖

はトリオースで，トリオースのアルドース（アルドトリオースという）は**グリセルアルデヒド**（図1・4），ケトトリオースは**ジヒドロキシアセトン**（図2・4左下のジヒドロキシアセトンリン酸からリン酸を除いたもの）である．

グリセルアルデヒドの真ん中の炭素には，四つの異なる原子団がつながっている．このように結合する四つの原子団がすべて異なっている炭素を**不斉炭素**という．炭素の四つの腕は正四面体の頂点に伸びている立体構造をもっているので，原子団のすべてが異なっていると2種類の立体構造（実像と鏡像の関係）が可能

である（図1・4）．これらは一種の**立体異性体**であり，特に**鏡像異性体**という．鏡像異性体溶液の多くは，**平面偏光を右や左に回転させる旋光性**という性質をもち，有機化学の分野では**光学異性体**ともよばれる．それぞれの異性体は，右を意味するデキストロの頭文字 "*d*"，左を意味するレボの "*l*" を，化合物名の前に付加して区別する．あるいは，それぞれ（＋），（－）を代わりに用いる．実際には旋光性（*d, l*）と原子団の立体配置の間にはわかりやすい関連性がない．そこで，糖の立体異性体を表す場合は，グリセルアルデヒドの構造を基本にして大文字のDとLを使って区別する（図1・4）．これらは *d, l* とは別の意味である．すなわち，アルデヒド基から最も遠い不斉炭素についている原子団の立体配置がD，Lどちらのグリセルアルデヒドと同じであるかにより区別している．たとえば，図1・5(a)に示すヘキソースである**グルコース**（ブドウ糖）は，5番目の炭素周辺の原子団の立体配置がD-グリセルアルデヒドと同じであるのでD-グルコースという．したがって，大文字のDやLは，実際の右旋光，左旋光を表しているわけではない．実際にD-フルクトース（果糖）溶液は左旋性を示す．左旋性を加味したい場合は，D-(-)-フルクトースと表す．

単糖のなかでも，核酸の素材である**D-リボース**，生命の燃料ともいえる**D-グルコース**や**D-フルクトース**，構造多糖のなかに含まれることの多い**D-マンノース**，**D-ガラクトース**などが重要である（図1・5b）．これらのペントースやヘキソースは，水溶液中ではアル

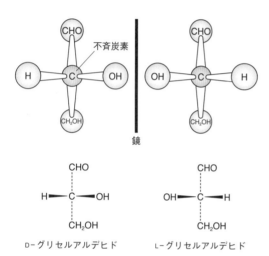

D-グリセルアルデヒド　　　　　　L-グリセルアルデヒド

図1・4　グリセルアルデヒドの立体異性体（鏡像異性体）上段は立体分子模型．下段は透視式．

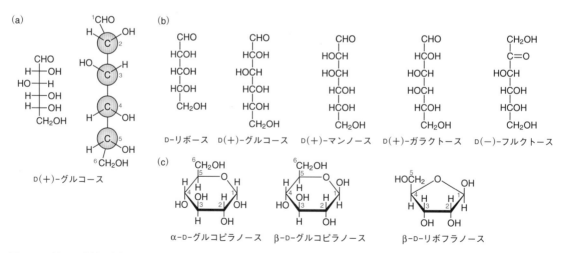

D(+)-グルコース

α-D-グルコピラノース　　　β-D-グルコピラノース　　　β-D-リボフラノース

D-リボース　　D(+)-グルコース　　D(+)-マンノース　　D(+)-ガラクトース　　D(-)-フルクトース

図1・5　種々の単糖　(a) グルコースの分子模型．数字は炭素を区別する番号．(b) リボースと主要なヘキソース（鎖状構造）．(c) 糖の環状構造（ピラノースとフラノース）．

デビド基やケトン基が分子内のヒドロキシ基（-OH）との間で結合し（**ヘミアセタール**[*3]という），分子の多くが環状構造をとっている．このことにより不斉炭素が一つ増え，新たな異性体が生じる．図1・5(c)に示すようにαとβの符号をつけ，この新たな異性体を区別している．1番の炭素についているOH基が下方の場合はα，上方の場合はβと命名する．αとβを互いにアノマーの関係という．また，五員環をもつ糖を**フラノース**[*4]，六員環をもつ糖を**ピラノース**[*4]といい，たとえば，六員環α型のD-グルコースは，**α-D-グルコピラノース**とよぶ．

b. 二糖，オリゴ糖，多糖　環状構造をとる単糖のヘミアセタールのヒドロキシ基は，他の糖のヒドロキシ基との間で脱水縮合して連結することができ，この結合を**グリコシド結合**（図1・6）という．単糖が二つまたは三つからなるものをそれぞれ**二糖**，**三糖**とよび，10個くらいまでつながったものの総称としてオリゴ糖という言葉が使われる．いくつまでをオリゴ糖とよぶかという数は定義されていない．

二糖類としては**マルトース**（麦芽糖），**ラクトース**（乳糖），**スクロース**（ショ糖）などがよく知られてい

る（図1・6）．スクロースでは還元基（単糖におけるアルデヒド基やケトン基）となるヘミアセタール部分が互いの結合に関与し，開環して還元性を示すことができないため**非還元糖**といわれる．マルトースやラクトースにおいては，グルコースの還元基が他の単糖などとの結合に関与せず還元性を示すことができるため，マルトースやラクトースは還元二糖といわれる．

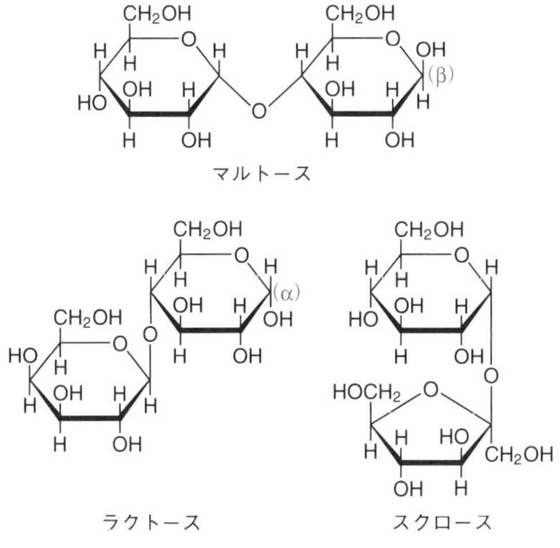

多糖類は単糖残基が数百から数万，グリコシド結合でつながった高分子で，すべての生物に見いだされ，エネルギーの貯蔵や生物体の構造を支える物質として機能している．エネルギー貯蔵の多糖の代表はデンプンと**グリコーゲン**[*5]である．デンプンはおもにグルコースがα-1,4結合（図1・6のマルトースの結合）で連なった直鎖状の多糖である**アミロース**，およびこのアミロース構造をもつ直鎖がα-1,6結合で枝分かれし，樹状構造をしている多糖である**アミロペクチン**[*5]の混合物である．筋肉や肝臓に蓄えられているグリコーゲンもアミロペクチンに似ているが，α-1,6結合での枝分かれがアミロペクチンよりも密になっている．また，こんにゃくは，多糖，コンニャクマンナンを主成分とする食品である．コンニャクマンナンはグルコースとマンノースがおもにβ-1,4結合で連なった多糖でグルコマンナンといわれ，コンニャク芋の貯蔵多糖である．一方，**セルロース**は，植物の構造を支える多糖の代表であり，グルコースがβ-1,4結合で連なった構造をしている．デンプンやセルロースのように一種類の単糖（この場合グルコース）からなる多糖をホモ多糖とよび，グルコマンナンのように2種以上の単糖からなる多糖をヘテロ多糖とよぶ．

1・3・3　タンパク質
われわれヒトの外観を形づくる皮膚，毛，爪，目，少し内側の筋肉はすべてタンパク質である．このような構造分子だけでなく，生命を支える機能分子，すなわち，体内の化学反応を触媒する酵素，免疫をつかさどる抗体，血液成分，一部のホルモンなどさまざまな

図1・6　おもな二糖の構造

[*3]　ヘミアセタール: アルデヒド基とヒドロキシ基が反応し結合したもの．R-CHO + R'-OH → R-CH(OH)-OR'．単糖では分子内でこの反応が起こり，たとえばグルコースでは，1番の炭素のアルデヒドと5番のヒドロキシ基の間でヘミアセタールとなり環状のグルコピラノースとなる．
[*4]　ピラノースとフラノース: ピランは炭素5個と酸素1個からなる環状の有機化合物（六員環）で，フランは炭素4個と酸素1個からなる環状の有機化合物（五員環）である．これらと同じ環状構造をもつ糖をそれぞれピラノース，フラノースと名づけている．
[*5]　グリコーゲンとアミロペクチン: アミロペクチンは植物の貯蔵多糖でデンプンの成分であり，グリコーゲンは動物の貯蔵多糖である．酵母や細菌にもグリコーゲンは存在する．どちらの多糖も，α-1,4結合でグルコースが連なった（アミロース様）支柱にα-1,6結合で枝分かれした複数のアミロース様グルコース鎖がついている．枝から枝の間隔がアミロペクチンでは約30残基であるのに対し，グリコーゲンでは2〜3残基であり，その枝分かれ密度はかなり異なっている．

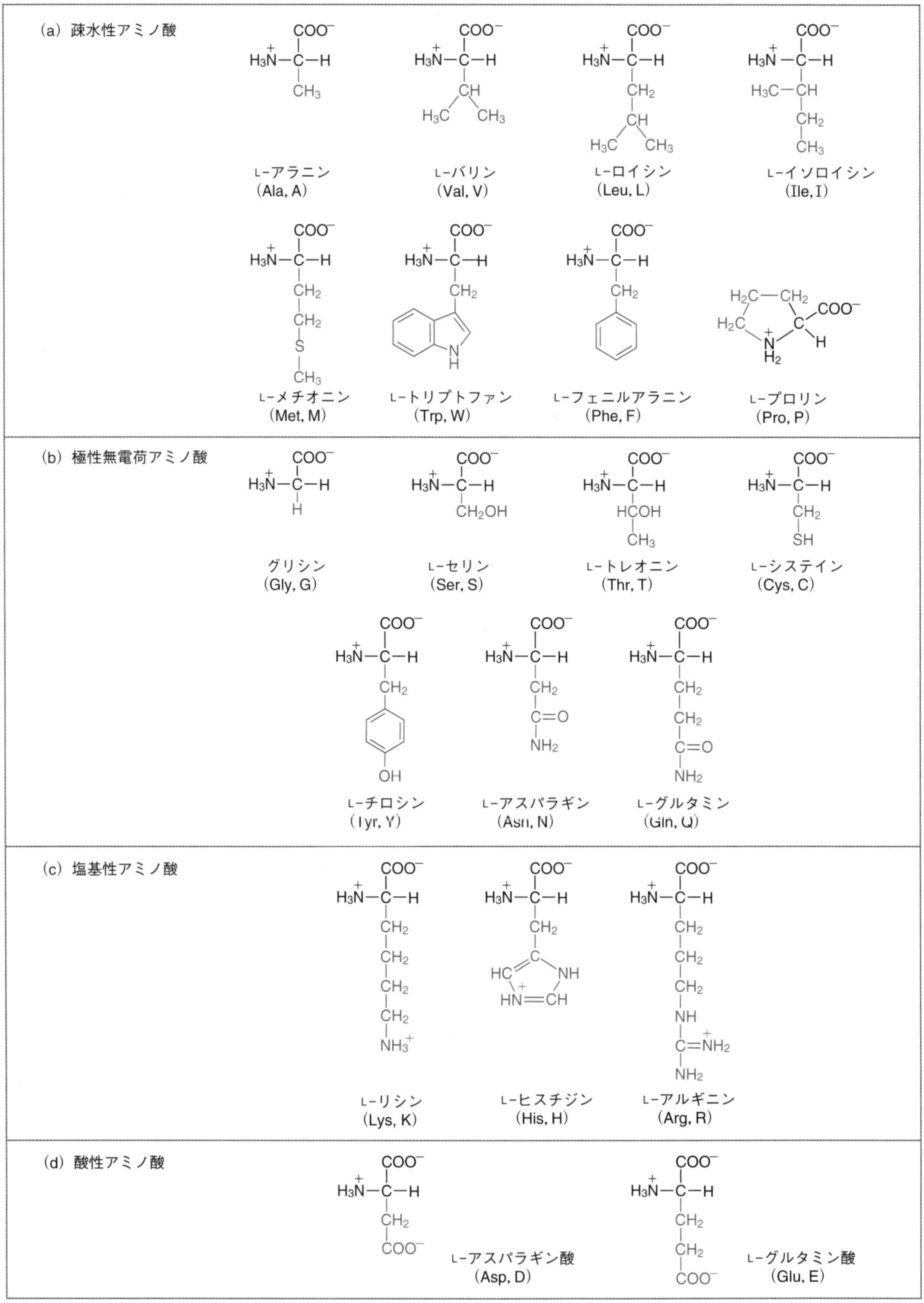

(a) 疎水性アミノ酸

L-アラニン
(Ala, A)

L-バリン
(Val, V)

L-ロイシン
(Leu, L)

L-イソロイシン
(Ile, I)

L-メチオニン
(Met, M)

L-トリプトファン
(Trp, W)

L-フェニルアラニン
(Phe, F)

L-プロリン
(Pro, P)

(b) 極性無電荷アミノ酸

グリシン
(Gly, G)

L-セリン
(Ser, S)

L-トレオニン
(Thr, T)

L-システイン
(Cys, C)

L-チロシン
(Tyr, Y)

L-アスパラギン
(Asn, N)

L-グルタミン
(Gln, Q)

(c) 塩基性アミノ酸

L-リシン
(Lys, K)

L-ヒスチジン
(His, H)

L-アルギニン
(Arg, R)

(d) 酸性アミノ酸

L-アスパラギン酸
(Asp, D)

L-グルタミン酸
(Glu, E)

図1・7　タンパク質中のアミノ酸　（　）内は略称（3文字記号，1文字記号）

機能分子もタンパク質でできており，動物細胞の乾燥重量の50%はタンパク質である．タンパク質は英語でprotein といい，ギリシャ語 *proteios*（最も重要なもの）に由来する．さまざまな機能をもつタンパク質だが，素材はいずれもたった20種類のアミノ酸である．これらのアミノ酸がいろいろな配列や長さで連なり多様な機能を発揮している．

a. アミノ酸　アミノ酸とは，アミノ基（$-NH_2$）と酸（カルボキシ基，$-COOH$）の両方をもつ分子をいう．したがって，アミノ酸の種類は無限といえるが，生物のタンパク質を構成するアミノ酸は20種に限られており，基本的な構造も下記に述べるように，1）α-アミノ酸，2）L型アミノ酸，と限定されている[*6]．α-アミノ酸とはカルボキシ基が結合している炭素と同一の炭素にアミノ基が結合しているアミノ酸をいう．また，その炭素は不斉炭素である．ただし，**グリシン**では，その炭素に水素原子が二つついているので不斉炭素ではない．グリシン以外の19種のアミノ酸では鏡像異性体が存在するが，タンパク質にみられるアミノ酸はすべて L 型である．タンパク質から得られたセリンは L-グリセルアルデヒド（図1・4）から誘導されるものと同じ原子団の立体配置をもっていたことから**L-セリン**と名づけられ，他のアミノ酸のカルボキシ基，アミノ基，水素，その他の残基（側鎖という）の立体配置もこれと同じであるので L 型と名づけられた．20種のアミノ酸を図1・7に示す．20種類の異なった側鎖があるということである．**プロリン**は窒素が環の中に含まれているイミノ基であるためイミノ酸である．タンパク質中のアミノ酸はすべて D 型でなく L 型であるが，その理由は明らかでない．

中性の水溶液中ではアミノ基とカルボキシ基は電離しており，それぞれ$-NH_3^+$，$-COO^-$となっている．すなわち，陽イオン（正電荷）でもあり陰イオン（負電荷）でもあるため，アミノ酸は**両性イオン**といわれる．溶液の pH を上げていくと（アルカリ性にすると）アミノ基は電離しにくくなり，カルボキシ基のみが電離した形（負電荷）をもつようになる．また，逆に pH を下げていくと（酸性にすると）カルボキシ基が電離しなくなるため，アミノ基のみが電離した形（正電荷）となる．まわりの pH に影響されて陽イオンにも陰イオンにもなる．アミノ酸の正負の電荷がちょうど釣り合って互いに打ち消し合う pH を**等電点**（isoelectric point, p*I*）という．アミノ酸はそれぞれ固有の等電点をもっている．

20種のアミノ酸は，その側鎖の性質により，おもに，**疎水性アミノ酸，極性無電荷アミノ酸，塩基性アミノ酸**（側鎖が中性で正電荷をもつ），**酸性アミノ酸**（側鎖が中性で負電荷をもつ）の4種類に分類することができる．図1・7には，アミノ酸の略称である3文字表記と1文字表記も示す．これらは，特にペプチド鎖のアミノ酸配列を示す際によく使われる．

b. ペプチド結合とポリペプチド鎖　アミノ酸のカルボキシ基ともう一つのアミノ酸のアミノ基の間で脱水縮合すると $R-CO-NH-R'$ という結合ができる．これが**ペプチド結合**である．図1・8にアラニンとセリンの間でできたペプチドを示す．アミノ酸がペプチド結合で連なった化合物自体もペプチドとよぶ．図1・8に示すペプチドは二つのアミノ酸からできているので**ジペプチド**ともいう．またオリゴ糖の場合と同様に数個のアミノ酸が連なったものを**オリゴペプチド**ということもある．この結合様式でさらに多数のアミノ酸が連なったものを**ポリペプチド鎖**という．ポリペプチド鎖が単独で存在する場合や複数のポリペプチド鎖が集合して存在する場合もある．タンパク質とはこれらポリペプチド鎖の総称である．直鎖状のポリペプチド鎖は，ペプチド結合をつくっていないアミノ基をもつ末端とその反対側に，同様にペプチド結合をつくっていないカルボキシ基をもつ末端をもっている．それぞ

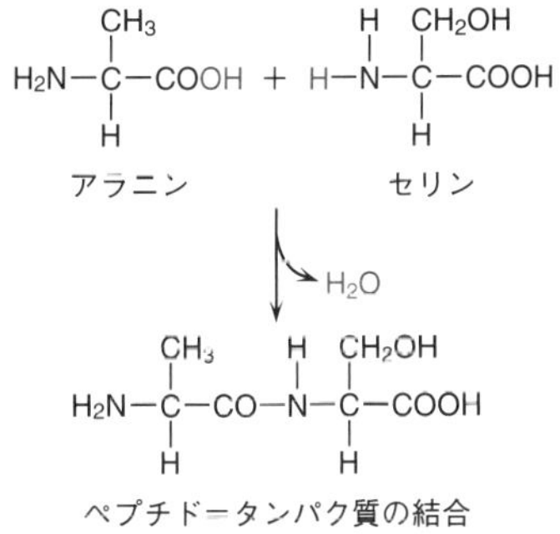

ペプチド—タンパク質の結合
図1・8　ペプチド結合

[*6] **アミノ酸の種類**: タンパク質中のアミノ酸は20種の L 型の α-アミノ酸であるが，生体にはそれ以外にも非タンパク性アミノ酸とよばれる多数のアミノ酸がある．β-アラニン，γ-アミノ酪酸（GABA），オルニチン，シトルリン，ホモセリンなど多数が知られており，単独，または低分子ペプチドの成分として働いている．

れを N 末端（またはアミノ末端），C 末端（またはカルボキシ末端）といい，ふつう N 末端が左側にくるように書き表す．ペプチド結合を形成する主鎖（バックボーン）からアミノ酸の側鎖が出ており，個々の性質やその性質から形づくられる高次構造により，タンパク質はさまざまな機能をもつことができる．アミノ基やカルボキシ基から形成されたペプチド結合部分はもはや電離しないが，N 末端や C 末端，また側鎖のカルボキシ基（グルタミン酸など）やアミノ基（リシン）などは電荷をもつことができる．タンパク質全体でちょうど正負の電荷が釣り合い，電荷をもたないように見える pH を，アミノ酸単独の場合と同様に，それぞれのタンパク質の等電点という．

c. タンパク質の高次構造　　タンパク質（ポリペプチド鎖）は，ただのひものように存在しているわけではなく，立体的に決まった球状や繊維状などの構造をもっている．立体構造を部分的に詳しくみると，どのタンパク質にも共通に存在する部分構造やそれらが集まった構造などがみられ，一次構造から四次構造までの四つの段階に整理できる．**一次構造**とは，アミノ酸の配列順序のことで，この段階は立体を表すものではない．**二次構造**は，どのタンパク質にもみられる共通の部分立体構造で，**α ヘリックス，β シート**（図 1・9）といわれるものである．α ヘリックスは 3.6 残基（3.6 アミノ酸）で一周する右回りのらせんで，ロイシン，メチオニン，フェールアラニン，グルタミン酸な

どのアミノ酸が連続してつながっていると形成しやすい．長い側鎖をもたず自由度の大きすぎるグリシンや，逆にペプチド結合を形成する窒素が側鎖に固定されるプロリンがあると α ヘリックスは形成されない．ヘリックスを安定化しているのは，ペプチド結合を形成している炭素に結合する酸素と 3 残基先でペプチド結合を形成する窒素に結合する水素との間にできる水素結合である（図 1・9a）．

一方，二つのペプチド鎖が並んで隣の鎖との間に水素結合ができ，一種の平面がひだをうったような形をもつ構造が β シートである（図 1・9b）．β シートにはペプチド鎖が同じ方向を向いたものと逆並行になっているものの 2 種がある．絹の繊維状タンパク質フィブロインは典型的な逆並行 β シート構造が長く続く分子であり，グリシン，アラニン，セリンなどがおもな構成アミノ酸である．

二次構造が集まって形づくられているポリペプチド鎖全体の立体的な形を**三次構造**という．ミオグロビンの例を図 1・10a に示す．この三次構造を支えるのは側鎖間の相互作用である．図 1・10b に示すように，**イオン結合**，水素結合，**疎水結合**，**ジスルフィド結合**（これは共有結合である）などが，しっかりした三次構造の安定化に寄与している．

生体内で機能するタンパク質には，三次構造を形成しているポリペプチド鎖が複数集まって巨大な会合体をつくっているものが多い．この構造を**四次構造**とよ

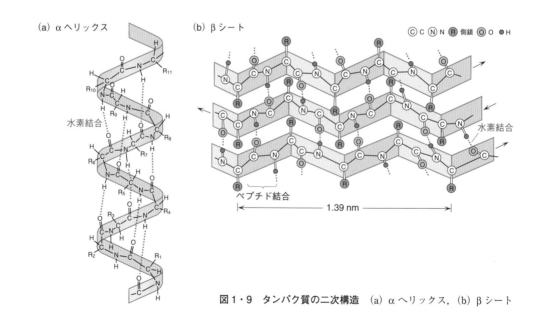

(a) α ヘリックス　　(b) β シート　　　　Ⓒ C Ⓝ N Ⓡ 側鎖 ◯◯ O ●H

水素結合　　　　　　　　　　　　　　　　　　　水素結合

ペプチド結合　　　　　|← 1.39 nm →|

図 1・9　タンパク質の二次構造　(a) α ヘリックス，(b) β シート

(a) ミオグロビンの三次構造　　　(b) 三次構造を支える力

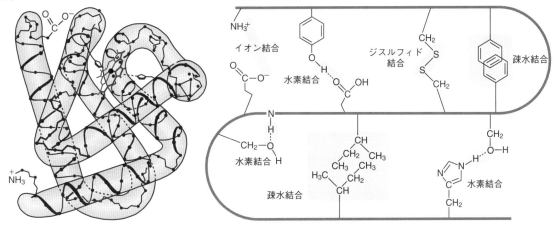

(c) ヘモグロビンの四次構造

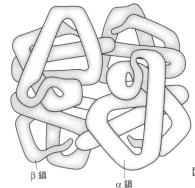

β鎖　　　　α鎖

図1・10　タンパク質の三次構造と四次構造　(a) ミオグロビンの三次構造,
(b) 三次構造を支える側鎖間の相互作用, (c) ヘモグロビンの四次構造

び, 個々のポリペプチド鎖を**サブユニット**という. 酸素を運ぶ**ヘモグロビン**はαヘモグロビン (α鎖) 2個とβヘモグロビン (β鎖) 2個の四つのサブユニットからできており, その四次構造が最初に明らかにされた巨大分子である (図1・10c).

　二次構造, 三次構造, 四次構造は, 水素結合, 疎水結合などおもに非共有結合で支えられている. これらの結合は, 高温などで分子運動が大きくなると切れてしまい, 高次構造は崩れてしまう. これをタンパク質の**変性**という. pHの変化もアミノ酸側鎖の電離状態を変えるため, タンパク質溶液を通常と異なる酸性やアルカリ性にしても変性を起こす.

1・3・4　核　　酸

　核酸は英語の nucleic acid の訳語であり, **DNA** (デオキシリボ核酸, deoxyribonucleic acid), **RNA** (リボ核酸, ribonucleic acid) の総称である. 生命の本質で

ある遺伝現象の中心的機能をもつ重要な分子であるが, 機能に関しては第3章に示し, ここでは分子構造を中心に紹介する.

　a. 核酸の構成成分　DNA と RNA の化学構造を図1・11に示す. 核酸は**塩基**, **糖**, **リン酸**の3成分からできており, 基本骨格 (バックボーン) は, 糖とリン酸が交互につながった鎖である. リン酸が前後の糖と二つのエステル結合をもつことから, この結合を**ホスホジエステル結合** (図1・11a) という. 素材である塩基と糖を図1・12に示す. 塩基には**プリン骨格**をもつ**アデニン** (A, adenine), **グアニン** (G, guanine), ピリミジン骨格をもつ**シトシン** (C, cytosine), **チミン** (T, thymine), **ウラシル** (U, uracil) があるが, ふつう A, G, C, T が DNA にみられる塩基で, RNA の塩基は A, G, C, U, すなわち T の代わりに U が含まれている. ただし, **転移 RNA** (tRNA) には T も含まれるなどの例外はある.

(a) DNA の構造

(b) RNA の構造

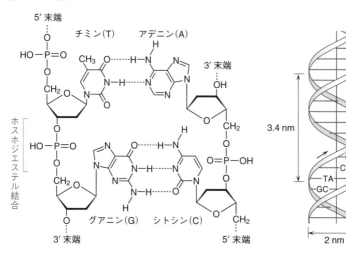

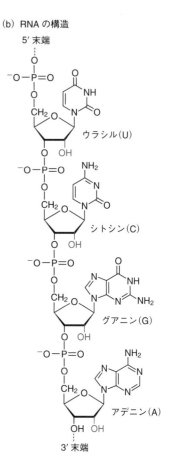

図 1・11　DNA と RNA の構造

(a) プリン環

(b) ピリミジン環

(c) 糖

(d) ヌクレオシド

(e) ヌクレオチド

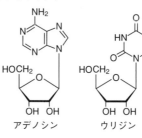

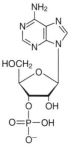

図 1・12　核酸の成分　塩基 (a), (b), 糖 (c), ヌクレオシド (d), ヌクレオチド (e) の構造

糖部分は，DNA では β-D-2-デオキシリボース，RNA では β-D-リボースであり，DNA，RNA の頭文字はこの糖の名前に由来し，核酸を大きく二分する．塩基と糖が結合した単位をヌクレオシド，それにリン酸が結合したものをヌクレオチドという．リン酸が糖のどこについていてもヌクレオチドという（図1・12）．ヌクレオシドの糖の炭素の番号[*7]には ′ をつける（塩基の番号と区別するため）．すなわち，DNA の糖は 2′-デオキシリボース，ホスホジエステル結合は糖の 3 の炭素と 5 の炭素を結びつけているので 3′,5′-ホスホジエステル結合という．ホスホジエステル結合には方向性があり，核酸の一方の末端は糖の 5′ で終わり，他方の末端は糖の 3′ で終わる．それぞれ，5′ 末端（図1・11bの上方），3′ 末端（図1・11bの下方）とよぶ．

b. 核酸の高次構造　図1・11(a)に示すように，A と T の間，G と C の間には特異的な水素結合ができるので，DNA の場合，ふつうはその水素結合を介した二重らせんとなる．この図にあるように，二重らせんを形成する二本の鎖は互いに逆平行（図1・11aの左の鎖は上が 5′ 端であるが，右の鎖の上は 3′ 末端）である．一般に DNA はこのように二本鎖を形成しており，片方の鎖の塩基配列が決まれば，もう一方の塩基配列も自動的に決まる．これらの鎖の塩基配列は互いに相補的であるという．

水素結合は強い結合ではないので，水溶液中で分子運動が大きくなるようなエネルギーを与える（95 ℃くらいに熱する）と，水素結合が切れて一本鎖となる．この溶液を数時間かけてゆっくりと冷やすと，もとの二本鎖に戻る．ただし，急激に冷やすと全体がうまく戻ることはできない．本来二本鎖であった DNA が一本鎖になることを DNA の変性という．徐々に冷やし，うまくもとの二本鎖ができることを再会合，また異種の DNA 間，または一本鎖 DNA と RNA の間で二本鎖をつくらせることを "ハイブリダイズさせる" またはハイブリダイゼーションという．

RNA は図1・11(b)に示すように，ふつうは一本鎖である．生体内で二本鎖 DNA から転写される（第3章参照）．RNA は一本鎖といっても，分子内でくっつきやすい配列（部分的相補性）があればその部分どうしで部分的な二本鎖を形成し，特異的な高次構造をとる．典型的な分子として，tRNA があげられる（図3・11 参照）．

1・3・5 脂　　質

脂質は，細胞膜を構成する中心的分子である．また，エネルギーの貯蔵という点でも重要である．脂質は，1) 水に溶けず有機溶媒（エーテルやクロロホルムなど）によく溶ける，2) 脂肪酸の誘導体である，3) 生体から得られるもの，と生化学的に定義できる．生物圏における生物地球化学的循環（§8・1・2参照）にない石油など鉱物油は，脂質とはいわない．

a. 単純脂質　脂質は，大きく単純脂質と複合脂質とに分けられる．単純脂質のなかの中性脂質は，グリセリンと脂肪酸との間のエステルである．グリセリンの三つのヒドロキシ基すべてが脂肪酸との間でエステルを形成しているものをトリグリセリド（図1・13a），二つのヒドロキシ基に脂肪酸がついている場合をジグリセリド，一つの場合をモノグリセリドという．

(a) トリグリセリド（中性脂質）．R¹～R³ は脂肪酸の炭化水素鎖

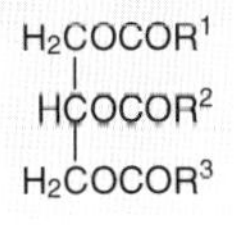

H_2COCOR^1
$HCOCOR^2$
H_2COCOR^3

(b) 脂肪酸

	炭素の数	化学式
飽和脂肪酸		
ラウリン酸	12	$CH_3(CH_2)_{10}COOH$
パルミチン酸	16	$CH_3(CH_2)_{14}COOH$
ステアリン酸	18	$CH_3(CH_2)_{16}COOH$
不飽和脂肪酸		
オレイン酸	18	$CH_3(CH_2)_7CH=CH(CH_2)_7COOH$
リノール酸	18	$CH_3(CH_2)_4(CH=CHCH_2)_2(CH_2)_6COOH$
α-リノレン酸	18	$CH_3CH_2(CH=CHCH_2)_3(CH_2)_6COOH$

図1・13　中性脂質と脂肪酸

[*7] **ヌクレオシドの糖の炭素の番号**：ヌクレオシド，ヌクレオチドの糖（リボースやデオキシリボース）の炭素の番号には ′ をつける．この読み方は，日本語では "ダッシュ" であるが，英語では "プライム" と言うので気をつけよう．たとえば，3′ 末端（3′-terminus）は，日本語では "<u>さんだっしゅ</u>まったん" でよいが，英語では，"<u>スリープライム</u>ターミナス" である．

脂肪酸とは炭化水素鎖の末端にカルボキシ基がついているもの〔$CH_3(CH_2)_nCOOH$〕で，酢酸やプロピオン酸なども**低級脂肪酸**（短鎖脂肪酸）として脂肪酸に分類される場合もあるが，一般には水に溶けないものをいう．炭化水素鎖の炭素間に二重結合がある脂肪酸を**不飽和脂肪酸**といい，**オレイン酸，リノール酸，リノレン酸**などが不飽和脂肪酸の代表例である（図1・13b）．二重結合をもたないものを水素付加が飽和しているという意味で**飽和脂肪酸**といい，**パルミチン酸**や**ステアリン酸**がよく知られている（図1・13b）．バター，牛脂，オリーブ油などの主成分はこれら中性脂質である．中性脂質以外の単純脂質としては，ロウがあげられる．**真正ロウ**とよばれるものは**高級アルコール**（炭素数16のセチルアルコールなど）とパルミチン酸（C_{16}）かそれ以上の炭素数をもつ脂肪酸との間でできるエステルである．ミツバチの巣から得られるミツロウなどが天然の代表的な真正ロウである．

b. 複合脂質とその他の脂質　細胞構造中にみられる重要な脂質は単純脂質ではなく複合脂質である．複合脂質には，グリセリンを含むもの，**スフィンゴシン**を含むもの，またリン酸を含むもの，糖を含むものがある．すなわち，**グリセロリン脂質，グリセロ糖脂質，スフィンゴリン脂質，スフィンゴ糖脂質**の四つに大別できる．ここでは，グリセロリン脂質とグリセロ糖脂質を紹介する．グリセロリン脂質の代表は**ホスファチジン酸**（図1・14a）で，ジグリセリドの3番目の炭素にリン酸がついた形をしており，ほとんどの場合，そのリン酸に有機塩基が結合している．**ホスファチジルコリン，ホスファチジルエタノールアミン，ホスファチジルセリン**などがよく知られている．これらは，水に溶ける性質の有機塩基を含むリン酸部分と非極性の脂肪酸部分を一つの分子内にもつため**両親媒性分子**といわれ，細胞膜などの**生体膜**を形成する主成分である．細胞膜は，図1・14(b)に示すように，これらの脂質分子が二重層になった**脂質二重膜**であり，そこに疎水性アミノ酸に富む膜タンパク質が埋め込まれた形をしている．グリセロ糖脂質としては，ホスファチジン酸のリン酸の部分が β-D-ガラクトシドに置き換わったガ

ラクトシルジグリセリドなどがあり，これは葉緑体膜などに含まれている．

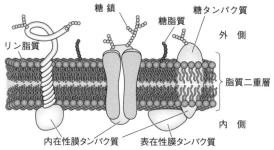

図1・14　複合脂質と脂質二重膜　a) 複合脂質（ホスファチジルコリン，ホスファチジルエタノールアミン，ホスファチジルセリン）．b) 脂質二重膜．

1・3・6　ビタミン

ビタミン[*8] は，微量ではあるが動物の生存に必須で動物体内で合成することのできない有機化合物と定義される．体内で合成できない有機化合物でも，必要量の多いアミノ酸や脂肪酸はビタミンとはよばず，それぞれ必須アミノ酸，必須脂肪酸といわれる．最初に発見されたビタミンは，日本の鈴木梅太郎が米ぬかから脚気の特効薬として1910年に報告したオリザニン（ビタミン B_1）である．ポーランドのC. Funk（フンク）も同じ物質を独立に発見し，vital amine の意味でビタミンと名づけ，1911年に英文で発表した．そのため，この方が国際的に知られるようになった．

ビタミンは水に溶ける水溶性ビタミンと非極性溶媒によく溶ける脂溶性ビタミンとに大別される．脂溶性

---

*8　**ビタミン**：最初に発見されたビタミンが塩基であったことから vital amine の意味で vitamine と名づけられ，炭水化物，タンパク質，脂質，無機質につづく第五の栄養素として確立された．しかし，その後，アミン（amine）でないものも多く発見されたことから，最後の "e" を除いて vitamin となった．発見される順にアルファベットをつけることが提唱され，A～E がつけられたが，その後，機能（ドイツ語の凝固を表す Koagulation）からの名前として K がつけられたり，B など多くは混合物であったり，また古くから知られているものは発見当時の名前のままであり，あまり合理的に整理された命名ではない．

表 1・2　ビタミンの種類, 役割, および欠乏症

性　質	名　称	別　名	機　能	欠乏症	所　在
水溶性ビタミン	ビタミン B_1	チアミン	解糖系酵素の補酵素	脚気	ぬか
	ビタミン B_2	リボフラビン	酸化還元酵素の補酵素	成長阻害	レバー (肝臓)
	ビタミン B_6	ピリドキシン	アミノ酸代謝酵素の補酵素	皮膚炎, 神経異常	米, 麦
	ビタミン B_{12}	シアノコバラミン	各種反応の補酵素	悪性貧血	レバー (肝臓)
	ビタミン C	アスコルビン酸	コラーゲンのヒドロキシ化	壊血病	果物
脂溶性ビタミン	ビタミン A	レチノール	ロドプシンと結合して光感知	夜盲症	青野菜, 牛乳
	ビタミン D	カルシフェロール	ホルモン様作用で Ca^{2+} 結合タンパク質合成促進	くる病	魚油 (紫外線で生成)
	ビタミン E	トコフェロール	酸化防止	生殖不全, 筋無力症	魚油, 植物油
	ビタミン K	フィチルメナジオン	プロトロンビンの活性化	血液凝固不全	野菜

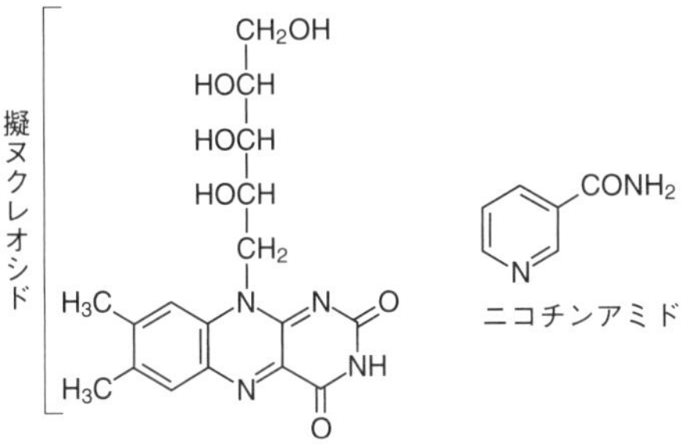

リボフラビン (ビタミン B_2)

ニコチンアミド

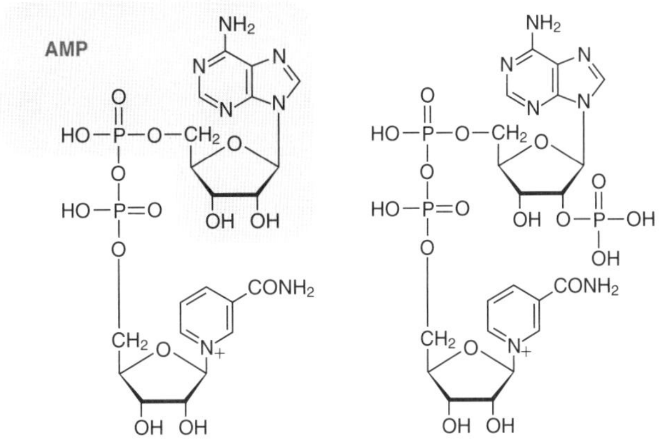

FMN

FAD

AMP

NAD+

NADP+

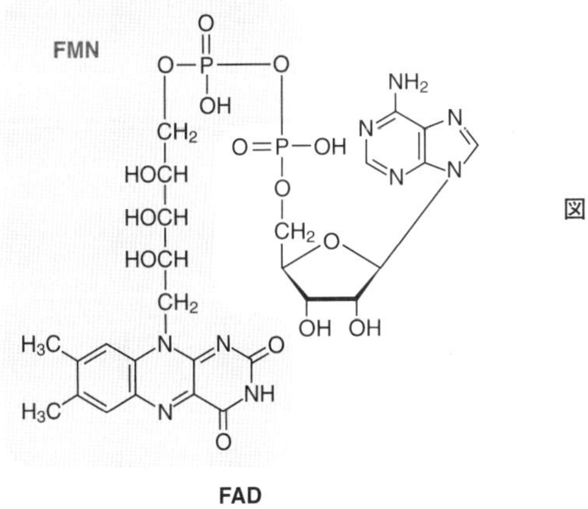

図 1・15　ビタミン B_2 とニコチンアミドおよび酸化還元の補酵素

ビタミンとしてはビタミン A, D, E, K などがあり, 水溶性ビタミンとしてはビタミン B 類, C などがあげられる. ビタミンの役割や欠乏症などについては表 1・2 に示す. このなかでも, 酵素作用を補う補酵素として重要なビタミン B_2 (リボフラビン), ニコチンアミドについては図 1・15 に示す. リボフラビンは, イソアロキサジン環をもつ塩基と糖アルコールであるリビトールが結合したものでヌクレオシドに似ているが, 糖はリボースではないので, 擬ヌクレオシドというべきものである. これにリン酸がついたものはフラビンモノヌクレオチド (flavin mononucleotide, FMN) とよばれている. また, ニコチンアミドは体内でリボースがつき, さらにアデニンのヌクレオシドであるアデノシンとリン酸二つを介してつながったニコチンアミドアデニンジヌクレオチド (nicotinamide adenine dinucleotide, NAD) になる. FMN もアデノシン一リン酸 (adenosine monophosphate, AMP) と結合したフラビンアデニンジヌクレオチド (flavin adenine dinucleotide, FAD) となり, NAD とともにさまざまな酸化還元反応の補酵素として働いている (第2章参照). これらの構造式を図 1・15 に示す.

2 生体エネルギーと代謝

生物が生きている，とはどういうことなのだろうか．われわれヒトも生物であり，食事をしたり，考えたり，行動することを繰返し，日々を過ごしている．エネルギーの点からみれば，物質（食物）に蓄えられているエネルギーを摂取し，運動エネルギー（脳で消費するエネルギーも含めて）として消費することを繰返している．生物のエネルギーのもとを正すと，すべて食物連鎖の起点である植物にいきつく．太陽エネルギーが有機物質に変換され，それを取込んだわれわれは運動や脳活動のためのエネルギーへと変換し，熱やガスとして排出している．生きているということは，自然のエネルギー流のなかで，さまざまなエネルギーの貯蔵と変換を局在化させている一形態であるともいえよう．本章では，これを可能にしているシステムについて分子レベルから学ぶことにしよう．

2・1 酵　　素

2・1・1 酵素とは何か

　生きている細胞のなかでは，水を中心とした統制のとれた化学反応が常に起こっていることを§1・3・1で述べた．この化学反応を進めているものが**酵素**である．酵素は**生体触媒**といわれる．**触媒**とは，以下の能力をもつ物質をいう．

　① 化学反応の**活性化エネルギー**[*1]を下げ，

　② 反応の前後で自身が変化することなく，

　③ 触媒1分子で複数分子の反応出発物を変換させる．

①の"活性化エネルギーを下げる"は，"反応を起こりやすくし，反応速度を上げる"と言い換えることもできる．反応の前後で変化するのは反応物そのものであり，触媒は変化しない．変化がないので，一つの反応を進めたのち，また新たな基質に作用することができる．以上のような触媒一般の性質に加えて，酵素には以下の特徴がある．

　④ 穏やかな条件で反応を進ませることができ，

　⑤ **特異性**が高く，

　⑥ さまざまな調節が可能である．

一般の触媒の場合，高温高圧や極端なpHを必要とすることも多いが，酵素の場合は，常温常圧，ほぼ中性のpHで反応を進めることができる．⑤の特異性が高いとは，一つの酵素は一つか多くても数種類の物質に

しか働かず，反応の種類も限られており，副生成物がほとんどできないことを意味する．また酵素反応は細胞のなかで，いろいろな物質で活性化されたり，阻害されたりし，酵素自身の生産も制御されている．

　さらに，一般触媒も酵素も反応の**平衡**は変えない．ある出発物質AとBが反応して生成物P_1とP_2を生じる反応があるとしよう．十分な時間反応して，それぞれの量的変化がそれ以上みられなくなった状態を平衡状態という．

$$A + B \rightleftharpoons P_1 + P_2 \qquad (2・1)$$

その平衡状態における生成物P_1，P_2のモル濃度の積を出発物質A，Bのモル濃度の積で割った値を，その反応の**平衡定数**（ふつうKで表す）という．

$$K = \frac{[P_1][P_2]}{[A][B]} \qquad (2・2)$$

ここに$[P_1]$，$[P_2]$，$[A]$，$[B]$は，それぞれP_1，P_2，A，Bのモル濃度を表す．平衡定数Kは，各反応に固有の値で，温度一定ならば一定である．"触媒や酵素が平衡を変えない"とは，このKの値を触媒や酵素が変えることはないという意味である．酵素反応ではAやBの反応出発物を**基質**という．

2・1・2 酵素の命名法と酵素タンパク質

　酵素は，生物体から取出すことができ，古くからさまざまな性質が調べられてきた．個々の**酵素名**は，語

[*1] **活性化エネルギー**: 反応を進行させるために与えなければならないエネルギー．たとえば，デンプンはグルコースより自由エネルギーは高いはずだが水と混ぜて放っておいても簡単にはグルコースに加水分解されることはない．これは，越えなければならないエネルギー（活性化エネルギー）の山があるからである．酵素はこの山を低くする（活性化エネルギーを小さくする）ものと考えられる．

尾に"-ase"をつける約束になっている[*2]. たとえば, セルロース (cellulose) を加水分解する酵素はセルラーゼ (cellulase) という.

自然界のほぼすべての酵素はタンパク質でできている. 1982年に酵素作用を示すRNAが発見され, リボザイム (§7・1・2参照) とよばれるが, 自然界ではリボザイムがかかわる反応は一部に限られており, 通常の酵素はタンパク質であると考えてよい. タンパク質は高次構造をとることによりさまざまな形をもつ. その形と個々のアミノ酸側鎖の性質により基質と結合し, 反応を押し進める. 図2・1に示すように, 酵素には特定の基質のみを受入れる基質結合部位がある. ちょうど鍵と鍵穴のような関係で, 他の物質を受入れることはできない. これを基質特異性という. 反応を進める部位を触媒部位といい, 基質結合部位とは別の独立した部位である. 基質結合部位と触媒部位をまとめて活性部位, または活性中心という場合もある.

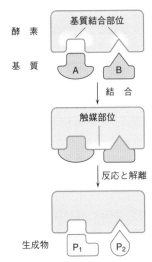

図2・1　酵素の基質結合部位と触媒部位

化学反応は一般に温度を上げると速く進行する. 酵素反応も化学反応の一種なので同様だが, 酵素はタンパク質であるので高次構造を支える非共有結合が切れるような高温になると形が変わって (変性して) しまい酵素活性が失われる (失活という, §1・3・3参照). したがって, タンパク質の形を崩さず最速の酵素反応が得られる温度が存在する. これを酵素の**最適温度 (至適温度)** という. ヒトの酵素の場合, 42〜45 °Cくらいであるが, 高温の温泉環境などから分離された好熱菌などの酵素は, 80 °C前後を最適温度とする場合もある. また, pHもアミノ酸側鎖の電離状態に影響を与えるため, 酵素の高次構造維持や触媒機能にとって重要な因子である. したがって, 酵素の**最適pH**も存在する.

2・1・3　酵素反応速度論

反応速度とは, 単位時間当たりに反応生成物ができる量 (増加量) をいう. 酵素反応の速度を解析し, 反応機構を調べる方法論を**酵素反応速度論**という. 1913年, L. Michaelis と M.L. Menten は, 酵素反応速度に関する詳しい実験から以下のことを発見した.

1) 酵素反応は以下の式で表すことができる.

$$E + S \rightleftarrows ES \longrightarrow E + P \quad (2・3)$$

これは, 酵素Eがまず基質Sと結合し酵素–基質複合体ESをつくること, ES中のSが生成物Pに変わりEが遊離すること, また一部はSを変換せず最初の状態E＋Sに戻ることを示している.

2) 十分な基質濃度 (基質過剰という) のある場合, 反応速度は酵素濃度に比例する.

3) 酵素濃度が一定の場合, 基質濃度が小さければ反応速度は基質濃度に比例するが, 基質濃度が大きくなると, 反応速度は一定となる.

$$v = \frac{V_{max}[S]}{K_m + [S]} \quad (2・4)$$

ここでvは反応速度, V_{max}は最大速度, [S]は基質濃度, K_mは**ミカエリス定数**を表し, この式は**ミカエリス・メンテンの式**といわれる. これをグラフに表したものが図2・2である. 基質濃度[S]を上げていくことにより, 反応速度vはある一定の値V_{max}まで上がってくる. V_{max}は, その酵素濃度での速度の限界である**最大速度**を表している. ミカエリス・メンテンの式2・4に$v = V_{max}/2$を代入すると, $K_m = [S]$となる. これは, ミカエリス定数K_mは最大速度のちょうど半分の速度を与える基質濃度であることを意味している.

ミカエリス・メンテンの式2・4は, 式2・3の考え方から導き出されている. 反応が開始し, **初期定常状**

態といわれる一定の安定した反応進行状態において，K_m は，以下の式で定義されている．

$$K_m = \frac{[E][S]}{[ES]} \qquad (2 \cdot 5)$$

ミカエリス定数 K_m は，初期定常状態における酵素と基質の間の結合-解離反応の平衡定数である．つまり，酵素と基質の親和度を表し，濃度の次元をもつ．各酵素は各基質に対し固有の K_m 値をもち，K_m 値が小さければその酵素と基質の間の親和性が大きいこと，すなわち K_m 値が小さい酵素ほど基質によく結合し，効率の良い酵素であるといえる．

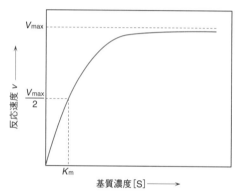

図2・2　基質濃度と反応初速度の関係
（ミカエリス・メンテンの式）

一方，V_{max} は，その酵素濃度での最大速度である．その際の酵素濃度 $[E]$ がわかっていれば以下の式で k_{cat} を計算できる．

$$k_{cat} = \frac{V_{max}}{[E]} \qquad (2 \cdot 6)$$

k_{cat} は1分子の酵素が単位時間当たり何分子の基質を変化させているかという値であり，各酵素の触媒能力を表す固有の値である．**回転数**ともいわれる．これまでに知られている最速の酵素は，二酸化炭素と水を炭酸水素イオンと水素イオンとに変換する**炭酸脱水酵素**（§9・1・4参照）で，1分子の酵素が1秒間に100万分子の基質を変換させることができるという．いろいろな酵素の触媒能力を比較する場合，回転数と親和度の両方を加味し，k_{cat}/K_m の値を比較することも多い．

2・1・4　酵素活性および酵素の精製

活性のある酵素の量を表す単位として，最適条件（V_{max} を出せる条件）で1分間に 1 μmol の基質を変化させる酵素量を 1 **国際単位**（international unit, IU）という．しかし，たとえば，国際単位で表すと活性の数値が極端に小さくなってしまうなど，合理的ではない例もみられるようになり，最近では各酵素に合わせた独自の単位を用いることも多い．

タンパク質の質量当たりの酵素単位数（たとえば〜単位/mg タンパク質）を酵素の**比活性**という．細胞をすりつぶして得られるさまざまなタンパク質の混合物である抽出液（**無細胞抽出液**）から1種類の酵素を精製していく際には，比活性が指標として使われる．すなわち，混合物から単一酵素を精製する段階ごとに比活性を測定すれば，精製過程を評価することができる．

2・1・5　酵素の阻害

酵素と相互作用する物質により，酵素反応が進行しなくなることを**酵素反応の阻害**といい，阻害する物質を**阻害剤**という．阻害剤は，人工物，天然物，毒物，治療薬となるものなどさまざまである．細胞内の物質が酵素反応を阻害して代謝調節をする場合もある．酵素阻害を知ることは酵素自体の代謝上の性質を知るうえでも重要である．

酵素の阻害には可逆的阻害と不可逆的阻害がある．**不可逆的阻害**は，酵素の活性部位に共有結合して酵素の機能を阻害するもので，失活した酵素はもとに戻らない．例としては，タンパク質分解酵素であるキモトリプシンの活性部位のヒスチジンに共有結合するトシルフェニルアラニルクロロメチルケトン（TPCK）が有名である．不可逆的阻害剤は酵素の活性部位の研究に有効である．

可逆的阻害は，酵素に阻害剤が一時的，可逆的に結合して起こる阻害で，競合阻害，非競合阻害，および不競合阻害がある．**競合阻害**とは，阻害剤が酵素の基質結合部位に結合し，基質の結合を邪魔することによって反応を阻害するもので，阻害剤と基質との間で基質結合部位を奪い合う競合が起こるためこの名がある．阻害剤を追い出すためには基質濃度を上げなければならないため，酵素反応速度論的解析をすると，阻害剤の存在下で見かけの K_m 値は大きくなる．一方，圧倒的に大きな基質濃度にすれば阻害剤の効果はみえなくなるため V_{max} は阻害剤があっても変わらない．**非競合阻害**は，基質結合部位とは異なる部位に阻害剤が結合し反応を阻害するものである．この場合は，K_m 値は阻害剤があっても変わらないが，V_{max} は小さくなる．

不競合阻害を起こす阻害剤は，酵素‐基質複合体 ES にのみ結合する阻害剤で，ES をつくる方向に有利に働くため，K_m 値を小さくする．V_{max} はもちろん小さくなる．

アロステリック（立体構造が異なるという意味）阻害といわれる阻害形式もある．阻害剤が基質結合部位と異なる部位に結合すると，基質結合部位の構造が変わり基質結合を阻害するというものである．非競合阻害と似ているが，非競合阻害が基質の結合自体は阻害しないのに対し，アロステリック阻害では基質を結合させないようにする点が異なっている．細胞内の代謝調節にこの阻害形式が利用されている．たとえば，アミノ酸の一種であるトリプトファンの合成をするための前駆体をつくる酵素は，触媒する反応とは直接関係ないトリプトファンに結合する部位をもっており，そこにトリプトファンが結合すると基質結合部位が変化して前駆体の合成反応が阻害される．それによって，トリプトファンが必要以上に合成されないよう調節されている．この阻害を代謝上では**フィードバック阻害**とよぶ．

2・1・6　酵素の分類

さまざまな酵素が生体内で膨大な数の多様な化学反応を触媒しているが，その触媒機能の本質は 6 種類に分けられる．すなわち，どの酵素も① **酸化還元酵素**，② **転移酵素**，③ **加水分解酵素**，④ **脱離酵素**，⑤ **異性化酵素**，⑥ **合成酵素**のいずれかに分類される．たとえば，前述のセルラーゼはセルロースを加水分解するので ③ の加水分解酵素に分類される．これまでに知られているすべての酵素は，国際酵素委員会のもとで，この 6 分類を基本に**酵素番号（EC 番号）**[*3] がつけられている．

2・2　生体エネルギーとATP

2・2・1　自由エネルギー

物質は固有のエネルギーをもっており，これを**自由エネルギー**という．自由エネルギーを測ることはできないが，物質が化学反応により変化すると，エネルギーを放出したり吸収したりするのでその量を測ることは可能である．この変化を**ギブズの自由エネルギー変化**あるいは単に**自由エネルギー変化**（ΔG）といい，以下の式で表される．

$$\Delta G = \Delta G^{\circ\prime} + RT\ln K \qquad (2・7)$$

ここで，$R=$気体定数 $[8.315\,\mathrm{J/(K \cdot mol)}]$，$T=$絶対温度 $[\mathrm{K}]$，$K=$平衡定数（式 2・2 参照）である．$\Delta G^{\circ\prime}$ は**標準自由エネルギー変化**とよばれ，かかわる反応物の濃度をすべて 1 mol として反応を開始したとき（生化学では pH 7，25 ℃ の条件），これ以上反応が進まないという平衡状態に至ったときの ΔG である．すなわち，平衡状態では $0 = \Delta G^{\circ\prime} + RT\ln K_{eq}$，$\Delta G^{\circ\prime} = -RT\ln K_{eq}$ となる．すべての化学反応は固有の平衡定数 K_{eq} をもつので，おのおのの化学反応の $\Delta G^{\circ\prime}$ は一定である．

たとえば，グルコースが完全**酸化**[*4] される下式の反応の場合の $\Delta G^{\circ\prime}$ はグルコース 1 mol あたり -2840 kJ（-686 kcal）である．

$$C_6H_{12}O_6 + 6\,O_2 \longrightarrow$$
$$6\,CO_2 + 6\,H_2O \qquad (2・8)$$

この反応は**発エルゴン反応**という自由エネルギーが減少する反応なので，負の符号がついている．一方，自由エネルギーが増加する反応は**吸エルゴン反応**といい，外からエネルギーを供給しなければ起こらない．たとえば，上記の逆反応である二酸化炭素と水から糖をつくる光合成では，光エネルギーが供給されている（§2・6 参照）．

光合成のように簡単な物質から別な物質が合成されることを**同化**という．また，酸化反応のように生体内で同化されることなく，物質が異なる物質へと変換されることを**異化**という．同化，異化など生物により物質が変化すること全体を**代謝**という．

2・2・2　ATPと高エネルギー化合物

生物は，異化反応により栄養物から取出したエネルギーを化学エネルギーとして物質の形で貯蔵する．代表的な化合物は，**アデノシン三リン酸**（adenosine triphosphate, ATP）である．ATP は，生体内のエネルギーを必要とするさまざまな反応に使われる物質であるため，生物のエネルギー通貨ともいわれる．図 2・

---

*3　**EC 番号**: EC は Enzyme Commitee（酵素委員会）の略．酵素を系統的に分類する番号で 4 組の数字よりなる．最初の数字が本文に書いた 6 分類の数字である．2，3 番目の数字は反応の種類を順にさらに細かく分けて分類を表し，4 番目の数字は，1～3 で分けられた酵素をさらに分ける番号である．たとえば EC 1.1.1.1 はアルコール脱水素酵素である．
*4　**酸化と還元**: 酸素がつけられたり水素が奪われる反応が酸化でこの逆が還元であるが，より一般的には電子を奪う反応を酸化といい，電子を与える反応を還元という．この二つはいつも共役して起こる．

3にATPの構造を示す．ATPはヌクレオチドの一種である（§1・3・4参照）．ATPの三つのリン酸には名前がついており，リボースに直接結合しているものから順にα-，β-，γ-リン酸という．連続したリン酸間の電荷の反発やリン酸のイオン化による安定化で自由エネルギーが高くなっており，**高エネルギーリン酸化合物**といわれる．ATPのγ-リン酸がはずれると**ADP**になり，このときの$\Delta G^{o\prime}$は$-30.5\,\text{kJ}$（$-7.3\,\text{kcal}$）$/\text{mol}$である（表2・1）．リン酸化合物以外にもアセチルCoA（§2・4・1参照）や*S*-アデノシルメチオニンなども高エネルギーで，これらを含め**高エネルギー化合物**といわれている．表2・1にそれらの$\Delta G^{o\prime}$を示す．

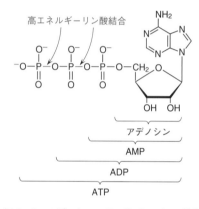

図2・3　アデノシン三リン酸（ATP）の構造

表2・1　おもな高エネルギー化合物における加水分解の標準自由エネルギー

化 合 物	$\Delta G^{o\prime}$ 〔kJ/mol〕	$\Delta G^{o\prime}$ 〔kcal/mol〕
ホスホエノールピルビン酸	-61.9	-14.8
1,3-ビスホスホグリセリン酸（→ 3-ホスホグリセリン酸）	-49.3	-11.8
ホスホクレアチン	-43.0	-10.3
アセチルリン酸	-42.2	-10.1
ATP（→ ADP+P$_i$）	-30.5	-7.3
ADP（→ AMP+P$_i$）	-30.5	-7.3
PP$_i$（→ 2 P$_i$）	-19.2	-4.6
アセチル CoA	-31.3	-7.5
S-アデノシルメチオニン	-41.8	-10.0

2・3　解糖と発酵

　生物のエネルギーの基本となる物質はグルコースである．地球上のほとんどすべての生物は，グルコース

を分解してエネルギーを得る共通の**代謝経路**をもっている．このことは，地球上のすべての生物は共通の祖先としての**原始細胞**（§7・1・1参照）をもつという考え方の根拠の一つになっている．このグルコースの分解過程を**解糖**といい，これ自体は酸素を必要としない代謝である（図2・4）．

2・3・1　解　糖

　図2・4の経路をみてみよう．食物から得られたデンプン（アミロース）は，アミラーゼとα-グルコシダーゼによりグルコースまで分解される．グルコースは，ヘキソキナーゼにより，ATPのγ-リン酸基が移されて**グルコース6-リン酸**（G-6-P）となる．一方，体内のグリコーゲンは，**グリコーゲンホスホリラーゼ**により**加リン酸分解**され，**グルコース1-リン酸**（G-1-P）となる．G-1-Pは**ホスホグルコムターゼ**の作用によりG-6-Pとなる．グルコースから出発してもグリコーゲンから出発してもG-6-Pとなるが，グルコースから出発した場合は，ここまでにATPを1分子消費している．

　G-6-Pは**フルクトース6-リン酸**（F-6-P）となり，さらに**ホスホフルクトキナーゼ**がATPをもう1分子消費して**フルクトース1,6-ビスリン酸**を生成する．フルクトース1,6-ビスリン酸は**アルドラーゼ**により二つに切られ，三炭糖のジヒドロキシアセトンリン酸とグリセルアルデヒド3-リン酸になる．ジヒドロキシアセトンリン酸は**トリオースリン酸イソメラーゼ**の作用でグリセルアルデヒド3-リン酸になるので，グルコース1分子から2分子のグリセルアルデヒド3-リン酸がつくられたと考えてよい．グリセルアルデヒド3-リン酸は**グリセルアルデヒド-3-リン酸脱水素酵素**により，補酵素であるNAD^+（図1・15参照）に水素を奪われ（NAD^+は酸化剤として働き，自らは$NADH$とH^+となる），**1,3-ビスホスホグリセリン酸**となる．1,3-ビスホスホグリセリン酸は高エネルギーリン酸化合物の一つである（表2・1）．**ホスホグリセリン酸キナーゼ**の作用により1,3-ビスホスホグリセリン酸の1位のリン酸がADPに移され，ここでATPが初めて生成される．この反応でできた**3-ホスホグリセリン酸**は，2-ホスホグリセリン酸を経由してエノラーゼにより**ホスホエノールピルビン酸**となる．ホスホエノールピルビン酸も高エネルギーリン酸化合物の一つであり（表2・1），このリン酸も**ピルビン酸キナー**

ゼにより二つめの ATP 生成に使われる.

　解糖系で生じた**ピルビン酸**は，酸素の供給が十分である場合にはすぐに代謝され，クエン酸回路（§2・4）に入る. しかし，酸素供給が不十分な場合は，上記の1,3-ビスホスホグリセリン酸生成の際に生じた NADH＋H$^+$ を使う**乳酸脱水素酵素**（この酵素名は逆反応からつけられている）により**還元**[*4]され，**乳酸**となる.

酸素が十分に供給されない状態で筋肉を激しく使うと乳酸がたまるのはこのためである. 酸素が供給されれば，たまった乳酸はすぐにピルビン酸に変換される.

2・3・2 発　酵

　酵母や一部の細菌では，**発酵**[*5]とよばれる代謝反応を行うことができる. たとえば，酵母は好気性生物で

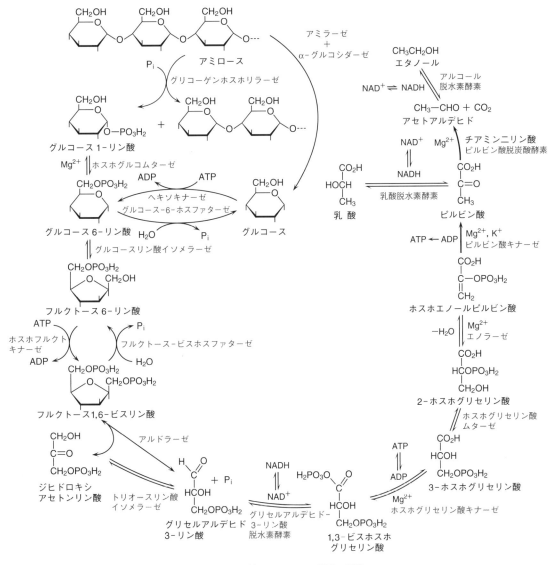

図 2・4　解糖とアルコール発酵の経路

---

*5　**発　酵**: 微生物が有機物を嫌気的に分解し，基質レベルのリン酸化のみで ATP を生成すること. 発酵過程で生じた還元力（NADH）は，通常代謝産物を還元することで処理され，発酵生産物となる. 最終生産物の種類により乳酸発酵，アルコール発酵などと表現される. 動物の解糖による乳酸生成と微生物の乳酸発酵は同様な経路だが，動物は無酸素条件では生きられないので，解糖と乳酸発酵は区別される. 広義には微生物の分解反応そのものを発酵とよぶことがあり，転じて微生物の分解代謝を利用する物質生産を総称して発酵生産という. 酢酸やヌクレオチドの微生物生産をそれぞれ酢酸発酵，核酸発酵というのはこのようなゆえんである.

あるが，**アルコール発酵**によって無酸素的に ATP を生成し，嫌気生育できる．すなわち，解糖で生じたピルビン酸は，嫌気条件下において**ピルビン酸脱炭酸酵素**により二酸化炭素と**アセトアルデヒド**に分解され，さらにアセトアルデヒドは $NADH + H^+$ を使う**アルコール脱水素酵素**によりエタノールへと還元される（図2・4）．アルコール飲料やバイオエタノール[*6]はこの経路を利用して生産されている．

2・3・3　ATP の収支

　解糖やアルコール発酵で ATP をいくつ生産できるのだろうか．グルコース1分子からの出発を考えると，ヘキソキナーゼとホスホフルクトキナーゼが ATP を1分子ずつ（合計2分子）使ってしまった．その後，ホスホグリセリン酸キナーゼで1分子，ピルビン酸キナーゼで1分子（合計2分子）の ATP を得ることができている．この2分子の ATP の生成は三炭糖1分子当たりであり，六炭糖のグルコース1分子で考えると4分子の ATP が得られたことになる．すなわち，差引グルコース1分子からは，(4−2=) 2分子の ATP が得られる．乳酸生成までを含めた解糖とアルコール発酵を化学反応としてまとめると以下の式2・9および式2・10となる．

〈解糖（乳酸生成まで）〉

$$C_6H_{12}O_6 + 2\,ADP + 2\,H_2PO_3 \longrightarrow$$
$$2\,CH_3CHOHCOOH + 2\,ATP + 2\,H_2O \quad (2・9)$$
乳　酸

〈アルコール発酵〉

$$C_6H_{12}O_6 + 2\,ADP + 2\,H_2PO_3 \longrightarrow$$
$$2\,CH_3CH_2OH + 2\,CO_2 + 2\,ATP + 2\,H_2O$$
エタノール
$$\quad (2・10)$$

2・3・4　糖　新　生

　高等動物が筋肉運動をして生じた乳酸の80%はピルビン酸を経てグルコースに戻る．その経路は，ほとんど解糖の逆反応で進行するが，3箇所，逆行できないところがある．まず，ピルビン酸からのホスホエノールピルビン酸の生成であり，これはピルビン酸キナーゼの逆反応では進まず，**オキサロ酢酸**を経由して行われる．他の2箇所はホスホフルクトキナーゼとヘキソキナーゼの反応である．これを逆行できれば高エネルギーリン酸化合物の ATP が生成されるはずであ

るが，そうはいかず，単にそれぞれの**ホスファターゼ**でリン酸を加水分解する発エルゴン反応で自由エネルギーの小さな**無機リン酸**（P_i）が生産されるとともに，それぞれ F-6-P，グルコースが生産される．これを**糖新生**という．

2・4　クエン酸回路

　解糖は細胞質（図1・2参照）で行われる代謝である．この解糖だけではグルコースの自由エネルギーを十分に引き出していない．酸素が十分にあると，解糖で生じたピルビン酸はミトコンドリアへ運ばれ，**クエン酸回路**といわれる代謝経路（図2・5）を経ることによって完全な酸化を受け，大きなエネルギーを生み出すことができる．この回路は別名，**トリカルボン酸サイクル**（tricarboxylic acid cycle, TCA サイクル），または，発見者の名をとって**クレブスサイクル**ともよばれる．原核生物では細胞質にこの回路が存在する．

2・4・1　クエン酸回路の反応

　図2・5を見ながらクエン酸回路を追ってみよう．まず，クエン酸回路に入る前にピルビン酸は**ピルビン酸脱水素酵素**により脱炭酸され，アセチル化用の**補酵素**（coenzyme A, CoA）に結合し，**アセチル CoA** となる．この際，脱水素酵素は NAD^+ を補酵素としており，酵素と NAD^+ とで水素を引き抜き，NADH と H^+ が生成される．アセチル CoA のアセチル基がオキサロ酢酸に移り，クエン酸が生成される．この反応を触媒するのが**クエン酸合成酵素**で，ここからがクエン酸回路である．クエン酸は**イソクエン酸**を経て，**イソクエン酸脱水素酵素**の作用により脱炭酸を受け，NADH と H^+ を生成し，**2-オキソグルタル酸**となる．さらに**2-オキソグルタル酸脱水素酵素**が脱炭酸と CoA の結合，NADH と H^+ の生成を触媒し，**スクシニル CoA** をつくる．つぎに，**スクシニル CoA 合成酵素**によりコハク酸ができるが，この反応では CoA が脱離するとともに GDP と無機リン酸（P_i）とから **GTP** が生成される．コハク酸はさらに酸化されて**フマル酸**になるが，これを触媒する**コハク酸脱水素酵素**は FAD（図1・15参照）を補酵素とし，ここで $FADH_2$ が生成される．フマル酸

[*6]　**バイオエタノール**：エタノールは石油や天然ガスから化学合成することもできるが，そうではなく，バイオマスから発酵によりつくられたものであることを強調するときこの呼び名が使われる．おもに用途は燃料用で，植物起源であるので大気中の二酸化炭素を増やさないこと（大気と植物の間の炭素循環の中にあるということ，**カーボンニュートラル**という）を強く意識させるよび方である．

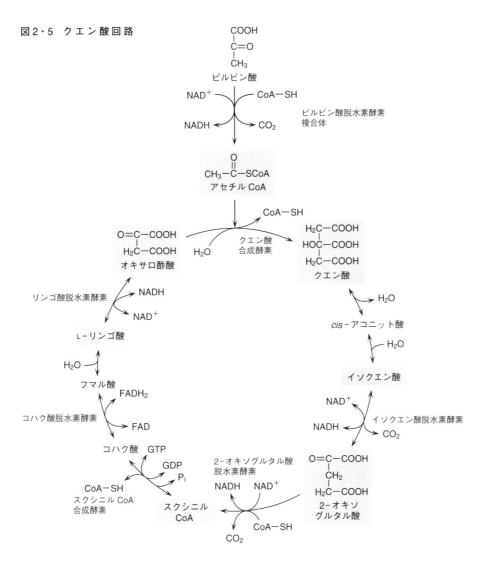

図2・5 クエン酸回路

の二重結合に水が付加し L-リンゴ酸となり，さらに L-リンゴ酸は，**リンゴ酸脱水素酵素**による NADH と H^+ の生成を伴う酸化を受けてオキサロ酢酸となる．これで，クエン酸回路一周である．

2・4・2 ピルビン酸の炭素と水素の収支

ピルビン酸（$C_3H_4O_3$）の三つの炭素は，クエン酸回路を一周することで完全に酸化され，CO_2 となる．まず，最初は回路に入る前，ピルビン酸脱水素酵素の反応で CO_2 一つが飛んでいる．イソクエン酸脱水素酵素により二つめの炭素が CO_2 となり，そして 2-オキソグルタル酸脱水素酵素のところで三つめの炭素が CO_2 になる．一方，ピルビン酸にあった四つの水素は，回路を追ってみると，補酵素である NAD^+ や FAD につ

かまっていることが確認できる．これらの水素を結合した還元型の補酵素（NADH と $FADH_2$）は，**電子伝達系**（§2・5参照）に運ばれ，最終的に O_2 を還元して水を生成する．結局，グルコースは解糖とクエン酸回路を経由して完全に酸化されるといえる．

2・4・3 クエン酸回路における
生合成と補充反応

クエン酸回路は上述したような異化的な酸化反応だけではなく，アミノ酸やポルフィリンといった生体分子の生合成の役割も担っている．たとえば，この回路の構成物質であるクエン酸は脂肪酸やステロイド，2-オキソグルタル酸はグルタミン酸，スクシニル CoA はポルフィリン，オキサロ酢酸はアスパラギン酸などの

生合成の材料として使われる.

　クエン酸回路はこのような同化反応としての性質も
もっているため, 回路を構成する化合物が同化の材料
として引き抜かれて不足すると, 回転速度を低下させ
てしまう. これを防ぐために, 回路の物質を補充する
ためのシステムが備わっている. この補充反応を**アナ
プレロティック反応**という. 代表的なものはピルビン
酸へ CO_2 が付加してオキサロ酢酸となる反応で, **ピ
ルビン酸カルボキシラーゼ**によって触媒される. 本酵
素はクエン酸回路の中間代謝産物が不足することに
よって蓄積するアセチル CoA により活性化される.

2・5　酸化と還元

2・5・1　完全酸化によるエネルギーの獲得
──電子伝達系

　解糖だけではグルコースの自由エネルギーを十分に
引き出すことができないが, クエン酸回路とそれに共
役した**呼吸**[*7]系を経ることによって効率的にエネルギー
が生成される. すなわち, クエン酸回路で生成された
NADH や $FADH_2$ が電子伝達系に運ばれて呼吸の基質
として利用される. NADH と $FADH_2$ は他の物質を還元

する力が強く, 電子供与体として働くことができる.

　図 2・6 に示すように, **ミトコンドリア内膜**(図 2・
7 参照) には**呼吸鎖複合体**[*8]とよばれる複数のタンパ
ク質からできている電子の受渡しの反応系(電子伝達
系) がある. この系では, NADH や $FADH_2$ が**電子供与
体**となって発生した電子が, **ユビキノン**[*9]や**シトクロ
ム**[*8]などに受渡されたのち, **末端電子受容体**としての
酸素 O_2 に渡され, 同時にマトリックスに存在する**プロ
トン**(水素イオン, H^+)を加えて水を生成する(図 2・
6). クエン酸回路からの一連の流れをみると, ピルビ
ン酸に含まれていた水素がここで最終的に水にまで酸
化されたということになる.

　電子伝達は物質の変換を伴う化学反応ではなく, 電
子の受渡しの反応(半反応という)なので, その自由
エネルギー変化は以下のように, 反応にかかわる酸化
還元対の**酸化還元電位**(メモ 2・1)に依存した式で
表される.

$$\Delta G^{\circ\prime} = -nF|E'_{0(\text{donor})} - E'_{0(\text{acceptor})}| \qquad (2\cdot11)$$

ただし, F はファラデー定数(9.649×10^4 C/mol), n は
かかわる半反応の電子数, $E'_{0(\text{donor})}$ および $E'_{0(\text{acceptor})}$ は
それぞれ電子供与体と電子受容体の**中間酸化還元電位**

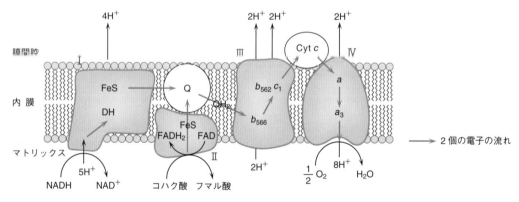

図2・6　ミトコンドリアの電子伝達系

[*7]　**呼　吸**: 一般には息を吐いたり吸ったりすることを呼吸というが, これは厳密には外呼吸といわれる. 生化学でいう呼吸とは, 電子伝
達系における物質の酸化還元によって ATP を獲得する過程をいう. 末端電子受容体として酸素を利用するものを**好気呼吸**, 酸素以外を
利用するものを**嫌気呼吸**という. 嫌気呼吸はおもに原核生物にみられ, 酸素の代わりに硝酸塩, 硫酸塩, 炭酸塩などを利用する.
[*8]　**呼吸鎖複合体とシトクロム**: ミトコンドリア内膜や原核生物の細胞膜に存在する**呼吸鎖**ともいわれる電子伝達系を構成する巨大タン
パク質の複合体である. 複合体 I, II, III, IV からなり(図 2・6), 正式にはそれぞれ NADH 脱水素酵素(NADH-キノン酸化還元酵素),
コハク酸脱水素酵素(またはフマル酸還元酵素), キノン-シトクロム酸化還元酵素(シトクロム bc_1 複合体), シトクロム c 酸化還元酵素と
よばれる. それぞれの複合体は酸化還元活性を担う**補欠分子族**を含んでおり, そのうちヘムという鉄錯体を含むものを**シトクロム**とい
う. その鉄が $Fe^{2+} \rightleftarrows Fe^{3+}+e^-$ の反応により電子伝達を行う. F_oF_1-ATP 合成酵素(図 2・8)を呼吸鎖複合体 V とすることもある.
[*9]　**ユビキノン**: ミトコンドリアの電子伝達に必須かつ唯一の低分子脂溶性成分で, ベンゾキノンの骨格にイソプレニル側鎖がついた
構造をしている. 生物界に広く存在することからこの名前がついた(ubiquitous＋quinone＝どこにでもあるキノン). 別名補酵素 Q
(CoQ)ともいう. 呼吸鎖では複合体 I(または II)と複合体 III との間の電子のやり取りを行っている. 細菌の呼吸鎖にもユビキノン
が存在するが, 代わりにナフトキノン型の構造をもつ**メナキノン**(ビタミン K_2)が存在する場合がある.

である．ここで，ミトコンドリアにおける電子伝達（電子供与体 NADH ⟶ 電子受容体 O_2）の自由エネルギー変化を考えてみよう．

$$NAD^+ + 2H^+ + 2e^- \rightleftharpoons NADH + H^+$$
$$(E_0' = -0.32\,V) \quad (2・12)$$

$$\frac{1}{2}O_2 + 2H^+ + 2e^- \rightleftharpoons H_2O$$
$$(E_0' = 0.82\,V) \quad (2・13)$$

この式からわかるように両者の酸化還元対の電位差は 1.14 V，反応にかかわる電子数は 2 である．したがって，式 2・11 から $\Delta G^{\circ\prime} = -2 \times 96.49 \times 1.14 = -220$ kJ （-52.7 kcal）/mol と計算できる．

メモ2・1 酸化還元電位

酸化還元反応（電子のやり取りをする反応）の際に発生する電位（正しくは電極電位，E または E_h で表し，単位は V）．1気圧の H_2 の pH 0 における酸化還元電位を 0 V と定め，これを基準に電子を与えたりもらったりする傾向を電位で表す．電位を求めたい酸化還元反応に関与する物質の活量がすべて1の場合の電位を特に**標準酸化還元電位**（E_0）といい，生化学的に重要な pH 7 における E_0 を**中間酸化還元電位**（E_0'）という．酸化還元電位が高い O_2 や Fe^{3+} は酸化剤となり，電位が低い H_2 や NADH は還元剤として働く．

2・5・2 酸化的リン酸化と基質レベルのリン酸化

ミトコンドリアの電子伝達系で1分子の NADH が NAD^+ に酸化されると，3分子の ATP が生まれ，1分子の $FADH_2$ が FAD に酸化されると同様に2分子の ATP が生まれる（この機構については後述する）．このように電子伝達系における酸化に伴って ATP が生まれる（ADP のリン酸化が起こる）ことを**酸化的リン酸化**という．一方，解糖でのピルビン酸キナーゼ反応に伴う ATP の生成（§2・3・1 および図2・4）やクエン酸回路中のスクシニル CoA の分解に伴う GTP の生成（§2・4・1 および図2・5）などは，**基質レベルのリン酸化**という．基質レベルのリン酸化では，必ず，ホスホエノールピルビン酸や 1,3-ビスホスホグリセリン酸のような高エネルギー中間体（基質）があって，その基質のリン酸基が転移して（すなわち，反応の自由エネルギー変化を直接利用して）ATP が生成される．一

方，酸化的リン酸化にはこのような高エネルギー中間体は存在しない．すなわち，式 2・11 に示した電子伝達の酸化還元反応から換算される自由エネルギー変化が ATP 生成のもとになる．

2・5・3 ATP 生成のメカニズム──化学浸透圧説

具体的に酸化的リン酸化で ATP がつくられる仕組みを理解するためには，ミトコンドリアの姿を知らなければならない．ミトコンドリアは**内膜**と**外膜**の二重の膜に包まれており，最も内側のスペースを**マトリックス**，内膜と外膜の間隙を**膜間腔**という（図2・7）．

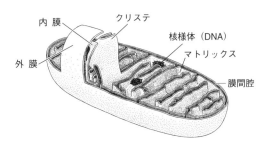

図2・7 ミトコンドリア

電子伝達系のタンパク質複合体（**呼吸鎖複合体**[*8]，図2・6参照）は内膜に配置されており，クエン酸回路はマトリックスに存在する．実は，NADH や $FADH_2$ を電子供与体とする電子伝達に伴って，マトリックスの H^+ が内膜中の複合体 I，III，IV の3箇所を通って膜間腔に放出されるのである．この**プロトン転移**は，前述した電子伝達に伴う自由エネルギー変化で駆動されている．電子伝達が進行すればするほど，くみ出された多量の H^+ が膜間腔にたまることになり，マトリックスと膜間腔の間に H^+ の濃度勾配（$[H^+]_{in} - [H^+]_{out}$, ΔpH）と膜電位（$\Delta\psi$）が形成される．これをプロトンの**電気化学的ポテンシャル差**といい，自由エネルギー変化として以下の式で表される．

$$\Delta G = RT\ln([H^+]_{in} - [H^+]_{out}) + F\Delta\psi$$
$$= -2.3RT\Delta pH + F\Delta\psi \quad (2・14)$$

ただし，R＝気体定数，T＝絶対温度 [K]，F はファラデー定数である．また，式 2・14 をファラデー定数で除したものを**プロトン駆動力**という．

この濃度勾配を解消するための装置が内膜にセットされている．それは，**F_0F_1-ATP 合成酵素**（図2・8）といわれるもので，H^+ を膜間腔からマトリックス側

に通過させる通路であるとともに，この H$^+$ の逆流に合わせて ATP をつくる酵素である．すなわち，膜を隔てて形成された pH 濃度勾配に伴う ΔG 分のエネルギーが，H$^+$ の逆流によって消去されることなく，ATP 合成によって保存される．この機構は P.D. Mitchell により**化学浸透圧説**として提唱され，現在では実験的に裏づけされている．ミトコンドリア内で多量に生成した ATP は，これを運ぶタンパク質の作用でミトコンドリアを離れ，細胞質でエネルギーを必要とするさまざまな反応に利用される．

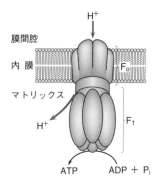

図 2・8　F$_o$F$_1$-ATP 合成酵素

2・5・4　グルコース完全酸化のエネルギー収支

さて，グルコースが解糖からクエン酸回路で分解されて何分子の ATP に変換されるのだろう．解糖では，グルコース 1 分子当たり差引 2 分子の ATP が得られただけである（§2・3・3 参照）．図 2・9 に，グルコースの完全酸化で得られる ATP の分子数の計算過程を示す．ピルビン酸 1 分子がミトコンドリアで完全酸化された場合，まず，基質レベルのリン酸化で GTP が 1 分子できる．これは 1 分子の ATP に換算できる．ピルビン酸はクエン酸回路に入る前，アセチル CoA になる．この際 1 分子の NADH ができる．またクエン酸回路を一周すると，3 分子の NADH と 1 分子の FADH$_2$ができる（図 2・5 参照）．酸化的リン酸化により，1 分子の NADH は 3 分子の ATP を，1 分子の FADH$_2$ は 2 分子の ATP をつくる．したがって，生成される ATP の分子数は，ピルビン酸 1 分子がクエン酸回路に入り一周すると基質レベルのリン酸化で 1，酸化的リン酸化では 4×3+2＝14，合計 15 分子と計算できる．グルコース 1 分子からはピルビン酸 2 分子ができるので，2 倍して 30 分子の ATP となる．これに，解糖での 2 分子の ATP を加え，さらに解糖で得られた NADH（2

分子）も電子伝達系で酸化されるとすると，2×3＝6 で，合計 38 分子の ATP が得られることとなる．しかし，動物細胞では，細胞質の解糖で得られた NADH はすぐにミトコンドリアには入れず，細胞質でジヒドロキシアセトンリン酸を還元し，生成したグリセロール 3-リン酸がミトコンドリアのマトリックスに入り，その再酸化で FADH$_2$ をつくる．したがって ATP を 2 分子ロスすることになり，合計で 36 分子の ATP が得られる計算となる．

細菌のような原核細胞には細胞膜自体に呼吸鎖が存在し，ミトコンドリアと同じ働きをしている．したがって，原核細胞の場合は，グルコース 1 分子当たり 38 分子の ATP ができると考えてよい（図 2・9）．

解　糖		
4×基質レベルのリン酸化 － 2 ATP		＝ 2 ATP
2 ピルビン酸 ⟶ 2 アセチル-CoA		
2×NADH の酸化的リン酸化		＝ 6 ATP
クエン酸回路（2 回）		
6×NADH の酸化的リン酸化		＝18 ATP
2×FADH$_2$ の酸化的リン酸化		＝ 4 ATP
2×基質レベルのリン酸化		＝ 2 ATP
解糖からの 2 NADH		4～6 ATP
合　計		36～38 ATP

図 2・9　グルコースの完全酸化でできる ATP の数

ATP が ADP となるときの $\Delta G^{\circ\prime}$ は－30.5 kJ/mol である（表 2・1）．したがって，グルコースの酸化でできた 38 モルの ATP は－30.5×38＝－1160 kJ に相当するので，グルコースの完全酸化の $\Delta G^{\circ\prime}$＝－2840 kJ の約 40％ が ATP として保存されたことになる．残りは熱として排出される．ガソリン自動車のエネルギー効率は最高でも 25％ 程度といわれているので，生物のエネルギー取出し効率の高さは驚異的である．

2・5・5　脂肪酸の β 酸化

クエン酸回路は必ずしも糖の代謝経路とだけつながっているわけではない．脂質はカロリーの高い栄養素として知られている．中性脂質の異化反応では，まずリパーゼでグリセロールと脂肪酸に分解される．脂肪酸は，さらにミトコンドリア内で **β 酸化**という経路で，カルボキシ基側から酢酸の単位で（アセチル CoA として）順次酸化的に切り出され，大量の NADH，FADH$_2$ とともに大量のアセチル CoA が生産される．た

とえば，炭素数 16 のパルミチン酸 $CH_3(CH_2)_{14}COOH$ 1 分子の場合，β酸化により，8 分子のアセチル CoA とともに 7 分子の NADH および 7 分子の $FADH_2$ が生産される．このアセチル CoA がすべてクエン酸回路で酸化されると，β酸化と合わせて最終的にパルミチン酸 1 分子から 130 分子の ATP が得られることになる．グルコースの分子量を 180，パルミチン酸の分子量を 256 として概算すると，1 g のグルコースからは，0.2 mol の ATP が得られるが，1 g のパルミチン酸からは，0.5 mol の ATP が得られる．脂肪が高カロリー食品といわれるゆえんである．

2・6　光　合　成

　植物が太陽エネルギーを物質に変換してくれることにより，地球上の生物は生きていくことができる．このように，光エネルギーを物質に変換する過程を**光合成**という．具体的には，光エネルギーを利用して二酸化炭素と水から糖をつくる反応であり，式 2・15 のように書くことができる．糖をつくるばかりでなく，副産物として酸素を発生する点も重要である．

$$6\,CO_2 + 6\,H_2O \longrightarrow C_6H_{12}O_6 + 6\,O_2$$
$$(2\cdot15)$$

これは，**炭酸固定**（古くは**炭酸同化作用**）といわれ，§2・2・1 で述べたグルコースの完全酸化（式 2・8）の逆反応である．機構的にも好気呼吸の逆反応と考えると理解しやすい．ただし，光合成が起こる場所は，ミトコンドリアではなく葉緑体である．光合成は植物だけではなく，**光合成細菌**とよばれる一部の細菌でも行われる[*10]．

2・6・1　葉　緑　体

　葉緑体はミトコンドリアに似て二重膜に包まれている．中に**チラコイド**という膜構造がある（図 2・10）．

チラコイドが密に重なったものは**グラナ**とよばれる．チラコイド膜には電子伝達系が備わっており，ミトコンドリアのものと区別して**光合成電子伝達系**という．

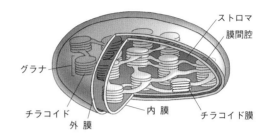

図 2・10　葉緑体（クロロプラスト）

　光合成は大きく**明反応**と**暗反応**に分けることができる．光エネルギーにより，**反応中心**とよばれる光合成色素とタンパク質の複合体が**励起状態**[*11]になり，そこから始まる電子伝達と還元力の生成が明反応で，おもにチラコイド膜で行われる．暗反応は，その還元力を利用して CO_2 を固定する反応で，**ストロマ**で行われる．光を必要としないためこの名がある．明反応は，**光化学系 I** および**光化学系 II** とよばれる電子伝達系がかかわり，それぞれ波長の少し異なる光を受入れる色素タンパク質複合体が存在する．光を吸収する色素の実体が**クロロフィル**[*12]（葉緑素）である．これらが赤色や青紫色の光を吸収し，残った緑色が反射されるため，植物の葉は緑色をしているのである．

2・6・2　明反応──光合成電子伝達系

　図 2・11 に示すように，まず光化学系 II の反応中心で，680 nm の波長の赤色光が吸収される．励起された反応中心のクロロフィルからは電子 e^- が飛び出し，**フェオフィチン**（クロロフィルから Mg^{2+} がとれたもの）を経て順次電子伝達され，光化学系 I の**光受容体**へ渡される．そして，電子が飛び出して空になった反応中心を再還元するために水が電子供与体として使われ，

[*10] **藍色細菌**（シアノバクテリア）とよばれる光合成細菌は植物と同じく**酸素発生型光合成**を行う．一方，**紅色硫黄細菌**や**緑色硫黄細菌**とよばれるものは，$CO_2 + 2\,H_2A \longrightarrow (CH_2O) + H_2O + 2\,A$ の反応式で表される**酸素非発生型光合成**を行う．上式で A に相当するものとして硫黄 S があり，水の代わりに硫化水素 H_2S を還元力として CO_2 を固定し，炭水化物 CH_2O を合成すると同時に，硫黄粒子を生成する．このため，菌体の色状と併せて○○硫黄細菌とよばれている．炭素同化の有無にかかわらず，単に光エネルギーを利用する細菌という意味では**光栄養細菌**といわれる．

[*11] **励起状態**：原子や分子において通常の電子の状態（基底状態）に対し高いエネルギーをもった電子状態をいい，電子を放出しやすい．酸化還元電位でいえば，マイナス側に押し上げられた状態をいう．励起状態の電子をもつ分子の場合，基底状態に比べその構造も異なっている．

[*12] **クロロフィル**：ポルフィリン系の緑色の色素でマグネシウム Mg が環状構造の中心に位置し，光合成で光エネルギーを吸収し，伝達する中心的役割を担う．酸素発生型の光合成細菌（*10 参照）にもクロロフィルが存在するが，酸素非発生型光合成細菌には代わりにそれと構造が類似する**バクテリオクロロフィル**が含まれ，一部には中心金属が Mg ではなく Zn（亜鉛）のものも存在する．

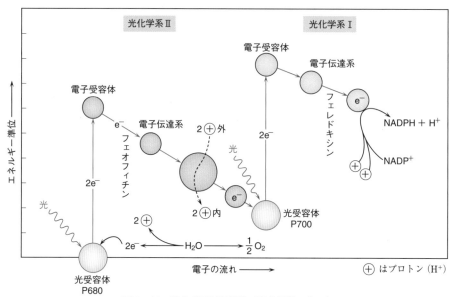

図2・11　光合成電子伝達系（光化学系ⅠとⅡ）

水の分解に伴って酸素が発生する（式2・16）.

$$2\,H_2O \longrightarrow 4\,H^+ + 4\,e^- + O_2 \qquad (2・16)$$

光化学系Ⅱの電子伝達の過程で，ミトコンドリアの酸化的リン酸化と類似の機構により H^+ がチラコイドの内側に蓄積し，H^+ の濃度勾配ができ，それをストロマに放出する際に放出装置についている ATP 合成酵素により ATP が生成される. このリン酸化は，ミトコンドリアの酸化的リン酸化と区別するために**光リン酸化**といわれる.

　電子を受取った光化学系Ⅰは，700 nm 前後の長波長赤色光でまた励起される. 電子はさらに**フェレドキシン**[*13] などを経て最終的に $NADP^+$（図1・15 参照）を還元し，NADPH を生成する（図2・11）. これは，ミトコンドリアの電子伝達系で NADH から電子が伝達され，最後に酸素を水に変換する反応の逆経路である. ただし，光化学系では NAD^+ の代わりに $NADP^+$ が使われている. 結局，光合成では光化学系を使って水から電子を奪い（水を酸化し），その電子を $NADP^+$ に与える（$NADP^+$ を還元する）という仕事をしているわけである.

2・6・3　暗反応——カルビン回路

　暗反応では，明反応で得られた ATP や NADPH を使い，炭素固定を行う. この経路は，発見者の名をとって**カルビン回路**といわれる（図2・12）. 二酸化炭素が最初に固定される際の受容体は，五炭糖の**リブロース 1,5-ビスリン酸**で，二酸化炭素が結合した中間体を経たのちすぐに二つに切れ，2分子の 3-ホスホグリセリン酸ができる. 片方の 3-ホスホグリセリン酸のカルボキシ基がもとの二酸化炭素に由来する. この反応を触媒するのは，**リブロースビスリン酸カルボキシラーゼ/オキシゲナーゼ**（ribulose-bisphosphate carboxlylase/oxigenase）という酵素であり，**ルビスコ**（RuBisCO）と略称でよばれることが多い. 植物中に高濃度で存在し，地球上で最も大量に存在するタンパク質といわれる. われわれヒトを含めて，すべての従属栄養生物（§7・2・2 参照）はこの酵素のおかげで食べ物を得ることができる.

　3-ホスホグリセリン酸は，解糖系の逆路（糖新生経路，§2・3・4 参照）をたどってグルコースとなる. また，カルビン回路は，糖新生途中のフルクトース 6-リン酸から五炭糖が多く関与する経路（**ペントースリン**

[*13]　**フェレドキシン**: 鉄原子と硫黄を含むタンパク質で，光合成生物のみならず，動物から原核生物まで広く分布する. シトクロムと違ってヘムを含まないので，非ヘム鉄硫黄タンパクといわれる. シトクロムと同様に電子伝達体として機能する.

[*14]　**ペントースリン酸経路**: ペントースリン酸回路ともいわれる. 解糖とは別のグルコース代謝経路の一つで，ヘキソースとペントースの相互変換を行う. 核酸の成分リボースの供給の点で重要である. 生合成過程の還元剤として働く NADPH を供給する回路でもある.

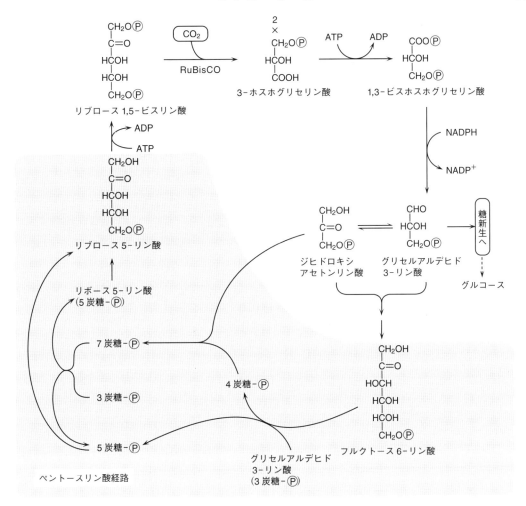

図 2・12 カルビン回路

酸経路[*14] という）を通ってリブロース 1,5-ビスリン酸を再生し，ルビスコ反応を繰返す（図 2・12）.

2・6・4 光合成研究の意義

21 世紀に入り，日本の研究グループによりシアノバクテリア[*10] の光化学系 II の結晶構造解析が進み，水分解反応の詳しいメカニズムの解明が進んでいる．またこれらの解析をもとにして，より効率の良い人工光合成の研究も進みつつある．光合成は，太陽エネルギーを電気エネルギーに変換することから始まり，強い還元力をもつ NADPH をつくり二酸化炭素を糖へと変換するダイナミックなシステムである．生物が生み出した光合成のシステムを人工的に強化する研究は，人類が抱えるエネルギー問題，食糧問題，環境問題などを解決できる可能性を秘めており，さらなる発展が期待される.

3 分子からみた遺伝情報
──生物の設計図

　生物はさまざまな形や性質（形質）をもつ．それぞれの生物には，固有の形質を決めている"生物の設計図"ともいうべき情報が存在するはずである．形質が親から子へと受継がれる現象は"遺伝"として昔から人々に広く認知されていた．その後，遺伝により伝えられ，生物の形質を決定する情報（遺伝情報）は"遺伝子"と命名された．20世紀に入り，分子生物学の発展に伴って，遺伝情報はDNAの塩基配列の形でコードされ，DNA → RNA → タンパク質という物質の変換過程を経て，最終的に形質が実現されることが明らかにされた．現在，かつて仮想的な存在であった遺伝子と，遺伝子に関係したさまざまな生命現象について，分子の言葉で具体的に説明できるようになった．本章では，遺伝子とその媒体であるDNAを中心に，遺伝情報の複製，発現，維持などの分子機構について学ぶ．

3・1　DNA──遺伝情報をコードする分子

3・1・1　DNAとクロマチン構造

　遺伝物質[*1]であるデオキシリボ核酸（DNA）は，二重らせん構造をとるポリヌクレオチド鎖からなる核酸である（§1・3・4参照）．二本の鎖の間には，水素結合によって向かい合う塩基対が形成され，それぞれのDNA鎖の上に並んだ4種類の塩基（アデニン [A]，チミン [T]，グアニン [G]，シトシン [C]）の配列で遺伝情報が記述されている．真核生物では核のDNAは直線状の構造をとるが，細胞小器官のDNAや原核生物DNAの多くは環状構造をとる．一般にDNAの大きさは，その分子に含まれる塩基対の数（bp）で表される．真核細胞のDNAは核の中に存在する．しかし，ヒトの場合，全長2m，直径2nmの長く細い高分子であるDNAがそのままの状態で核に収められているわけではない．DNAは，塩基性タンパク質であるヒストン（H2A, H2B, H3, H4の4種類）の八量体とヌクレオソームという構造体をつくり，数珠状の繊維になり，さらにこれが折りたたまれて圧縮された状態で核の中に収納されている（図3・1）．このようなDNAとヒストンの複合体を総称してクロマチン[*2]という．クロマチン構造は遺伝子の転写制御にも深くかかわっており，細胞が分裂する時期には，クロマチン

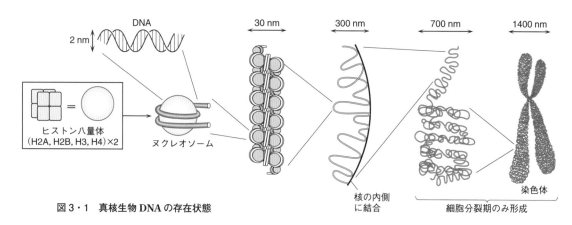

図3・1　真核生物DNAの存在状態

[*1]　生物の遺伝情報を担う遺伝物質については長い間不明であったが，1944年，O.T. Avery らの肺炎双球菌の形質転換実験により，DNAが遺伝物質であることが実証された．1953年にはJ.D. Watson と F.H.C. Crick によって，DNAの二重らせん構造が発見され，遺伝情報はDNAの塩基配列の形でコードされていることが明らかになった．

[*2]　クロマチンには，DNAとヒストン以外に微量のRNAや非ヒストンタンパク質も含まれる．高度に凝縮し，転写不活性なヘテロクロマチンと遺伝子の転写活性の高いユークロマチンとに分類される．

が凝縮し，**染色体**という構造体を形成する（後述）．クロマチン構造は真核生物のほか，原核生物であるアーキアにも存在するが，細菌では知られていない．

３・１・２　染色体とゲノム

　DNAとタンパク質からなる**染色体**は，塩基性色素で染色されることからこの名がつけられており，生物種ごとに染色体の本数や形状が決まっている．ヒトの体細胞では父親と母親とに由来する46本（23対）の染色体が存在する．対をなす同形の染色体を**相同染色体**という．染色体には性を決める2種類の**性染色体**（**X染色体**，**Y染色体**）とそれ以外の22種の**常染色体**とがある．女性はX染色体を2本，男性はX染色体とY染色体をそれぞれ1本もち，常染色体には長い順に1番から22番までの番号がつけられている．

　ゲノム（genome）とはgene（遺伝子）と-ome（総体）を合わせた言葉で，ある生物が生命活動を維持するために必要な遺伝情報の総体を表す．通常，大部分の原核生物のゲノムは1本の環状DNAに，また，真核生物ゲノムは複数の染色体に分割された直線状DNAにコードされている．たとえば，ヒトゲノムとはヒトの24種の染色体に存在するDNA約30億塩基対の配列情報をさし，そのなかに約20,000個のタンパク質をコードする遺伝子の情報が含まれている．ヒトの体細胞は両親に由来する2セットのゲノムをもっている．**ゲノムサイズ**や含まれる遺伝子の数は生物によってさまざまである．原核生物のゲノムサイズは，多くは10 Mb（メガ塩基対，10^6 bp）以下と小さいが，真核生物ゲノムは小さいもので10 Mb，大きいものでは100,000 Mb以上もある（ヒトゲノムは約3000 Mb）．一般に，生物の複雑さに応じてゲノムサイズも大きくなる傾向があるが，たとえば両生類は哺乳類よりも10〜100倍も大きなゲノムサイズをもつというように，生物の複雑さとゲノムサイズとは必ずしも相関していない．ゲノム解析から明らかにされた生物の遺伝子数をみると，原核生物では1000〜4000個，真核生物では6000〜40,000個であり，真核生物ゲノムに比べて原核生物ゲノムは高密度に遺伝子をコードしている（§7・2・4参照）．真核生物ゲノムには，**反復配列**[*3]など遺伝子を含まない領域が多く存在するため，ゲノムサイズが大きくなっている．核に存在するゲノムDNAとは別に**染色体外DNA**[*4]とよばれるDNAも存在する．

３・１・３　遺伝情報とセントラルドグマ

　1958年，F.H.C. Crickは，DNAの遺伝情報がRNAを経て最終的にタンパク質に変換されることを骨子とする**セントラルドグマ**を提唱した．その後に発見されたRNAからDNAへの変換である**逆転写**[*5]やRNAの複製などの微修正が加えられたものの，生物のもつ遺伝情報の流れを説明する基本的な考えとなっている．セントラルドグマの要点は，

① DNAは遺伝情報をコードし，**複製**によってDNA自身のコピーをつくる

② DNAの遺伝情報（塩基配列）は，**転写**によってRNAとして読み出される（注: RNAが遺伝子産物の場合もある）

③ RNAは，**翻訳**によって，遺伝情報の実行分子であるタンパク質に変換される

の3点である（図3・2a）．この遺伝情報の処理プロセスは，デジタル情報と比較して考えると理解しやすい．生物では，DNAという情報媒体に塩基配列という形で情報がコードされているのに対して，デジタル機器では，DVDなどの媒体にデジタル信号の形で情報がコードされている．これらの情報は必要に応じて，生物では細胞内で転写と翻訳を経てタンパク質がつくられて遺伝子の機能が発揮されるのに対し，デジタル機器ではデジタル信号を電気信号に変換して音楽や映像として利用される．ともに媒体ごと情報を複製できる点と，必要な情報を選択し，読み出して利用できる点は共通している（図3・2b）．

---

*3　**反復配列**: ゲノム上に複数反復して存在する，同じか，非常によく似た塩基配列をいう．高等生物ゲノムの遺伝子以外の領域には多数の反復配列が存在することがわかっている．セントロメアにあるサテライトDNAやトランスポゾン由来のLINEやSINEなどは代表的な反復配列である．

*4　**染色体外DNAとプラスミド**: 真核生物の細胞小器官であるミトコンドリアや葉緑体には独自のゲノムDNAが存在しており，細胞の共生進化に由来すると考えられている（§7・4・2参照）．これらのDNAのサイズはせいぜい数百kbまでと小さく，コードされる遺伝子数も少ない．原核生物に存在する**プラスミド**も染色体外DNAの一つであり，細胞内で小さな環状DNAとして自律増殖できる．プラスミドは宿主の生存に必須なものではないが，薬剤耐性因子や抗菌タンパク質であるコリシン因子，性決定因子をもつものがある．細菌のベクターとして遺伝子工学によく利用される．

*5　**逆転写**: RNAを鋳型にしたRNA依存性のDNA合成をいう．逆転写を触媒する酵素を逆転写酵素といい，RNA依存性のDNAポリメラーゼ活性をもつ．逆転写はレトロウイルス（逆転写酵素をもつRNAウイルス）で最初にみつかり，その複製にかかわるほか，テロメラーゼによるテロメア複製やレトロトランスポゾン（§7・2・4参照）で起こることが知られている．

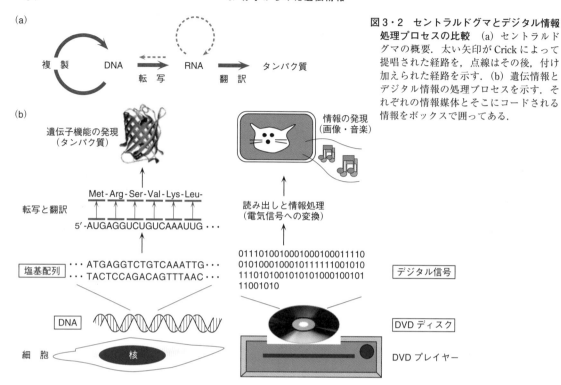

図3・2 セントラルドグマとデジタル情報処理プロセスの比較 (a) セントラルドグマの概要. 太い矢印が Crick によって提唱された経路を, 点線はその後, 付け加えられた経路を示す. (b) 遺伝情報とデジタル情報の処理プロセスを示す. それぞれの情報媒体とそこにコードされる情報をボックスで囲ってある.

3・2 複製──遺伝情報をコピーする仕組み

3・2・1 DNA の半保存的複製

　生命活動を維持するため, 体をつくる膨大な数の細胞1個1個には遺伝物質であるゲノム DNA が必要である. そのため, 最初の細胞（受精卵）が増殖して体を構成していく過程で, 分裂してできた多くの細胞へ DNA を複製して分配することは, 生物にとって必須なプロセスである. また, 遺伝情報を子孫へ伝えるうえでも DNA の複製は不可欠である（第4章参照）. DNA の複製では, DNA の二重らせんがほどかれた後, おのおのの鎖を鋳型にして相補的な塩基配列をもった新生鎖が合成され, もとの DNA と等価な2組の DNA 分子が新たに合成される. これを**半保存的複製**とよんでいる（図3・3）.

3・2・2 レプリコンと複製開始制御

　DNA の複製は, DNA 上の**複製起点**から始まり, けっして不特定の位置から始まることはない. 通常, 環状

の原核生物ゲノム DNA では1箇所, 直線状の真核生物ゲノム DNA では複数の複製起点が存在する（図3・4）. 一つの複製起点から複製される DNA の領域を**レプリコン**という. 複製は複製起点から両方向へ進行し（両方向複製）, 複製進行中の分岐点付近の構造を**複製フォーク**という. 真核生物ゲノムは多数のレプリコンから構成されており, 複製を分担することで, 大きなサイズの DNA を短時間で複製できる. 多数ある複製起点からどれを使うか選択することで, ゲノム全体の複製に要する時間を変えることもできる. たとえば, 盛んに細胞分裂を繰返す動物の胚発生の時期には, 通常, 体細胞の分裂に伴う複製では使用されない複製起点も動員して, 短時間にゲノム DNA が複製される. 真核生物ゲノムの複製開始は, 細胞周期の進行と連関した厳密な制御を受けている（§4・1・3参照）. 複製起点を認識するタンパク質複合体や二本鎖 DNA を一本鎖に巻戻す **DNA ヘリカーゼ**などのタンパク質群が複製起点に結合・集合して**複製前複合体**を形成し, **サイクリン依存性タンパク質キナーゼ**[*6]（cyclin-dependent

---

[*6] **サイクリン依存性タンパク質キナーゼ（Cdk）**: Cdk はタンパク質リン酸化酵素で, 活性化のためにサイクリンというタンパク質を必要とする. 標的タンパク質のセリンやトレオニンのヒドロキシ基に ATP のリン酸基を導入する活性を示し, 細胞周期を進行させるエンジンとして機能する. 細胞周期の各時期でそれぞれ異なるサイクリンと Cdk の組合わせが働いている.

protein kinase, Cdk) などが複製前複合体のタンパク質をリン酸化することで複製が始まる. さらに, 一度開始された複製起点からは, 複製が完了するまで再度複製を開始させないような制御も存在する.

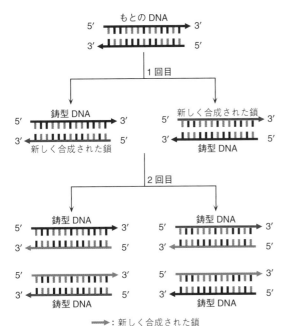

図3・3 **DNAの半保存的複製** DNAの複製では, 親分子の半分が鋳型DNAとして用いられ, 新たに合成されたDNA分子に保存される様式で反応が進む. 2回の複製を通じて, どのように新しいDNA分子が合成されるかを模式的に示す. 矢印はDNA鎖のバックボーンとその方向を, 対合する黒とグレーのボックスは相補的な塩基対を示す.

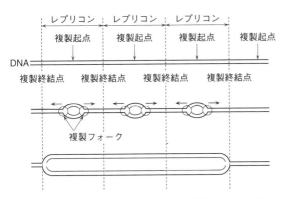

図3・4 **真核生物ゲノムDNAの複製** 複製起点より両方向へ複製フォークが進行して, 隣どうしの新生鎖（赤線）が連結し, 巨大なDNAが複製される. すべての複製起点がいつも使われるわけではない.

3・2・3 DNA合成の仕組み

DNAの合成は**DNAポリメラーゼ**とよばれる酵素によって触媒される. DNAポリメラーゼは複数の種類があり, 大腸菌では5種類, 真核生物では10種類以上が知られている. 複製フォークでのDNAの合成に必要なものは大腸菌ではDNAポリメラーゼIII, 真核生物ではDNAポリメラーゼα, δ, εの3種類であり, 残りの多くはDNAの修復に関与する.

DNAの合成反応には, 鋳型となる一本鎖DNA（**鋳型DNA**）, ヌクレオチドを結合させるための**プライマー**, および基質となる4種のデオキシリボヌクレオシド三リン酸が必要である. DNAポリメラーゼは鋳型鎖の塩基と相補的な基質を重合してDNA鎖を$5' \rightarrow 3'$方向へ伸長させる（図3・5a）. プライマーは鋳型DNAと相補的な塩基配列をもち, 鋳型DNAと塩基対を形成して結合する. 細胞内の複製の場合, **DNAプライマーゼ**により合成される短いRNA鎖がプライマーとして用いられる（図3・5b）. DNA複製には高い忠実度が要求され, 多くのDNAポリメラーゼには誤って取込んだ非相補的なヌクレオチドを除き, **校正**するための**$3' \rightarrow 5'$エキソヌクレアーゼ活性**がある.

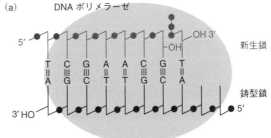

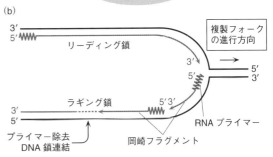

図3・5 （a）DNAポリメラーゼの反応. ヌクレオチドの構造を簡略化し, 丸はリン酸基を, 塩基対間の線は水素結合を示す. （b）DNAの不連続複製. ラギング鎖では, RNAプライマーの合成, $5' \rightarrow 3'$方向の不連続的岡崎フラグメントの合成, RNAプライマー除去とDNA連結が起こる. 巨視的には$3' \rightarrow 5'$方向へ複製が進行しているように見える.

3・2・4 DNA の不連続複製

二本鎖 DNA は互いに逆向きの鎖が対合しているので,複製フォークに注目すると,新たに合成中の2本の DNA 鎖は,一方は $5' \rightarrow 3'$ 方向へ,他方は $3' \rightarrow 5'$ 方向へ伸長しているように見える.しかし,DNA ポリメラーゼは $5' \rightarrow 3'$ 方向へしか DNA を合成できない.見かけ上 $3' \rightarrow 5'$ 方向へ合成されている DNA 鎖は,実は短い DNA 鎖が $5' \rightarrow 3'$ 方向へ複製フォークの動きに伴って逐次的に合成され,これらが連結されて合成されている(図3・5b).このような複製の様式を**不連続複製**という.複製フォークと同じ方向に連続的に合成される DNA を**リーディング鎖**,逆方向に不連続に合成される DNA を**ラギング鎖**とよぶ.複製フォークの移動に伴って,逐次的にラギング鎖の鋳型 DNA 上に **RNA プライマー**が合成され,**岡崎フラグメント**という短い DNA 鎖(原核生物では 1000〜2000 bp,真核生物では 100〜400 bp)が合成される.その後,RNA 分解酵素などの働きで RNA プライマーが除かれ,その部分を DNA ポリメラーゼが埋める.最後に **DNA リガーゼ**が DNA 間の未結合部(ニック)を連結して,ラギング鎖が完成する.複製の進行に伴って複製フォーク前方に蓄積する二本鎖 DNA のひずみは,**DNA トポイソメラーゼ**により解消される.

3・2・5 真核生物の染色体複製に
必要な DNA エレメント

真核生物では,ゲノム DNA を安定に複製し,細胞分裂で生じた娘細胞へ分配するのに必要な因子が三つある.第一は,複製の開始に必要な**複製起点**である.複製起点を欠く DNA は複製できずに,細胞分裂に伴って細胞から速やかに失われる.原核生物ゲノム,**プラスミド**(p.33,＊4参照),あるいは単純な真核生物である出芽酵母のゲノムでは,複製起点に共通配列が存在するが,高等真核生物の複製起点が特定の共通配列をもつかどうかは明らかでない.第二は,**染色体分配**に必要な**セントロメア**である.細胞分裂の時期になると,複製が完了した DNA は凝縮して2個の**姉妹染色分体**を形成するが,セントロメアは2本の姉妹染色分体が接着した部位に相当する.ここにつくられる**動原体**が微小管に結合することで,それぞれの染色分体は娘細胞へ均等に分配される(§4・1・3参照).出芽酵母ではセントロメアに共通した約 120 bp の塩基配列が存在するが,高等生物になるとサイズが大きくなる.ヒトでは数百 kb(キロ塩基対,10^3 bp)から5 Mb ほどであり,特徴的な反復配列を含んでいる.第三は,染色体末端の維持に必要な**テロメア**である.真核生物の DNA は直線状構造をとるので二つの末端が存在し,この染色体末端をテロメアとよぶ.テロメアはループ状の構造をとることで染色体末端を安定化すると考えられている.テロメアは単純な塩基配列からなる反復配列を含み,ヒトでは TTAGGG 配列を単位とする数千塩基対が存在する.**テロメラーゼ**という RNA とタンパク質からなる酵素が,RNA を鋳型として反復配列を DNA の $3'$ 末端へ付加することで,テロメアは複製・維持される(p.33,＊5参照).

3・3 転写——遺伝情報を読み出す仕組み

3・3・1 遺伝子の構造

遺伝子とは,RNA として転写される DNA 領域をさし,遺伝子産物としてタンパク質をコードするものと RNA をコードするものとがある.前者からは転写産物としてタンパク質のアミノ酸配列情報を伝える**メッセンジャー RNA**(messenger RNA,mRNA)が,後者からは**転移 RNA**(transfer RNA,tRNA)や**リボソーム RNA**(ribosomal RNA,rRNA)などの**非コード RNA**[＊7]がつくられる.遺伝子の構造は原核生物と真核生物との間で大きな違いがある.原核生物では,タンパク質のアミノ酸配列情報が連続した DNA 領域にコードされているのに対して,真核生物では**エキソン**という複数の DNA 領域に分断されてコードされている.エキソン間にあって遺伝情報をもたない部分を**イントロン**といい,遺伝子はエキソンとイントロンで構成されている(図3・6a).ヒトの筋ジストロフィーの原因となるジストロフィン遺伝子のように,79個のエキソンをもち 2.4 Mb の領域を占める大きな遺伝子もある.

遺伝子は DNA の2本の鎖のいずれかにコードされている.遺伝子をコードする DNA 鎖を**コード鎖**,その相補鎖を**非コード鎖**という.RNA 合成が始まる転写開始点の手前側(コード鎖の $5'$ 側)には RNA ポリ

＊7　**非コード RNA**(non-coding RNA):タンパク質をコードしないが,機能をもった RNA の総称である.tRNA,rRNA,snRNA あるいは rRNA の化学修飾に関与する**核小体低分子 RNA**(snoRNA)などが含まれる.翻訳抑制活性をもち,遺伝子発現制御により発生制御などに関与する**マイクロ RNA**(miRNA)の存在も明らかになり,機能未知の非コード RNA も多数発見されている.

メラーゼが結合する**シス配列**[*8]である**プロモーター**が存在し，転写はプロモーターから遺伝子側へと進行する（図3・6a, c）．遺伝子からみて，転写開始点より前方（コード鎖では5′側）を**遺伝子の上流**，RNA合成の進行する方向（コード鎖では3′側）を**遺伝子の下流**とよぶ．また，転写開始点の最初の塩基を1番とし，遺伝子の上流側の塩基を−1番から順に−2，−3と順に番号をふる（0番はない）（図3・6b）．

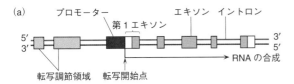

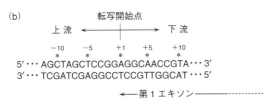

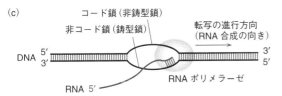

図3・6　真核生物の遺伝子構造と転写の概要　(a) 真核生物の遺伝子構造を示す．遺伝情報をコードするコード鎖を赤色の実線で示す．白のボックスはmRNAになったときに非翻訳領域となる部分を示す．コード鎖上の遺伝子（エキソンとイントロン）の5′側にはプロモーターなどの転写に必要なシス配列が存在する．(b) 転写開始点近傍の塩基配列番号を示す．転写されたRNAの塩基配列にあるpはリン酸基を示す．(c) 進行中のRNA合成の概要を示す．転写バブルがDNA上を移動しながらRNA合成が進む．

3・3・2　転写の仕組み

　DNAから，必要な遺伝情報をRNAとして読み出す反応が**転写**である．転写とその後の翻訳によってタンパク質がつくられるまでの過程を含めて**遺伝子発現**という．転写は非コード鎖を鋳型として，DNA合成と同

じ5′→3′方向へ相補的なRNA鎖を合成しながら進行する（図3・6c）．DNAのアデニン(A)に対応する相補塩基としてRNAではウリジン(U)が使われ，DNA合成と違い，RNA合成のためのプライマーは必要ない．RNA合成を触媒する酵素は**RNAポリメラーゼ**である．原核生物では1種類であるが，真核生物ではRNAポリメラーゼⅠ，Ⅱ，Ⅲの3種類が存在し，おもにⅠはrRNA合成，ⅡはmRNA合成，ⅢはtRNAと5S rRNAの合成を担う．

　転写の過程は開始・伸長・終結の3段階からなる．真核生物のタンパク質をコードする遺伝子のプロモーターには，TATAボックスやGCボックスという共通配列があり，**基本転写因子**[*9]という複数のタンパク質がプロモーター上に集合し，そこにRNAポリメラーゼⅡが加わって巨大な**転写開始複合体**をつくり，転写が始まる（図3・7b）．転写開始の制御には，クロマチン構造の変換や転写調節因子が関与する（§3・3・3参照）．転写の伸長段階では，RNAが合成されているDNA領域のみがバブル状に一本鎖に巻戻され，合成されたRNAはDNAから外れていく．RNA合成が完了した領域はもとの二本鎖DNAとなるので，転写はプロモーターから遺伝子下流方向へRNA鎖を合成中の転写バブルが移動しながら進行する（図3・6c）．一つの遺伝子の転写を複数のRNAポリメラーゼが行うこともある．原核生物では，コード領域の下流にあり転写を終結させる配列である**ターミネーター**がヘアピン構造をつくり，RNAポリメラーゼを遊離させて転写が終わる．一方，真核生物では，転写中にmRNA前駆体の下流域にポリ(A)付加シグナルが現れると，別のタンパク質がその下流でRNA鎖を切断し，DNAから遊離したRNAの3′末端には**ポリ(A)付加**が起こる（§3・3・4参照）．

3・3・3　転写開始の制御

　生物は，転写産物であるRNAを必要に応じて合成し，不要になれば速やかに分解することで遺伝子産物の量的な調整を行っている．多細胞生物では，細胞の種類や細胞の置かれた環境によって必要とされる遺伝子は異なり，遺伝子の発現は時間的・空間的に変動す

[*8] **シス配列**: 遺伝子の転写を制御するためのDNA領域を意味し，RNAポリメラーゼや転写調節因子などの結合配列が含まれる．プロモーター，あるいは転写の活性制御に関与するエンハンサーやサイレンサーは代表的なシス配列である．シス配列に結合するタンパク質を総称してトランス因子とよぶこともある．

[*9] **基本転写因子**: RNAポリメラーゼを正確な転写開始点に配置・機能させるために必要なタンパク質群である．RNAポリメラーゼの種類によって必要な基本転写因子は異なり，RNAポリメラーゼとともにプロモーター上に転写開始複合体を形成する．

る．基本的な細胞機能に必須な遺伝子は**ハウスキーピ
ング遺伝子**とよばれ，常に転写されている．一方，発
生の際に限られた細胞のみで転写される遺伝子もある
（§4・1・4参照）．そのため，必要な遺伝子を必要な量
だけ転写し，必要でない遺伝子は転写しないでおくと
いう転写開始の制御が重要になる（図3・7a）．

原核生物では，密接に関連する複数の遺伝子群が一
つの転写単位を構成し，一つのプロモーターによって
同時に制御されることが知られている．この制御単位
を**オペロン**という．一方，真核生物では遺伝子ごとに
プロモーターが存在し，独立に転写開始の制御を受け
る（図3・7a）．転写の制御には，遺伝子の5′上流に
あるシス配列に結合する**転写調節因子**によるものとプ
ロモーター近傍のクロマチン構造の変換によるものと
がある．前者のシス配列は遺伝子ごとに多様であり，

転写を活性化する**エンハンサー**と抑制する**サイレン
サー**に分けられる．転写調節因子はDNA結合性があ
り，シス配列の特定の塩基配列に結合して，転写制御
を行う．たとえばヒトの転写調節因子は2000種類以
上もあり，ホルモン，化学物質，ストレスなどによる
転写誘導，あるいは特異的な転写制御（細胞種や時期
など）を支配している．転写調節因子と転写開始複合
体の間には**メディエーター**という巨大なタンパク質複
合体が介在して，転写制御の情報を伝える（図3・7
b）．後者のクロマチン構造の変換には，**ヒストンの
化学修飾**と**クロマチンリモデリング複合体**[*10] が関与
する．クロマチン構造をとったDNAにはRNAポリ
メラーゼなどが結合できないので，転写を始める前
に，プロモーター近傍のクロマチン構造を緩める必要
がある．**ヒストンアセチル化酵素**によるヒストンのア

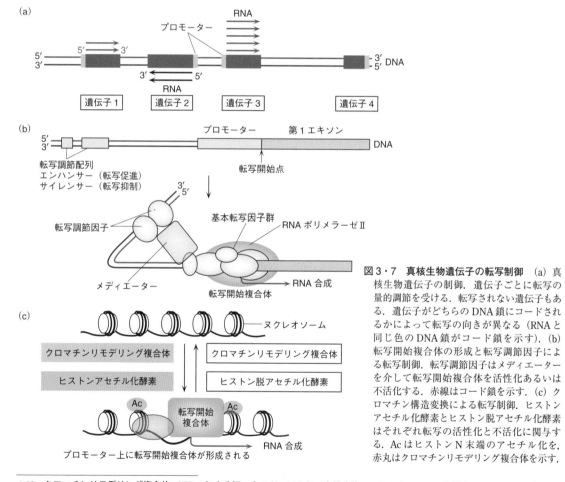

図3・7　真核生物遺伝子の転写制御　(a) 真
核生物遺伝子の制御．遺伝子ごとに転写の
量的調節を受ける．転写されない遺伝子もあ
る．遺伝子がどちらのDNA鎖にコードされ
るかによって転写の向きが異なる（RNAと
同じ色のDNA鎖がコード鎖を示す）．(b)
転写開始複合体の形成と転写調節因子によ
る転写制御．転写調節因子はメディエーター
を介して転写開始複合体を活性化あるいは
不活化する．赤線はコード鎖を示す．(c) ク
ロマチン構造変換による転写制御．ヒストン
アセチル化酵素とヒストン脱アセチル化酵素
はそれぞれ転写の活性化と不活化に関与す
る．AcはヒストンN末端のアセチル化を，
赤丸はクロマチンリモデリング複合体を示す．

[*10] **クロマチンリモデリング複合体**: ATPの加水分解エネルギーにより，真核生物のヌクレオソームの位置をスライドさせる機能を
もつタンパク質複合体．ヒストン修飾酵素と協調して，転写にかかわるタンパク質のDNAへのアクセスを変化させることで，転写
の調節やDNAの修復に働く．

セチル化によって，DNA とヒストンとの結合を弱め，さらにクロマチンリモデリング複合体によって，ヌクレオソームの位置をずらすことで，プロモーター領域では転写開始複合体の形成が可能となる（図3・7c）．

3・3・4 真核生物の RNA プロセシング

　遺伝子から転写されたばかりの RNA を**一次転写産物**といい，通常，切断や連結などの加工，末端などの修飾を受けて成熟した RNA となる．この加工・修飾を **RNA プロセシング**という．真核細胞では rRNA や tRNA ができる際に RNA プロセシングが起こる．タンパク質をコードする遺伝子については，原核生物では，一次転写産物としての mRNA がすぐにリボソームによる翻訳に使われる．一方，真核生物では，最初にイントロンを含む mRNA 前駆体として核内で転写された後，図3・8に示すように，両末端の修飾，イントロンの除去，塩基配列の編集を経て，成熟 mRNA となり，細胞質に運搬されて翻訳に使われる．

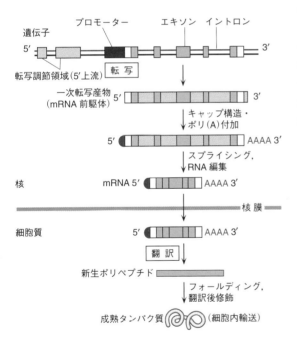

図3・8　**真核生物遺伝子の発現過程**　真核生物の遺伝子（図3・6a 参照）が転写され，翻訳を経て成熟したタンパク質になるまでの過程を示す．転写と RNA プロセシングは核で，翻訳以降の反応は細胞質で行われる．

　a. キャップ形成とポリ(A)付加　　真核生物の mRNA 前駆体に対する最初の修飾は，5′ 末端への**キャップ構造**の付加である．キャップ構造は転写開始

後まもなく，キャッピング酵素により 5′ 末端のヌクレオチドに対して付加される．つづいて，転写終了直後に 3′ 末端へポリアデニル酸（**ポリ(A)**）の付加が起こる．mRNA 前駆体は，3′ 末端に近いポリ(A)付加シグナルの下流 10〜30 bp の部位で切断され，**ポリ(A)ポリメラーゼ**によって ATP を基質としてアデニル酸が約 200 個付加されていく．両末端の修飾は mRNA の安定化と効率の良い翻訳に必要である．

　b. スプライシング　　mRNA 前駆体からイントロンを除去し，エキソンどうしを連結して mRNA をつくる反応が**スプライシング**であり，正確な真核生物の遺伝子発現に不可欠な過程である．スプライシングは，イントロンの両末端にあるスプライス部位を認識して，まず 5′ 末端が切断され，イントロン中のブランチ部位に結合して投げ縄状の中間体を形成し，最後に 3′ 末端が切断されてイントロンが除去されると同時にエキソンどうしが連結されるという，多段階の反応で行われる（mRNA 前駆体のイントロンは GU で始まり AG で終わるという GU–AG 則が存在する）．このような複雑な反応は，**スプライソソーム**という RNA とタンパク質の複合体によって触媒される．正確さを要求されるスプライシング反応で重要な役割を果たしているのは，スプライソソームの中の**核内低分子 RNA**（small nuclear RNA，snRNA）であり，タンパク質と複合体を形成し，スプライス部位やブランチ部位の認識やスプライシングの触媒反応に働いている．真核生物では，エキソンの選択と組合わせによって異なる mRNA をつくり出せる**選択的スプライシング**という仕組みがある．選択的スプライシングにより，ゲノムにコードされた遺伝子の数を超える多様なタンパク質を生み出すことができ，実際に一つの遺伝子から細胞種や組織ごとに異なる複数種のタンパク質がつくられる例がさまざまな遺伝子で知られている．

　c. RNA 編集　　一部の生物のミトコンドリア遺伝子では，転写された RNA の塩基配列に U の挿入や除去，C の挿入などが起こることがある．このように DNA の塩基配列にはない遺伝情報を転写後の RNA でつくり出すことを **RNA 編集**という．ミトコンドリア遺伝子の RNA 編集では，ガイドとなる短い RNA や複数の酵素によって，ガイド RNA の一部の配列に従って塩基の挿入や削除が起こる．これとは別に，哺乳類などの一部の遺伝子では，アデニン脱アミノ化酵素によって mRNA の塩基配列が変換されて RNA 編集が起

こる．いずれの仕組みによっても，コードするタンパク質のアミノ酸配列が大きく変化する場合があるが，その生物学的な意義についてはよくわかっていない．

3・3・5　エピジェネティックな遺伝子発現制御

　近年，遺伝子の発現制御には，**RNA干渉や非コードRNA**が関与するほか，**ヒストンの化学修飾**（メチル化やアセチル化）や **DNAのメチル化**などの後天的な化学修飾が関係することがわかってきた．DNA塩基配列の変化によらない，親細胞から娘細胞への世代間で受継がれる遺伝子発現や表現型の変化を**エピジェネティックな変化**とよぶ．エピジェネティックな遺伝子発現制御は，クロマチン構造変換による転写制御（§3・3・3参照）を介したものであるが，後天的に遺伝子に刷り込まれた化学修飾による発現制御情報が細胞世代間で継承されることで，さまざまな生命現象をひき起こす．たとえば，両親由来の二つのゲノムのうち，片親から受継いだ遺伝子が不活性化され，もう片親由来の遺伝子のみが特異的に発現する**ゲノムインプリンティング**や，雌個体の2本のX染色体の片方が不活性化される**X染色体不活性化**とよばれる現象がよく知られている．三毛猫の毛色パターンの形成は，X染色体不活性化の代表的な例である．

　また，同じ遺伝情報をもつ一卵性双生児において育った環境によって表現型に違いが出ることがあり，このような後天的な環境に伴う遺伝子発現への影響にもエピジェネティックな制御機構が関与すると考えられている．このように生物の表現型は，遺伝子の塩基配列情報だけで決まるのではなく，環境因子による影響を受けることを忘れてはならない．

3・4　翻訳——遺伝情報を使う仕組み

3・4・1　遺伝暗号と読み枠

　転写でつくられたmRNAはタンパク質を合成するための情報をコードしている．**翻訳**は，リボソームが**mRNA**の塩基配列に従ってアミノ酸をつなぎ，**ポリペプチド**を合成する過程である．翻訳に伴う塩基配列からアミノ酸配列への情報変換は一定のルールに従って行われなくてはならない．すなわち，塩基3個からなる配列を**コドン**という**遺伝暗号**の単位として一つのアミノ酸を指令する．4種類（A, G, C, U）の塩基3個からなる配列は64通りあるが，そのうち UAA, UAG,

UGA の三つはタンパク質合成を終わらせる**終止コドン**なので，アミノ酸を指令するコドンは 61 種類である．タンパク質合成に使われるアミノ酸は 20 種類なので，一つのアミノ酸に複数のコドンが対応しているものもある．一部の生物やミトコンドリアを除く大半の生物では，遺伝暗号の変換ルールに従って，塩基配列からアミノ酸配列への変換が行われる（図3・9）．

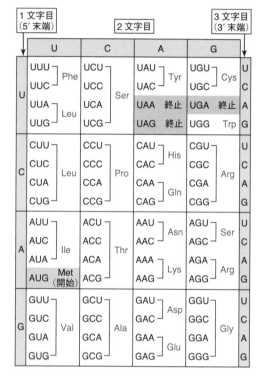

図3・9　遺伝暗号表

　mRNAの塩基配列を3塩基ずつのコドンとして区切る場合，3通りの区切り方がある．塩基配列の区切り方を**読み枠（フレーム）**とよび，通常，そのうちの一つだけをタンパク質のアミノ酸配列として使用する．使用される読み枠を決めているのは，mRNAの最も5′末端に近い AUG という配列である．これが読み枠の**開始コドン**となり，その後の3塩基ずつをコドンとして使い，最後に三つの終止コドンのいずれかが出現したところで読み枠が終わる．AUGはタンパク質合成の開始コドンであると同時にメチオニンを指令するコドンでもある．mRNAの読み枠に相当する領域を**翻訳領域**，またはコード領域とよぶ．翻訳領域の両側には，翻訳されない塩基配列が存在し，それぞれ5′非翻訳領域，3′非翻訳領域という（図3・10）．

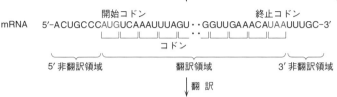

コード鎖

DNA
5′···ACTGCCCATGTCAAATTTAGT··GGTTGAAACATAATTTGC···3′
3′···TGACGGGTACAGTTTAAATCA··CCAACTTTGTATTAAACG···5′

↓ 転写, RNA プロセシング

開始コドン　　　　　　　　　　終止コドン

mRNA
5′-ACUGCCCAUGUCAAAUUUAGU··GGUUGAAACAUAAUUUGC-3′

コドン

5′非翻訳領域　　　翻訳領域　　　3′非翻訳領域

↓ 翻　訳

タンパク質　N末端　Met Ser Asn Leu ·· Val Glu Thr　C末端

図3・10　翻訳における塩基配列からアミノ酸配列への情報変換　DNAの塩基配列情報がmRNAの塩基配列として転写され，ポリペプチドのアミノ酸配列に変換される過程を例で示す．5′末端で最初のAUGから読み枠が始まり，終止コドン（この場合はUAA）で終わる．ドット部分は配列が連続していることを示す．

3・4・2　tRNAとリボソーム

翻訳に重要な働きを担う分子として，**tRNA**（転移RNA）とリボソームがある．

a. tRNA（図3・11）　tRNAは70〜90個のヌクレオチドからなる小さなRNAであり，分子内の塩基間水素結合によって特徴的なL字型の立体構造をとっている．翻訳において，tRNAはmRNA上のコドンと対応するアミノ酸を結びつけるアダプター分子として機能する．tRNAには，各コドンと相補的な**アンチコドン**という3塩基の配列が存在し，どのアンチコドンをもつかによって，どのアミノ酸を運搬するかが決まっている．tRNAの3′末端の受容ステムにはCCAという共通配列があり，末端のリボースに各tRNAに対応したアミノ酸が結合する．アミノ酸の結合は各tRNAに対応した**アミノアシルtRNA合成酵素**によって行われ，アミノ酸の結合したtRNAを**アミノアシルtRNA**という．L字型をしたtRNAの一方の端にあたるアンチコドンループのアンチコドンはmRNAのコドンと水素結合を形成して，コドンに対応するアミノ酸を正確にタンパク質合成の場に供給する役割をもつ．

b. リボソーム（図3・12）　タンパク質の合成の場を提供するのがリボソームである．リボソームは，複数のrRNAとタンパク質から構成される大小の二つのサブユニットからなる，タンパク質合成のための分子装置である．リボソームやrRNAの大きさは通常，分子量や形状を反映する沈降係数で表され，原核細胞と真核細胞のリボソームはそれぞれ70Sおよび80Sである．大サブユニットにはペプチド結合形成に必要な**ペプチジル基転移酵素**の活性部位が存在し，rRNA自身が酵素活性をもつ**リボザイム**（p.82, *2参照）として機能する．翻訳を行わないときには，大小サブユニットは別々に解離しているが，mRNAが存在すると

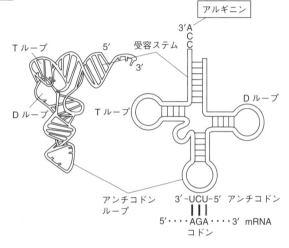

図3・11　tRNAの構造と機能　tRNAの立体構造（左）とアルギニンtRNAによるmRNA上のコドンの認識の概要（右）を示す．アミノ酸はtRNAの3′末端のAに結合している．赤線の結合で示したコドンの3番目の塩基対形成は1, 2文字目ほど厳密ではなく，ゆらぎがあることによって一つのtRNAが複数のコドンを認識することがわかっている．

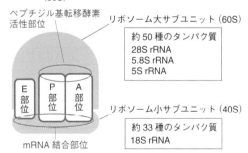

図3・12　リボソームの構造と機能　真核細胞リボソームの各サブユニットにおける機能部位と構成因子を示す．原核細胞の70Sリボソームでは，リボソームタンパク質のほか，大サブユニット（50S）には23Sと5S rRNAが，小サブユニット（30S）には16S rRNAが含まれている．

両者は会合し，翻訳を開始する．小サブユニットには mRNA 結合部位が存在し，tRNA 結合部位は両サブユニットにまたがって 3 箇所存在する．アミノアシル tRNA が結合する **A 部位**，合成中のペプチドを連結した**ペプチジル tRNA** が結合する **P 部位**，ペプチジル基を転移し，3′ 末端がフリーとなった tRNA が結合する **E 部位**の三つの部位である．隣接した A 部位と P 部位に保持された二つの tRNA は，mRNA 上の隣り合った二つのコドンと塩基対をつくることで，mRNA の読み枠が正しく維持されるようになっている．

3・4・3　翻訳開始の仕組み

　翻訳の開始には，開始コドン AUG に対応する**開始 tRNA** が必要である．開始 tRNA はメチオニン（細菌ではホルミルメチオニン）を結合しているが，タンパク質合成に使われるメチオニンを運ぶ tRNA とは異な

る．真核生物では，最初に**開始因子**と結合した開始 tRNA がリボソームの小サブユニットに結合する．この小サブユニットは別の複数の開始因子が結合した 5′ 末端キャップ構造を認識・結合し，3′ 方向へ mRNA 上をスキャンし，初めて出てきた開始コドン（AUG）の位置で停止する．そこで大サブユニットが会合し，翻訳開始複合体を形成して，翻訳が始まる．

3・4・4　ポリペプチド鎖の伸長と翻訳の終結

　タンパク質（ポリペプチド）の合成はリボソームによって行われる．真核細胞のタンパク質合成は，最初はメチオニンを結合した開始 tRNA が P 部位にある状態から始まる．**伸長因子**を結合した 2 番目のコドンに対応するアミノアシル tRNA が，P 部位に隣接した A 部位に結合する．つづいて，P 部位の最初のアミノ酸（メチオニン）が開始 tRNA から解離して，2 番目のア

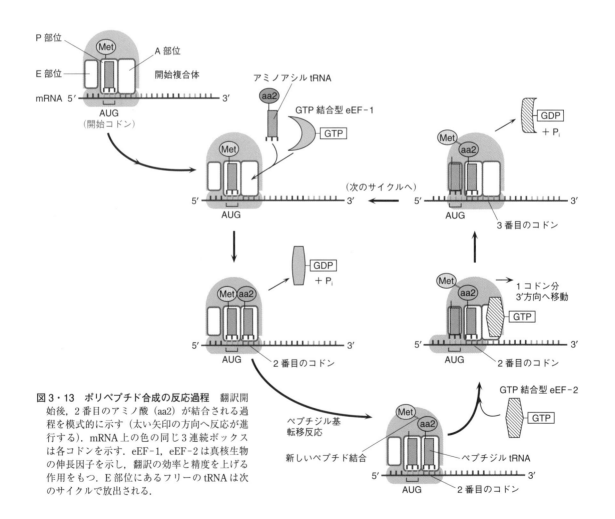

図 3・13　ポリペプチド合成の反応過程　翻訳開始後，2 番目のアミノ酸（aa2）が結合される過程を模式的に示す（太い矢印の方向へ反応が進行する）．mRNA 上の色の同じ 3 連続ボックスは各コドンを示す．eEF-1，eEF-2 は真核生物の伸長因子を示し，翻訳の効率と精度を上げる作用をもつ．E 部位にあるフリーの tRNA は次のサイクルで放出される．

ミノ酸との間にペプチド結合をつくる. この反応はリボソームのペプチジル基転移酵素活性で触媒される. つぎに別の伸長因子によって, フリーの tRNA を E 部位へ, ペプチジル tRNA を P 部位へ移動させる反応が起こり, 同時にリボソームは mRNA 上を 1 コドン分移動する. 以上の過程が 3 番目以降のコドンで連続的に起こることで, 読み枠に合わせたポリペプチドが合成される (図 3・13). 通常, 一つの mRNA には複数のリボソームが同時に結合してタンパク質合成を行う. この状態の複合体を**ポリソーム**といい, 1 分子の mRNA から効率良く翻訳することができる.

翻訳が進行し, mRNA 上の終止コドンが A 部位にくると, 構造的に tRNA 分子によく似た**終結因子**がtRNA の代わりに結合する. ペプチジル基転移反応でアミノ酸の代わりに水分子を付加するため, ポリペプチドは tRNA から遊離されて, 翻訳が終了する. 同時に mRNA はリボソームから遊離し, リボソームも大小のサブユニットに解離する. 遊離したポリペプチドは, **フォールディング**によって適切な立体構造を形成して機能をもったタンパク質となるが, 切断や修飾などの翻訳後のプロセシングが必要なタンパク質も多い. 分泌タンパク質や膜タンパク質, あるいは核や細胞小器官で働くタンパク質は, アミノ酸配列に存在する**シグナル配列**[*11] に従って, それぞれのタンパク質が機能する場所へ細胞内へ輸送される.

3・5 DNA 修復と突然変異
──遺伝情報の維持と変化

3・5・1 DNA 損傷

生物の遺伝情報は不変ではない. DNA は物質である以上, 物理的・化学的な変化から免れることはできず, その結果, DNA の塩基配列, すなわち遺伝情報は変化する. DNA の切断や塩基の化学的変化などを総称して **DNA 損傷**という. DNA 損傷の要因は, 複製の誤りや加水分解などによる内的要因, および環境中の紫外線や化学物質などによる外的要因に大別される

(表 3・1). たとえば, 太陽光中の紫外線は, DNA の隣接する 2 個のピリミジンが共有結合したピリミジン二量体を形成する. 電離放射線は DNA 鎖の切断を誘発し, アルキル化剤はアルキル基の付加により塩基を化学修飾する. DNA 損傷は, 遺伝物質自体の破壊, あるいは遺伝情報の喪失・変化をひき起こし, 生物個体にさまざまな望ましくない効果をもたらす. DNA 鎖の切断は, 細胞死を誘発し, 組織を破壊するだけでなく, 染色体異常を誘発して**発がん**のリスクを上昇させる. ピリミジン二量体は複製や転写を阻害して細胞死を誘発し, 塩基損傷は**突然変異**を誘発して発がんリスクを上げる. このように物理的, 化学的作用によって変異を起こす外的要因を**変異原**という.

3・5・2 DNA 修復の仕組み

DNA 損傷を避けることはできないが, DNA 損傷を放置すると, 細胞死や発がんなどによって個体の生存が脅かされる. したがって, 生物は DNA 損傷を修復して, もとの遺伝情報を回復するための **DNA 修復**という分子機構をもっており, DNA 損傷の種類に応じて, 特定の DNA 修復機構が対応する (表 3・1). たとえば, ピリミジン二量体は**ヌクレオチド除去修復**, 微小な塩基損傷は**塩基除去修復**, DNA 二本鎖切断は**相同組換え**や**非相同末端結合**によって修復される. それぞれの修復経路で反応や関与するタンパク質は異なるが, ヌクレオチド除去修復や塩基除去修復では, 損傷部分を除去した後, 対応する部分の相補鎖の塩基配列を利用してもとの塩基配列を回復するという共通点がある.

DNA 修復以外にも, 真核生物には **DNA 損傷チェックポイント**[*12] とよばれる DNA 損傷を検知する仕組みが備わっている. また, DNA 損傷が修復不能な場合は**アポトーシス** (§4・1・6 参照) を誘導し, がん化の恐れのある損傷細胞を除く. DNA 修復がうまく機能しない場合は, 発がんのリスクが上昇することが多い. たとえば, 遺伝的にヌクレオチド除去修復能が低下した色素性乾皮症の患者では光線過敏症とともに皮膚がんの発症頻度が高いことも知られている.

[*11] **シグナル配列**: タンパク質を選別し, 輸送するための短いアミノ酸配列. タンパク質の N 末端に近い位置にあることが多い. 細胞質で合成されたタンパク質を選別し, 必要とされる場所 (核や小胞体などの細胞小器官) へ輸送する際には特定のシグナル配列が必要である. シグナル配列を認識してタンパク質の選別や輸送に働くタンパク質も存在する.

[*12] **DNA 損傷チェックポイント**: DNA 損傷を検知し, DNA 修復遺伝子の転写活性化や細胞周期進行の停止を起こす分子機構をさす. この機構が活性化されると, 細胞増殖は停止し, その間に DNA の修復を行う. 単にチェックポイントとよぶこともあるが, その場合は DNA 損傷チェックポイント以外に, 複製の異常を検知する DNA 複製チェックポイントや細胞分裂の異常を検知する紡錘体チェックポイントなども含まれる.

表 3・1　DNA 損傷とおもな DNA 修復経路

DNA 損傷の要因	具体例	DNA 損傷の種類	おもな DNA 修復経路
加水分解	水	脱プリン部位	塩基除去修復
酸化剤	亜硝酸	塩基の脱アミノ化	塩基除去修復
複製エラー	DNA ポリメラーゼ	ミスマッチ塩基対	ミスマッチ修復
細胞代謝産物	活性酸素種	DNA 一本鎖切断，塩基の酸化的損傷	塩基除去修復
アルキル化剤	ニトロソウレア誘導体	塩基の修飾	塩基除去修復
代謝活性化型変異原性化合物	多環状芳香族炭化水素	かさ高い塩基付加体	ヌクレオチド除去修復
紫外線	太陽光	ピリミジン二量体	ヌクレオチド除去修復
電離放射線	放射性物質	DNA 二本鎖切断，塩基損傷	相同組換え，非相同末端結合，塩基除去修復

```
正常な塩基配列   ── ATG CAG TTA GAT AAG ── DNA
                    Met Gln Leu Asp Lys  ── コードされるタンパク質

ミスセンス変異   ── ATG CAG GTA GAT AAG ── 1アミノ酸の変化
                    Met Gln Val Asp Lys  ──

ナンセンス変異   ── ATG CAG TAA GAT AAG ── 終止コドンへの変化
                    Met Gln 終止

フレームシフト変異 ── ATG ( )AGT TAG ATA AG ── 読み枠のずれ
                    Met    Ser  終止        （塩基の欠失や挿入
                                             による）
```

図 3・14　突然変異で生じるタンパク質の構造変化　DNA の塩基配列と対応するタンパク質のアミノ酸配列（左が N 末端側），および実線部は連続した配列を示す.

3・5・3　突然変異による遺伝情報の変化

遺伝物質である DNA の構造変化を総称して**突然変異**とよぶ．DNA 損傷は多くの突然変異の原因となる．突然変異は，染色体の大きな構造的変化を伴う**欠失，挿入，重複，転座**などから，小さな塩基配列の変化を伴う**点突然変異やフレームシフト変異**までさまざまである．突然変異の種類によっては，遺伝子のコードするタンパク質に影響が及ぶことがある（図3・14）．翻訳領域に相当する DNA で起こる点突然変異のうち，コドンが終止コドンに変化して翻訳が止まるものを**ナンセンス変異**といい，コドンが別のアミノ酸をコードするコドンに変化して構造の異なるタンパク質ができるものを**ミスセンス変異**という．フレームシフト変異では，3 の倍数でない塩基の挿入や欠失によって，変異箇所以降の読み枠が変わり，いずれ出現する終止コド

ンで翻訳が止まってしまう．ナンセンス変異やフレームシフト変異は，タンパク質の構造を大きく変化させ，機能を破壊することが多い．一方，ミスセンス変異の多くは，タンパク質の機能を大きく損なうことはない．このような微小なタンパク質のアミノ酸配列の違いによって，同種内で表現型の多様性が生み出されることもある．

突然変異は発がんリスクを上げ，生物個体にとっては望ましくない効果をもたらす．一方で，生物種の集団にとっては，環境変化に適応できる新たな形質をもった**突然変異体**を出現させることで種の存続にとって重要な役割をもつ．さらに突然変異は，生物多様性を生み出し，**生物進化**の原動力となることから，地球上の生物界全体にとっても大きな意義をもつといえる（§7・5・4 参照）．

4 分子からみた発生
——生物の体ができあがるまで

生物個体ができあがる過程を発生とよび，昔から非常に不可思議な生命現象と考えられてきた．しかし，カエル，イモリ，ウニ，ショウジョウバエなどを使った従来の形態学的・遺伝学的な研究から得られた知見に，分子生物学的な解析手法が取入れられた結果，発生の仕組みがしだいに分子レベルで理解できるようになってきた．発生の仕組みを理解することは，シャーレの中で人工的につくらせた細胞や組織を利用する再生工学の発展にとっても重要である．本章では，個体を形成する組織の成り立ちや細胞の基本的な機能，発生にかかわりの深い生殖について学び，これまでに明らかにされた動物の発生の基本的な仕組みについて理解を深めよう．

4・1 細胞と組織
——動物の体は細胞からできている

4・1・1 動物の体をつくる細胞群

動物の体はいろいろな**器官**の集合体であり，各器官は複数種の**組織**から成り立っている．さらに，各組織は固有の機能と形状をもつ多数の細胞の集合体である．たとえば，血管はそれを取巻くシート状の血管平滑筋組織や結合組織からつくられており，血管平滑筋組織は平滑筋細胞が集まってできている．このように，個体を構成する最小単位は**細胞**（§1・1，1・2参照）であり，組織ごとに特徴的な機能をもつ細胞が存在する．細胞はふつう100 µm程度の大きさであるが，種類によってその形や大きさは異なり，鳥の卵のように肉眼で見える巨大な細胞や一部の神経細胞のように1 mにも及ぶ突起をもつ細胞もある．体を構成するほとんどの細胞は**体細胞**といい，両親由来の2コピーのゲノムをもつ**二倍体細胞**である（§3・1・2参照）．一方，体細胞以外の細胞は，**生殖細胞**，あるいは**配偶子**という子孫をつくるための特殊な**一倍体細胞**で，1コピーのゲノムしかもたない．細胞が特定の機能をもつように変化することを**細胞分化**，あるいは単に**分化**といい，大半の体細胞は，神経細胞や筋肉細胞など特定の機能をもつ“分化した細胞”である．一方，体細胞には，分化した細胞を生み出す能力のある**幹細胞**も存在する．

4・1・2 幹細胞の役割

幹細胞とは，自己増殖能と分化能とを併せもった分化していない細胞であり，発生や組織の維持において重要な役割を果たす．哺乳類の初期発生では胚盤胞とよばれる胞胚が形成される．その内部に存在する内部細胞塊は，将来，個体をつくるもとになる細胞群であり，自己増殖能とともに，あらゆる細胞へ分化できる**全能性**をもっている．一方，体の各組織にも幹細胞が存在し，組織を構成する複数種の細胞を供給している．前者のような初期胚由来の幹細胞を**胚性幹細胞**（ES細胞，embryonic stem cell），後者の体細胞系列の幹細胞を**成体幹細胞**という．成体幹細胞は，複数の機能細胞へ分化できる**多能性**をもっており，幹細胞の分裂で生じた**前駆細胞**は，細胞分化の過程で段階的に増殖能力を失いながら，分化能力が1種類に限定された単能性をもつようになり，最終的に特定の機能をもった細胞へと分化する（§4・1・4参照）．たとえば，骨髄には**造血幹細胞**があり，そこから生じたリンパ球と骨髄球様細胞のそれぞれの共通前駆細胞から各種の前駆細胞が生まれ，各前駆細胞は対応する分化誘導因子として働く**細胞外シグナル分子**[*1]によって特定の血液細胞へと分化する（図4・1）．幹細胞は組織の維持や再生に不可欠であり，大量の放射線曝露などで幹細胞が死滅すると組織の維持ができなくなり，個体の死をまねく．医療分野では幹細胞の利用が進んでおり，たと

---

*1 **細胞外シグナル分子**：細胞から分泌され，標的細胞に特定の働きかけを行うことで，細胞間シグナル伝達系で機能する物質をさす．増殖因子，サイトカイン，ホルモンなどのタンパク質のほか，アミノ酸などのさまざまな低分子物質があり，標的細胞の細胞膜上にある特定の受容体に結合し，細胞内シグナル伝達系を活性化して，特異的な遺伝子発現を誘導ないし抑制する．分化を誘導する場合，分化誘導因子ということがある．

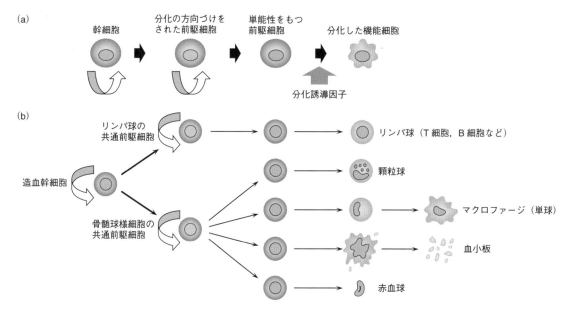

図4・1　幹細胞と細胞分化　(a) 幹細胞からつくられた細胞が分化する一般的な過程を示す. 段階的に増殖能力を失い, 分化能力が限定され, 分化誘導因子によって最終的に分化した機能細胞になる. (b) 造血幹細胞から血液細胞がつくられる過程を示す. 図中のループは細胞増殖能をもつことを示す.

えば, 白血病の患者に対して, 大量の抗がん剤でがん細胞を殺した後に, 副作用である骨髄機能の抑制を造血幹細胞の移植で回復させる治療が行われている.

4・1・3　細胞増殖

　細胞が分裂し, 細胞数を増やすことで, 発生に伴う胎児の成長や組織の形成・維持ができる. 体細胞は, 1個の母細胞から同じゲノムをもつ2個の新しい**娘細胞**がつくられることで増殖する. この過程には, 1) 遺伝物質であるDNAを複製し, 2個の娘細胞に均等に分配する, 2) 細胞を物理的に二つに分割する, という二つのプロセスが不可欠である. したがって, **細胞増殖**は, DNA複製の準備, DNA複製, 細胞分裂の準備, 細胞分裂という四つの連続した過程からなる. この一連のプロセスを**細胞周期**といい, それぞれの過程が行われる時期を, G_1期 (DNA複製の準備期), S期 (DNA合成期), G_2期 (細胞分裂の準備期), M期 (分裂期) とよぶ. このほか, 細胞増殖を一時的に休止する時期であるG_0期 (静止期) も存在し, 細胞増殖因子などによる刺激を受けると, G_0期の細胞はふたたび細胞周期をまわるようになる (図4・2). S期に複製されたDNAは分配しやすいように凝縮して染色体となり, **姉妹染色分体**をつくる. 体細胞の分裂を**体細胞**

分裂といい, 姉妹染色分体の動原体に**微小管**が結合し, 中心体方向への微小管の運動に伴って, それぞれの娘細胞へ染色分体が均等に分配される. このような分裂装置に依存した細胞分裂のやり方を**有糸分裂**という (図4・4a 参照).

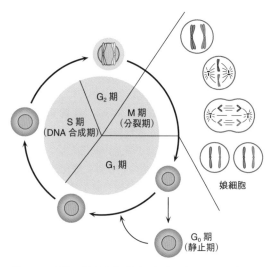

図4・2　細胞周期と細胞増殖　細胞周期の過程と各時期における細胞の状態を示す. 細胞周期は太い矢印の方向へのみ進行し, 細胞は増殖する.

4・1・4 細胞分化

　発生に伴ってさまざまな組織や細胞ができる過程，あるいは幹細胞から分裂した細胞から機能をもった細胞ができる過程で**細胞分化**が起こる．前述したように，幹細胞や胚由来の細胞は，全能性ないし多能性をもっているが，分化していないということから**未分化細胞**という．未分化細胞では，細胞の増殖・維持に必要な**ハウスキーピング遺伝子**を除き，分化にかかわる遺伝子は転写を抑制されて不活性な状態にある．さまざまな分化誘導因子の影響を受けて，未分化細胞が分化する過程で，それぞれの細胞種に必要な遺伝子が特定の転写調節因子の働きで活性化されるようになる（§3・3・3参照）．その結果，未分化細胞も分化した細胞も同じ遺伝情報をもちながら（免疫遺伝子の再編成の起こるリンパ球は例外であるが），細胞分化に伴う遺伝子の発現調節によって，最終的に分化した細胞では細胞種に固有の遺伝子発現パターンを示すようになる．細胞分化にかかわる遺伝子調節については未解明の部分も多いが，人為的に遺伝子発現を改変することで，分化した細胞から未分化で多能性をもつ iPS 細胞（**人工多能性幹細胞**，induced pluripotent stem cell）をつくることも可能になった．

4・1・5 細胞間相互作用

　生物の組織は細胞の集合体であり，細胞を構成員とする一種の社会をつくっている．人間社会と同様，調和のとれた細胞社会を維持するには細胞間の密接なコミュニケーションが重要である．**細胞間相互作用**とは，二つ以上の細胞間で起こる物理的・生理的なコミュニケーションをさしている．おもな細胞間相互作用には，細胞間のシグナル伝達物質を介した仕組み（図4・3a）と，細胞どうしが直接，接着して行う仕組みとがある（図4・3b）．前者では，ある細胞が働きかけを行う場合，細胞外にシグナル分子を分泌し，放出された**細胞外シグナル分子**が相手の細胞膜の**受容体**に結合し，**細胞内シグナル伝達系**を活性化することで情報が伝えら

れる．細胞外シグナル分子には，さまざまな**ホルモン**や**増殖因子**などが含まれ，特に発生では，濃度依存的に細胞分化を誘導する**モルフォゲン**[*2]とよばれるシグナル分子が重要な役割を果たしている．

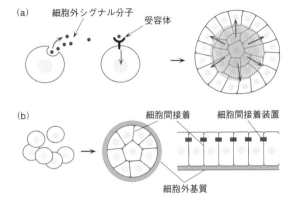

図4・3　細胞どうしのコミュニケーション　(a) 細胞間シグナル伝達による細胞間相互作用の概要．グレーの丸は核を示す．細胞から分泌された物質が標的細胞の受容体に結合してシグナルを伝える．組織の特定の細胞から分泌された細胞外シグナル分子が赤矢印の方向に拡散し，濃度依存的に周辺の細胞群にシグナルが伝えられる様子を示すが，このような例は発生における誘導でよくみられる．(b) 細胞接着には細胞間接着や細胞間接着装置により直接細胞どうしが接着する場合と細胞外基質を介する場合とがある．発生において，細胞接着は細胞集団をまとめて組織を形成するうえで重要な役割を果たす．

　細胞どうしの接着には，細胞が直接接着する場合と細胞周囲の**細胞外基質**[*3]を介して間接的に接着する場合とがある．前者では，カドヘリンなどの**細胞接着分子**[*4]または接着結合やデスモソームなどの細胞間接着装置を介して結合する．細胞間連絡通路であるギャップ結合を通じて小分子を移動させ，細胞間でシグナルを伝える場合もある．後者の細胞外基質を介した接着にはインテグリンという細胞接着分子がかかわる．こうした細胞接着の仕組みにより，多細胞生物では分化した同じ細胞どうしが集合し，別の細胞群との間に明確な境界をつくり，三次元的に整然とした組織を形成する．

---

*2　**モルフォゲン**：細胞外シグナル分子の一つで，局所的な発生源から濃度勾配をもって拡散し，発生源からの距離に応じてさまざまな強さのシグナルを標的細胞に与え，その結果，組織内の位置（シグナルの強さ）に応じて標的細胞を適切な細胞種に分化させる．モルフォゲン濃度に従って細胞集団が異なる閾値で異なる応答（遺伝子発現など）をすることで，均一な細胞集団にパターンを生み出すことができる．初期発生での誘導因子による組織の形成（誘導）はこのような例である．

*3　**細胞外基質**（細胞外マトリックス）：細胞を機械的に支える仕組みとして，細胞から分泌されて周囲につくられる構造で，組織に弾力やしなやかさを与える機能をもつ．動物の細胞外基質の主成分はコラーゲンなどのタンパク質とプロテオグリカンである．

*4　**細胞接着分子**：細胞どうし，あるいは細胞と細胞外基質との接着に関与する細胞膜上の分子をさし，多細胞組織の形成，維持，再生などに関与する．多くが膜貫通タンパク質で，細胞骨格との結合や細胞内シグナル伝達に関与する．カドヘリン，インテグリンおよび免疫グロブリンは代表的な細胞接着分子であり，類似タンパク質のグループであるスーパーファミリーを形成する．

4・1・6 細 胞 死

　細胞死には，突発的に起こる**ネクローシス**と生理的にプログラムされた**アポトーシス**とがある．ネクローシスは壊死ともいい，物理化学的な損傷を受けて誘発され，細胞が膨潤・破裂して内容物を周囲に放出することで周辺組織に炎症などをひき起こす．一方，アポトーシスは，DNA損傷や細胞外からのシグナルなどが引き金となって，**カスパーゼ**とよばれるタンパク質分解酵素が活性化されることで起こる．細胞は縮小し，食細胞によって内容物ごと貪食されて安全に除去される．発生において，アポトーシスは不要な組織を除去し，生物の形づくりを助けるという生理的な機能を果たす．たとえば，動物の発生において，指の完成には指の間の細胞集団がアポトーシスで除去されることが必要であるし，オタマジャクシの尾が取れるのもアポトーシスによる．アポトーシスは生物組織のスクラップ・アンド・ビルドによる形態形成以外に，不要な細胞や損傷を負った細胞の除去にも関与している（§3・5・2参照）．

4・2　生殖の仕組み
——遺伝情報は両親からやってくる

4・2・1　無性生殖と有性生殖

　地球上には1千万種を超える生物種が存在するといわれている．これらの生物は新たな個体を生み出すことで同じ種を存続させてきた．このような子孫を残す機能を**生殖**といい，生物の大きな特徴である．生殖は，生命を存続させるうえで不可欠な機能であり，動物は，受精→発生→成長→成熟→老化→死という一生の間の成熟期に生殖活動を行い，子孫を残す（この一連の過程を**ライフサイクル**という）．

　生物のもつ生殖の仕組みには大きく分けて，雌雄に基づく**有性生殖**と雌雄によらない**無性生殖**とがある．無性生殖をする生物には，分裂などで複数の等価な個体を残す細菌や原生動物，あるいはヒドラなどの一部の動物や植物（イモやイチゴなど）がある．有性生殖では，タイプの異なる雌雄の個体がそれぞれ卵と精子のような**配偶子**をつくり，これらを合体させて新たな個体をつくる．有性生殖では，二倍体のゲノムをもつので片方の遺伝子変異をもう一方でカバーできるほか，遺伝的多様性を高めることができるという利点がある（§4・2・2～4・2・3参照）．一方，原核生物で

は，著しく高い増殖速度とともに集団として突然変異率を上げることで，無性生殖の欠点を補っている．

4・2・2　配偶子の形成と減数分裂

　配偶子は子孫を残すための特殊な一倍体細胞である．体細胞分裂でつくられる二倍体の体細胞とは違い，配偶子は二倍体細胞から**減数分裂**という特殊な過程を経てつくられる．体細胞分裂では，両親由来の**相同染色体**は独立して行動し，DNA複製でできた姉妹染色分体がそれぞれの娘細胞に1本ずつ均等に分配される（図4・4a）．一方，減数分裂では，複製後，**姉妹染色分体**を形成した1組の相同染色体どうしが対合して，**二価染色体**となる．この際に，父親由来と母親由来の染色体どうしが染色体の一部を交換する**交差**という現象が起こる（§4・2・3参照）．その後，最初の細胞分裂（減数第一分裂）で相同染色体間をつなぐ特殊なタンパク質が分解されて，相同染色体は二つの娘細胞へ分配される．つづいて起こる2回目の細胞分裂（減数第二分裂）によって，姉妹染色分体はそれぞれの娘細胞へ分配される（図4・4b）．その結果，1個の二倍体細胞から4個の一倍体細胞（配偶子）がつくられる．哺乳類では，雌雄の個体で，それぞれの配偶子である**卵**と**精子**がつくられる．配偶子のもとになる二倍体細胞は，発生初期にできる**始原生殖細胞**からつくられ，それぞれ雄個体では精原細胞，雌個体では卵原細胞という．雄個体が成熟すると，精原細胞から精母細胞がつくられ，1個の精母細胞から減数分裂を経て4個の精子ができる．一方，雌個体では，卵原細胞からつくられた卵母細胞1個から減数分裂を経て1個の成熟した卵が形成され，残りは極体として放出される．

　減数分裂の意義は，配偶子の遺伝的な多様性を生み出す点にある．減数分裂では，相同染色体は独立してそれぞれの配偶子に分配されるので，個々の配偶子はさまざまな相同染色体の組合わせをもつことになる．ヒトの場合，23対の相同染色体があるので，組合わせは2^{23}（約840万）通りになる．さらに，交差は二つの姉妹染色分体で別々に起こりうるので，4本の異なった染色分体の中から1本が配偶子へ分配されることになり，ヒトの場合，4^{23}（約7×10^{13}）通りの組合わせが考えられる．このように，相同染色体の組合わせと交差によって，種内の多様性を高めることができるので，減数分裂は環境の変化などに適応できる個体を生み出すうえで有利な仕組みと考えられる．

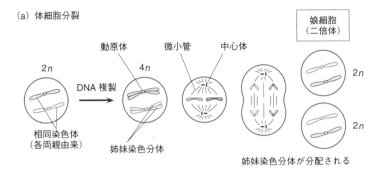

(a) 体細胞分裂

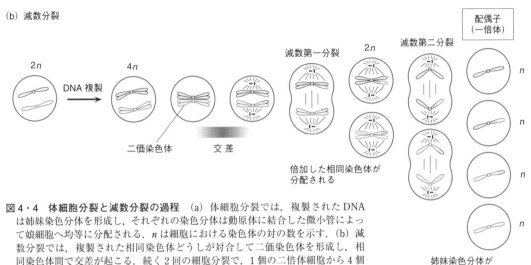

(b) 減数分裂

図4・4　体細胞分裂と減数分裂の過程　(a) 体細胞分裂では，複製されたDNA は姉妹染色分体を形成し，それぞれの染色分体は動原体に結合した微小管によって娘細胞へ均等に分配される．n は細胞における染色体の対の数を示す．(b) 減数分裂では，複製された相同染色体どうしが対合して二価染色体を形成し，相同染色体間で交差が起こる．続く2回の細胞分裂で，1個の二倍体細胞から4個の一倍体の配偶子が形成される．

4・2・3　交差とDNA組換え

　減数分裂で起こる**交差**とは，父親と母親由来の相同染色体間で染色体の一部を交換する現象である．二つの染色体が交わり付着した部分をキアズマといい，相同染色体どうしを交換する場となっている．キアズマでは，両親由来の相同な塩基配列部分でDNAが組換えられる**普遍的組換え**が起こる．普遍的組換えは相同組換えともよばれ，互いに相同な配列をもったDNAのどちらかに二本鎖切断が起こり，5′末端からの部分分解で3′末端が突出した状態になる．この3′末端が相手のDNAの相同な配列を認識して，DNA組換えタンパク質の助けを借りて対合し，部分的なDNA合成とDNA連結反応に続き，最後に形成されるホリデイ構造とよばれる組換え中間体でDNA鎖の切断と結合が行われて，DNAの組換えが完了する．一方，動物の体細胞では，無秩序な相同配列間の組換えはゲノムの不安定化の原因となることから，普遍的組換えの活性は抑制されている．

4・2・4　受　　精

　雌雄の配偶子である卵と精子が融合して，接合子（受精卵）をつくる過程を**受精**という．哺乳類の卵は透明帯という層に包まれており，精子が透明帯に達すると，精子先端部の構造変化が起こり，そこから放出される酵素などの働きで透明帯を通過できるようになる．その後，精子の細胞膜と卵の細胞膜とが融合し，精子の核は卵の細胞質に入ると膨らんで，核膜ができて雄性前核となり，卵の雌性前核と融合して，二倍体の**受精卵（接合子）**ができる．受精が成立すると，タンパク質やDNAの合成が盛んになり，**卵割**へと移行する．

4・3　動物の体づくり(1)
——組織は誘導によってつくられる

4・3・1　動物の基本構造とカエルの初期発生

　受精卵が分裂し，分化していく段階の個体を**胚**とよび，成体に至る過程を**発生**という．プラナリアからヒ

トに至る多くの動物では，体の構造を単純化すると，体の表面を覆う組織（表皮），内部を貫通する消化管，およびその間にある組織（筋肉や結合組織など）の三層構造となっている．このような体制は，発生の初期につくられる3種類の"胚葉"とよばれる細胞集団に基づいており，その後，それぞれの胚葉から各種の組織・器官がつくられていく．まず，発生についてよく研究されてきた**アフリカツメガエル** *Xenopus laevis* を例にとって，その発生過程を見てみよう（図4・5）．

カエルの卵は卵黄を多く含む半球とそうでない半球とに分かれており，球状の卵を地球に見立てて，前者の極部分を植物極，反対側の極部分を動物極とよぶ．受精が起こると，最初に受精卵は，M期とS期を繰返す急速な細胞分裂（**卵割**）を始め，体積の増加を伴わないまま細胞数を増やしていく．その結果，分割された多数の胚細胞（割球）で桑の実のようにでこぼこした桑実胚になり，さらに卵割が進み細胞数が増えると表面がなめらかになり，内部に空間をもった球状の**胞胚**となる．胞胚の形成につづいて起こるのが**原腸形**成であり，発生の最も重要な段階である．原腸形成期では，細胞の増殖速度が鈍るとともに，増殖した細胞集団の大規模な細胞運動が起こり，3種類の胚葉が生まれて，胚の大まかな体制がつくられる．カエルの場合，精子の侵入位置の反対側に原口という陥入部ができ，そこから周辺の細胞群が胚の内部へ陥入し，内部に原腸という空間をもった**原腸胚**となる．原腸は将来，消化管となるが，原腸胚の内部にあって原腸を構成する細胞群を**内胚葉**，一方，原腸胚の外側（表面側）の細胞集団を**外胚葉**という．原腸陥入で胚の内側に侵入した細胞群は最終的に原腸側から外側の外胚葉を裏打ちするようになる．この細胞集団を**中胚葉**という．それぞれの胚葉は，互いに作用しながら複雑な器官や組織へと分化していく．カエルでは，原腸胚から，**神経管**が形成される**神経胚**へ，さらに各胚葉からさまざまな器官の原基がつくられる尾芽胚へと発生が進み，オタマジャクシ（幼生）となる．最終的に，外胚葉からは，表皮，脳，神経など，中胚葉からは骨，筋肉，心臓など，内胚葉からは消化管，肝臓，肺などの決め

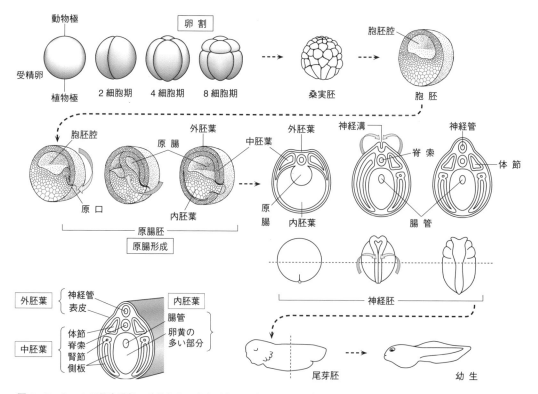

図4・5　カエルの発生過程　破線矢印の方向（左から右，上から下）へ発生が進行する．幼生以降の過程は省略した．赤の破線は図示した横断面の切断位置を，赤色の矢印は形態形成を伴う大規模な細胞集団の移動が起こる方向を示す．尾芽胚の横断面図には各器官の原基が由来する胚葉名を示す．

られた器官がつくられる．細かい様式は生物ごとに違いがあるものの，動物では，卵割によって多数の細胞集団がつくられ，そこから３種類の胚葉ができ，さらに各胚葉からさまざまな器官が形成されるという順に発生が進行する．発生の間に，胚の細胞は将来どのような種類の細胞になるか決定される．一度分化した細胞や組織はもとの未分化な状態には戻れないことから，この過程を**発生運命の決定**とよぶことがある．

４・３・２　母性因子の役割

　動物の初期発生では，最初の卵割は非常に速く進むため，この過程に必要とされる物質はあらかじめ卵に貯蔵されている．このような卵に蓄えられた母親由来の物質のことを**母性因子**といい，栄養分のほか，タンパク質や**母性 mRNA**が含まれる．卵割に必要なタンパク質は，卵に貯蔵されていた母性 mRNA から翻訳されて供給される．胞胚中期以降の過程では，胚の遺伝子発現が始まり，新しく合成された mRNA が使われるようになる．

　母性因子は，発生初期に必要な物質供給だけでなく，胚の細胞群の発生運命を決定するうえで重要な役割をもつ．たとえば，カエルの初期発生では，Vg1 というタンパク質をコードする母性 mRNA が卵の植物極側に局在し，その遺伝子産物は内胚葉の分化などを導く．

同じく植物極に局在するディシュベルトという母性タンパク質は，胚の**背腹軸**の決定や中胚葉の形成などに重要な役割を果たす（§4・3・3 参照）．このように，卵の限られた領域に分配された母性因子には，発生運命の決定因子として働くものがある．

４・３・３　中胚葉誘導と背腹軸の決定

　1920 年代の H. Spemann（シュペーマン）らによるイモリ胚を用いた実験から，胚発生において，ある領域の細胞群が特定の組織へ分化するためには，その周辺の領域からの働きかけが必要であることがわかってきた．ある細胞集団が別の細胞集団に働きかけて，その発生運命を決めることを**誘導**という．誘導は，細胞が分泌する細胞外シグナル分子を介した細胞間相互作用に基づく現象であり，この細胞外シグナル分子を**誘導因子**[*5]とよぶ（§4・1・5 参照）．発生の過程で，初めに誘導されてできた組織が新たに誘導因子を放出し，さらに別の組織を誘導するという誘導の連鎖が，調和のとれた動物の体づくりを支えている．

　カエルの初期発生の場合，最初の誘導は，卵割から胞胚までの過程で起こる**中胚葉誘導**であり，将来，中胚葉となる細胞集団（予定中胚葉）がつくられる．中胚葉誘導は，以降の発生過程で起こる誘導の連鎖の起点となっている．図４・６に示すように，カエルの未受

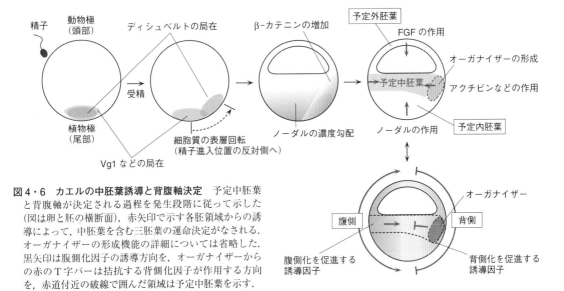

図４・６　カエルの中胚葉誘導と背腹軸決定　予定中胚葉と背腹軸が決定される過程を発生段階に従って示した（図は卵と胚の横断面）．赤矢印で示す各胚領域からの誘導によって，中胚葉を含む三胚葉の運命決定がなされる．オーガナイザーの形成機能の詳細については省略した．黒矢印は腹側化因子の誘導方向を，オーガナイザーからの赤のＴ字バーは拮抗する背側化因子が作用する方向を，赤道付近の破線で囲んだ領域は予定中胚葉を示す．

---

*5　**誘導因子**：細胞から分泌され，標的細胞に特定の働きかけを行うことで発生や分化を制御する細胞外シグナル分子をさす．近年，シャーレ内で胚組織を培養し，分化誘導活性をもった誘導因子を検出できるようになり，ノーダルやアクチビンなどさまざまな誘導因子が発見されている．誘導因子は，一部の母性因子とともに発生運命の決定に重要な役割を果たす．

精卵には，植物極の細胞質表層に母性因子ディシュベルトが，植物極に近い細胞質には誘導因子 Vg1 などの母性 mRNA が局在している．受精が引き金となって，卵の細胞質表層が回転し，植物極にあったディシュベルトは精子の侵入位置の反対側に移動し，その位置に**オーガナイザー**[*6]とよばれる領域が形成される．その後，植物極，動物極，オーガナイザーなどの周辺の局所領域から放出されるノーダル，繊維芽細胞増殖因子（fibroblast growth factor, FGF），アクチビンなどの誘導因子の相互作用によって，胚の赤道付近にあたる中間領域の細胞群は予定中胚葉となるように発生運命が決定される．その後，大規模な形態形成運動を伴う原腸形成が起こり，予定中胚葉域から中胚葉がつくられる．また，カエルでは，未受精卵の非対称性に基づいて，動物極が頭（前），植物極が尾（後）という胚の**前後軸**が決まっているが，中胚葉の誘導と並行して胚の**背腹軸**も決定される．互いに拮抗する誘導因子群がオーガナイザーと精子侵入域から分泌され，その働きによって，オーガナイザー側が背，精子侵入側が腹となるように胚領域の発生運命が決められる．

このように，胚に局在化された母性因子は，濃度依存的に周辺の領域での遺伝子の活性化をひき起こし，そこからできる転写調節因子や細胞外分泌性の誘導因子が次の遺伝子を活性化するという，連鎖的な遺伝子発現によって胚領域の運命決定が進行する．

4・3・4 誘導の連鎖と器官形成

中胚葉の形成にひきつづいて，**神経管**の形成が行われる．神経管は，体の中心部に位置する構造で，将来，動物にとって重要な器官である脳・神経系になることから，発生の重要なできごとの一つである．オーガナイザーには，前項で示した背腹軸と中胚葉を形成する能力以外に，背側の外胚葉から神経系を誘導する能力もある．オーガナイザーからの誘導因子の作用によって，オーガナイザーに隣接した領域に将来，神経となる予定神経外胚葉が形成される．その後，原腸形成でできた中胚葉から，外側の外胚葉に誘導因子が放出され，**神経誘導**が起こる結果，予定神経外胚葉から神経

管が形成される（図4・7）．中胚葉の形成と同じく，神経管の形成も，胚の細胞群の大きな形態形成運動を伴い，神経胚では外胚葉が陥入して内部に潜り込み，チューブ状の構造をした神経管ができあがる（図4・5参照）．中胚葉の前方からは脳を，後方からは脊髄を誘導する誘導因子が分泌され，神経管の前方からは脳が，後方からは脊髄がつくられる．その後，脳は肥大化し，三つの領域に分かれ，前脳，中脳，後脳ができる．

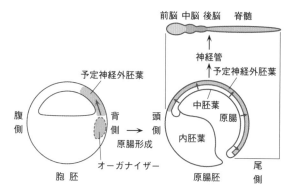

図4・7 神経誘導による神経系の形成 予定神経外胚葉から神経系が形成される過程を示す．胚の横断面にある矢印は誘導の方向を示し，胞胚では水平方向の，原腸胚では垂直方向の誘導が起こる．

神経胚から尾芽胚にかけては，神経管以外にも，各胚葉からいろいろな器官のもとになる組織（原基）が誘導によってつくられる．誘導でできた中胚葉から二次的に神経誘導が起こるように，誘導は連鎖的に進行し，大まかな組織の形成から始めて，しだいに個別の器官をつくり上げていく．

4・4 動物の体づくり(2) ──動物の体は繰返し構造からつくられる

4・4・1 ショウジョウバエの初期発生

1980 年前後にかけて，**ショウジョウバエ** *Drosophila melanogaster* の組織や器官が別の組織や器官に変化した**ホメオティック変異体**[*7]が体系的に分離され，それらの原因遺伝子がつぎつぎに明らかにされた．ショウ

[*6] **オーガナイザー**：Spemann らによる組織片の移植実験から，原腸胚の原口付近の領域は，外胚葉から神経組織を誘導する強い作用をもつことがわかり，組織を編成する能力をもった領域という意味でオーガナイザー（形成体）とよばれるようになった．広義には，周囲の他の胚領域に働きかけて特定の発生運命を誘導する胚領域の意味で使われる．

[*7] **ホメオティック変異体**：生物の発生過程において，体の特定の部分が欠損を伴わずに別の部分の形態をもつような突然変異体をさす．ホメオティック遺伝子の機能喪失や発現調節の異常によってひき起こされ，ショウジョウバエでは，成虫の翅が4枚になるバイソラックス変異体や触角が脚になるアンテナペディア変異体などが知られている．一方，母性効果遺伝子や分節遺伝子の変異は体節構造の不全を伴い，胚性致死となる．

ジョウバエの形づくり（形態形成）に必要な遺伝子が発見されたことがきっかけとなり，生物種を越えて，遺伝的に決められたプログラムに従って，多細胞生物の体が構築されることがわかってきた．まず，ショウジョウバエの初期発生の過程について概観してみよう．

　ショウジョウバエの卵は前後に細長い米粒のような形状をしている（図4・8a）．カエルの発生とは異なり，受精後の卵割では，接合子の核のみが分裂し，胚表面に多数の核が集合したシンシチウム胞胚になる．その後，核の間に細胞膜ができることで，胚表面が細胞層で覆われた細胞性胞胚となる．原腸形成が起こると，胚表面に14個の**体節**からなる繰返し構造が出現し，その後，体節に基づいて体の構造（頭，頸，胸，腹など）が決まっていく．また，発生の初期に将来の体細胞と生殖細胞の分化が起こり，卵の片側に局在した極細胞質という領域に含まれる生殖細胞決定因子に

よって将来の生殖細胞である極細胞がつくられる．以上の胚発生過程が終わると，ふ化して幼虫が誕生する．

4・4・2　ショウジョウバエの形態形成をつかさどる遺伝子群

　ホメオティック変異体から発見された多数の遺伝子群について，それぞれの変異が形態形成にどのような影響を及ぼすか，それぞれの遺伝子発現の時期や場所がどうなっているか，ある遺伝子の変異が他の遺伝子の機能や発現にどのような影響を及ぼすか詳細に調べられた．その結果，ショウジョウバエの体制の設計図（ボディプラン）は，**母性効果遺伝子，分節遺伝子，ホメオティック遺伝子**という3種類の遺伝子群による階層的な転写制御によってプログラムされていることが明らかになった．各遺伝子群について個別に解説する．

a. 母性効果遺伝子　　未受精卵のなかにあらかじ

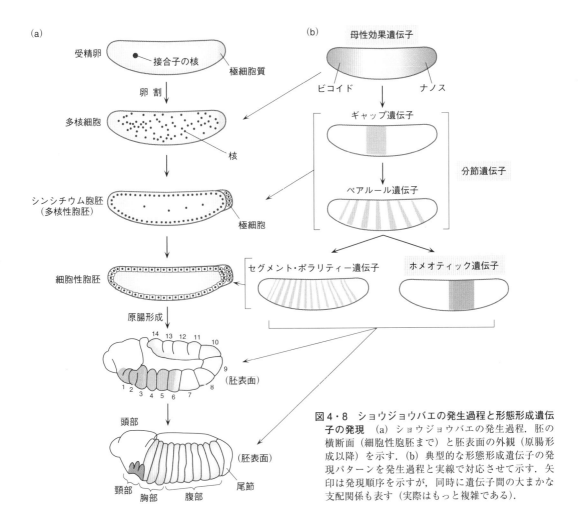

図4・8　ショウジョウバエの発生過程と形態形成遺伝子の発現　（a）ショウジョウバエの発生過程．胚の横断面（細胞性胞胚まで）と胚表面の外観（原腸形成以降）を示す．（b）典型的な形態形成遺伝子の発現パターンを発生過程と実線で対応させて示す．矢印は発現順序を示すが，同時に遺伝子間の大まかな支配関係も表す（実際はもっと複雑である）．

めタンパク質や母性 mRNA として用意されているような遺伝子を**母性効果遺伝子**といい，そのなかには，最も基本的な体制である体軸の決定に関与するものがある．**ビコイド**（*bicoid*）遺伝子と**ナノス**（*nanos*）遺伝子は，それぞれの母性 mRNA が未受精卵の前部と後部に局在している．受精後，両 mRNA は翻訳され，多核の受精卵内に拡散し，ビコイドはシンシチウム胞胚の前部から後部へ，ナノスは後部から前部へかけて濃度勾配をつくる（図4・8b）．ビコイドとナノスはそれぞれ**転写調節因子**と**翻訳抑制因子**であり，転写や翻訳の制御によってギャップ遺伝子群の発現を制御する．その結果，ビコイドが局在する胚の前方領域が頭，ナノスの局在する後部が尾となるような細胞分化が進み，体の前後軸が決定される．このほか，体の末端部と背腹軸の決定にも別の母性効果遺伝子が関与している．

b. 分 節 遺 伝 子　　細胞性胞胚の直前になると，体節などの基本構造をつくるのに必要な**分節遺伝子**が胚の各領域でつぎつぎに発現するようになる．分節遺伝子は，その機能に基づいて，**ギャップ遺伝子群**，**ペアルール遺伝子群**，**セグメント・ポラリティー遺伝子群**の3種類に分けられる．三つの遺伝子群には機能的な階層性があり，最初に少なくとも6個あるギャップ遺伝子群が胚の数箇所にゾーン状に発現して胚を大まかな領域に分け，つづいて8個のペアルール遺伝子が7本の縞状に発現し，胚をそれぞれ二つの体節に相当する合計7個の領域に分け，最後に，少なくとも10個あるセグメント・ポラリティー遺伝子が14本の縞状に発現して，体節パターンを完成させる（図4・8b）．母性効果遺伝子産物のビコイドとナノスの濃度勾配が，胚の特定領域にある核に作用して，特定のギャップ遺伝子を発現させ，以降，ペアルール遺伝子，セグメント・ポラリティー遺伝子の順に連鎖的に発現が誘導されることで，胚の体節構造ができあがる．すべてのギャップ遺伝子とペアルール遺伝子は，転写調節因子をコードしている．細胞性胞胚で働くセグメント・ポラリティー遺伝子には細胞間シグナル伝達タンパク質も含まれるが，全分節遺伝子産物の4分の3は転写調節因子である．

c. ホメオティック遺伝子　　分節遺伝子によってつくられた体節の細胞集団に対して，将来どのような器官になるか，**独自性**を与えるのがホメオティック遺伝子群である．ホメオティック遺伝子産物は，**ホメオドメイン**[*8] という DNA 結合ドメインを共通してもつ転写調節因子である．ホメオドメインは，**ホメオボックス**という互いによく似た約 180 bp の塩基配列でコードされる．ショウジョウバエでは，ホメオボックスをもった遺伝子群は密に並んでクラスターを構成し，アンテナペディア複合遺伝子とバイソラックス複合遺伝子の二つの遺伝子クラスターとして存在している．これらを合わせたものと進化的な起源が同じと考えられる遺伝子を**ホックス**（*Hox*）**遺伝子**という．この遺伝子は，昆虫だけでなく哺乳類にも存在する．たとえば，マウスのホックス遺伝子（*HoxA*〜*HoxD*）は，複合遺伝子として四つの染色体に分かれて存在しており，体の前後軸に沿ったボディプランの形成に必須である．母性効果遺伝子や分節遺伝子が昆虫に特有であるのに対して，ホメオティック遺伝子は動物の間でよく保存されている．ショウジョウバエとマウスのホックス遺伝子の間で，遺伝子構造だけでなく発現様式にも共通点があり，染色体上に並んだ順で，時間に沿って胚の前方から後方に向かって発現することがわかっている．ホメオティック遺伝子の機能は体節に独自性を与えることであるが，ある遺伝子が特定の体節だけに発現するのではなく，複数の遺伝子がいくつかの体節にまたがって発現することで各体節に異なる性質が現れる．

4・4・3　体節パターンのできる仕組み

ショウジョウバエの初期発生では，母性効果遺伝子群と分節遺伝子群の働きによって，胚の表面を覆っている細胞集団がそれぞれの体節に相当する14種類の細胞集団に分けられる．胚をパターン化された細胞集団に分化させるのは，形態形成遺伝子群の階層的な発現制御によっている．

カエルの初期発生と同様に，細胞集団の最初の発生運命づけは，卵に偏在している母性因子（ビコイドとナノス）に依存している．受精後，翻訳で合成された転写調節因子**ビコイド**は，胚の前方から後方へ濃度勾配をつくり，ある種のギャップ遺伝子の転写を活性化する．その際，標的のギャップ遺伝子は，それぞれある閾値内のビコイド濃度域でのみ発現が起こるように

[*8]　**ホメオドメイン**：ホックス遺伝子などの翻訳領域に含まれるホメオボックスにコードされる約 60 アミノ酸残基からなる DNA 結合ドメインをさす．ヘリックス−ターン−ヘリックス構造を形成し，遺伝子産物が転写調節因子として働く際，DNA の溝に入り込み結合する機能を果たす．

調節されている．たとえば，ビコイドの濃度の高い領域では**ハンチバック**（*hunchback*）**遺伝子**が発現する．一方，胚の後方部では翻訳抑制因子**ナノス**の濃度が高いので，ハンチバック mRNA は存在するもののその翻訳は抑制される．その結果，ハンチバックは胚の前部のみにゾーン状に局在し，転写調節因子としてその領域の発生運命の決定にかかわる（図4・9a）．同様にしてジャイアント（*giant*）やクルッペル（*Krüppel*）などのギャップ遺伝子も胚のある領域に限局されてゾーン状に発現する．ギャップ遺伝子の発現によって，つづいてペアルール遺伝子群の発現が誘導され，繰返しパターンをもった7本の縞状の領域で発現してくる（図4・9b）．たとえば，ペアルール遺伝子の一つである**イーブンスキップ**（*even-skipped*）**遺伝子**には，7個の縞状の発現に必要な転写調節領域がそれぞれ存在し，母性効果遺伝子とギャップ遺伝子の産物の濃度の組合わせで，どの転写調節領域が使われるか（すなわち，どの胚領域で発現するか）が決まる．例として，イーブンスキップ遺伝子の2番目の縞の発現調節には，5′上流域にあるエンハンサーに結合する少なくとも4種類の転写調節因子（ビコイド，ハンチバック，ジャイアント，クルッペル）が関与している（図4・9c）．このように，転写調節因子や翻訳抑制因子がモルフォゲン（p.47，＊2参照）となり，胚の領域ごとの細胞で異なった転写調節因子を発現させ，それがさらに下位の形態形成遺伝子の発現を制御するような転写のカスケード反応が起こり，細かくパターン化された胚領域での細胞分化が進む．

図4・9　形態形成遺伝子の発現パターン形成の仕組み　(a) ショウジョウバエの母性効果遺伝子産物によるハンチバックの発現制御の概要．破線はハンチバック mRNA（母性）の量を示す．ハンチバックの発現に対し，ビコイドは促進的に，ナノスは抑制的に作用する．(b) ギャップ遺伝子のクルッペル遺伝子とジャイアント遺伝子は胚の限られた範囲の細胞のみにゾーン状に発現する．その後，ペアルール遺伝子であるイーブンスキップが7本の縞状に発現する．(c) ペアルール遺伝子の2番目の縞の発現の概要．上段にイーブンスキップ遺伝子の5′上流の転写調節領域にある転写調節因子ビコイド（ピンク），ハンチバック（赤），ジャイアント（淡いグレー），クルッペル（濃いグレー）の各結合部位を示す（数字は結合部位の転写開始点からの位置）．イーブンスキップ遺伝子の転写活性化にはビコイドとハンチバックが，転写抑制にはギャップ遺伝子産物のジャイアントとクルッペルが関与し，ジャイアントとクルッペルの発現したゾーンの間にあたる（前部から見て）2番目の縞に相当する細胞集団でのみ遺伝子発現が起こる．

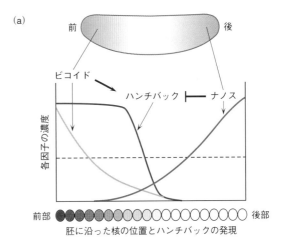

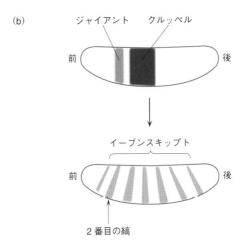

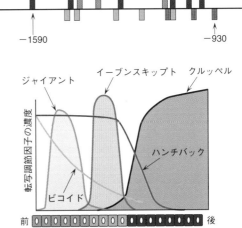

4・5　発生プログラムに干渉する化学物質

　これまでに，発生とは，転写調節因子や誘導因子に
よる遺伝子の発現調節で階層的に細胞集団の分化が起
こり，そのなかで調和のとれた体の組織ができあがる
プログラム化された過程であることを学んだ．しかし，
人工的につくられた化学物質が発生過程で遺伝子発現
の異常をひき起こし，発生プログラムに影響を与える
結果，形態異常をもたらす事例が知られるようになっ
た．たとえば，ベトナム戦争で使用された枯葉剤に混
入していた**ダイオキシン類**（§12・2・3参照）は当時
の住民に奇形をひき起こしたとされている．また，あ
る種の化学物質は，**内分泌攪乱化学物質**（§12・2・1
参照）として生物の形態変化や性分化の異常を誘発す
ることはよく知られている．このような化学物質によ

る発生異常は，遺伝子の発現調節に干渉し，発生プロ
グラムが攪乱されることで起こっている．

　天然物質についても同様の事例があり，ユリ科植物
であるバイケイソウはアルカロイド化合物のシクロパ
ミンを含有し，ヒツジが妊娠初期に摂取すると生まれ
る仔に単眼奇形を生じることが知られている．シクロ
パミンが，眼領域の形成に関与すると考えられている
誘導因子ソニックヘッジホッグの機能を阻害し，以降
の遺伝子発現プロセスが影響を受けることで奇形を誘
発するとされている．

　このように，環境中にはその由来を問わず，多様な
作用点で発生プログラムに干渉する人為起源あるいは
天然起源の化学物質が存在しており，環境問題を考え
るうえで，それらが生物の発生へ及ぼす影響について
も考慮していく必要がある．

5 分子からみた情報伝達

　細胞は外界の情報を受取り，それを互いに伝達し，また記憶することができる．有機分子でできた小さな構造体ながら，情報処理のメカニズムは電子回路やコンピュータが行う仕組みに大変よく似ている．細胞の情報伝達や記憶についての物理化学的な側面を研究することで，近年のマイクロマシン開発やロボットの制御メカニズムが発展してきた．これらのテクノロジーの成果がさらに人の機能を補完するヒューマノイドテクノロジーにつながっていく．

5・1　細胞は"生体電池"である

5・1・1　細胞内外のイオン濃度

　細胞にはいろいろな構成成分があるが，最も重要な要素の一つは，**細胞膜**（図1・2参照）で内と外を境界づけることである．細胞には，赤血球や真皮の一部のように核がないもの，筋細胞のように核がたくさんあるものなどがあり，核（遺伝情報）は必ずしも細胞の生存に必須ではない．細胞が生きているとは，内部に蓄積された有機物やイオン，有機金属を維持して恒常性を保つことであり，細胞膜が破れると恒常性が破れて，細胞は死んでしまう．

　すべての生物は海から誕生したといわれている．そのことを証拠づけるように，多細胞生物の細胞外の**イオン組成**は海水によく似ている（表5・1）．動物の血液のような細胞外液には，食塩の成分であるナトリウムイオン（Na^+）と塩化物イオン（Cl^-），および海水

表5・1　細胞内外のイオン濃度〔mM〕

| イオン | マウス | | カエル | | イカ | | 海水 |
	内	外	内	外	内	外	
Na^+	15	145	10.5	110	50	440	460
K^+	140	5	125	2.5	400	20	10
Ca^{2+}	10^{-6}	2	5×10^{-6}	2	0.4	10	10
Mg^{2+}	0.5	2	14	1.2	10	54	53
H^+	$10^{-7.2}$	$10^{-7.4}$					
Cl^-	10	110	1.5	77.5	40	560	540

に多く含まれるカルシウムイオン（Ca^{2+}），マグネシウムイオン（Mg^{2+}）が多い．カンブリア紀（図7・8参照）の海から離れて数億年経った今も，多細胞生物の細胞は海の中にいるといえよう（§9・2・1参照）．

　細胞外に比べ，細胞内にはカリウムイオン（K^+）以外で濃度の高いイオンが見あたらない．また，ナトリウムイオンとカリウムイオンの細胞内外濃度は，海洋生物でも陸上生物でも，約10倍，1/10の関係になっている．細胞は多くの有機物を内部に含んでいるため，水が侵入しやすい**浸透圧**[*1]を受けている．細胞膜は，リン脂質が弱い分子間力で集合した構造であり，多量の水が侵入すると簡単に壊れる．細胞外に比べて細胞内のイオン濃度が低いことには，水を細胞外に誘導し，浸透圧を低くする効果がある．

　この細胞内外イオン濃度差は，化学エネルギーであるATPを使って，細胞内に流入したイオンを外に汲み出し，外に出ていったイオンを細胞中に汲み入れることで維持されている．このようなエネルギー消費によって維持される平衡状態を**動的平衡**[*2]とよぶ．エネルギー不足をきたすと細胞はイオン濃度差をつくり出せなくなり，浸透圧に負けて壊れてしまう．

5・1・2　イオンが移動するとエネルギーが生まれる

　細胞膜の内外にイオン濃度差があると，膜を横切ってイオンが移動する可能性，すなわち**化学ポテンシャ**

[*1]　**浸透圧**: 半透膜を介して物質の濃度差がある場合，浸透圧が生じる．希釈溶液では浸透圧（Π[atm]）はファントホッフの式により $\Pi=MRT$ で求めることができる．ただし，M はモル濃度 [mol・dm^{-3}]，T は絶対温度 [K]，R は気体定数: 8.315 J・K^{-1}・mol^{-1} である．たとえば，赤血球の場合，細胞内に含まれるヘモグロビンに対する浸透圧が大きく，真水に入れると簡単に壊れて溶血する．

[*2]　**動的平衡**: 平衡とは，物質の濃度やエネルギーが釣り合って変化しない状態をさす．熱化学反応では，エネルギーや物質の流れがあるなかで，物質の組成比が見かけ上変化しなくなる動的な平衡状態ができる．この状態はエネルギー供給が断たれると平衡を保てなくなるため，準安定（見かけ上の安定）ともいう．細胞の反応は絶えずエネルギー供給されていることで成立しているため，細胞は動的平衡にあるといえる．

ルを生じる．化学ポテンシャルは物質1モル当たりの
ギブズエネルギー（ΔG，§2·2·1参照）であり，分
子の移動によって生じるエネルギーと考えることがで
きる．**荷電粒子**[*3]であるイオンが膜を横切って移動す
ると**電気的エネルギー**[*4]が生まれる．細胞内外で濃
度差があるイオンはすべて**平衡電位**（メモ5·1）によ
る起電力をもち，イオン1種類ごとに**電池**として働く
ことができる（図5·1d）．実際に電位が生じるには，
イオンが細胞膜を横切って移動する必要がある．多く
の細胞では，細胞膜を移動できるイオンはほとんどカ
リウムイオンのみなので，このときの細胞の電位であ
る**静止膜電位**はカリウムイオンの平衡電位に近い−60
mV程度（細胞外接地）である．

　もし，ナトリウムイオンやカルシウムイオンが生体
膜を透過すると，これらのイオンの起電力が生体膜の
内外に生じる．イオンの易動度（動きやすさ）の変化
によって変わる細胞膜全体の電位を計算するためには，
拡散電位（メモ5·2）を考える必要がある．ナトリウ
ムイオンの易動度が一時的に大きくなることで，大き
な正の電位，**活動電位**が細胞膜に現れる（図5·1b）．

　細胞膜にはイオンを選択的に通す穴である**イオン
チャネル**が分布する．イオンチャネルが開くだけで，イ
オンは細胞内外のイオン濃度差に沿って通過する．生
体膜は大変薄い膜で，約2/1000秒で±80mVの電位
変化を発生させることができる．活動電位が続く数〜
10ミリ秒の間に細胞の状態は大きく変化し，化学変

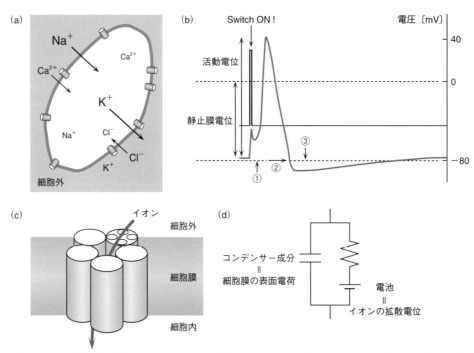

図5·1　（a）細胞膜の電位に変化をもたらす細胞内へのNa^+，Ca^{2+}，Cl^-などの流入，K^+の流出．（b）
細胞膜電位の時間変化．最初細胞膜は静止膜電位の状態にある．Na^+を通すイオンチャネルが開く（①）．
Na^+が細胞内に流入し，細胞膜電位が負から正へ変化する（活動電位）．つづいてK^+が流出し，細胞膜
電位が低下する（②）．Na^+の流入が止まってもK^+の流出が止まらないため，静止膜電位よりも電位が
低下する（③，過分極）．細胞膜電位は，ゆっくりと元に戻る．（c）イオンチャネルの模式図．（d）電
位変化を説明する等価回路．抵抗値の変化がイオンの易動度を変化させ，膜電位を発生させる．

[*3]　**荷電粒子**：化学ではイオンを物質の一種の状態として扱うが，イオンは正または負の荷電粒子であり，同じ荷電粒子である電子の
ように取扱うことができる．イオンは，物質としては，その量をモル［mol］，つまりアボガドロ定数（≈6.02×10²³）個の単位で取扱い，
荷電粒子としては1個のイオンがもつ1価の電荷（電気素量）を，1.602×10⁻¹⁹ クーロン［C］として取扱う．化学ポテンシャルと電
気的エネルギーを換算するには，電子1モル当たりの電気量である**ファラデー定数** 96,485 C/molを用いる．1Cの電荷量は，1アン
ペア［A］の電流が1秒間流れたときの電荷量なので，移動するイオンの物質量を電荷量に換算すると，**オームの法則**を用いて細胞膜
の電圧や抵抗を計算できる．
[*4]　細胞における電位変化はほとんどがイオンの移動によるので，熱力学的な自由エネルギー変化と，電気化学的なポテンシャル変
化の両方の側面をもつ．

メモ5・1 平衡電位

巨視的に濃度変化がみられないイオンについて，イオンの濃度差を自由エネルギー変化として表す安定定常電位で，次式のように各イオンごとに計算できる．

$$\Delta G = RT\ln\frac{[\mathrm{A}]_{\mathrm{out}}}{[\mathrm{A}]_{\mathrm{in}}} - zF\Delta\Phi$$

ただし，R は気体定数：8.315 J・K^{-1}・mol^{-1}，T は絶対温度［K］，F はファラデー定数：96,485 C/mol，z は荷電数（イオンの価数），$[\mathrm{A_{out}}]$ はイオンAの細胞外濃度［M］，$[\mathrm{A_{in}}]$ はイオンAの細胞内濃度［M］，$\Delta\Phi$ は電位［V］である．平衡状態なので $\Delta G = 0$ とおくと次式になる．

$$\Delta\Phi = \frac{RT}{zF}\cdot\ln\frac{[\mathrm{A}]_{\mathrm{out}}}{[\mathrm{A}]_{\mathrm{in}}}$$

$\Delta\Phi$ が平衡電位であり，この式をネルンスト（Nernst）の式とよぶ．

メモ5・2 拡散電位

短い時間で観察すると，イオンは濃度勾配に応じて細胞膜を透過しては汲み出されることを繰返している．拡散電位は，イオンの易動度がイオンの種類によって異なるために電位が生じると考えて計算される電位で，細胞膜全体で生じる電位を計算することができる．K^+，Na^+，Cl^- の易動度をそれぞれ P_{K}，P_{Na}，P_{Cl} としたとき，

$$\Delta\Phi = \frac{RT}{zF}\cdot\ln\frac{P_{\mathrm{K}}[\mathrm{K}]_{\mathrm{out}} + P_{\mathrm{Na}}[\mathrm{Na}]_{\mathrm{out}} + P_{\mathrm{Cl}}[\mathrm{Cl}]_{\mathrm{in}}}{P_{\mathrm{K}}[\mathrm{K}]_{\mathrm{in}} + P_{\mathrm{Na}}[\mathrm{Na}]_{\mathrm{in}} + P_{\mathrm{Cl}}[\mathrm{Cl}]_{\mathrm{out}}}$$

この式をホジキン・カッツ（Hodgikin-Katz）の式とよぶ．易動度は細胞膜のイオンを通す孔であるイオンチャネルの開口確率を表現する値であり，拡散電位によって動的な数学モデルと生化学的な知見を合致させることができる．

化や次の細胞への情報伝達がひき起こされる．

このようにイオンの透過は短時間で大きな変化をもたらすが，同時に浸透圧に抵抗するためのイオン濃度差を消費する．このため，活動電位を発生できる細胞は，おもに神経細胞や筋肉細胞のような速い情報伝達を必要とする**興奮性細胞**に限られる．特に神経軸索のような長距離の情報伝達では電気的興奮が重要な役割を果たす．

5・2 化学物質が情報を伝える

細胞は，光，熱，力などの物理的な変化量やさまざまな化学物質を，情報として受取ることができる．化学物質による情報伝達には，細胞どうしが直接接触して表面分子の情報を伝える近接性の情報から，化学物質を遠くまで拡散させる遠達性の情報まで，用途に応じた伝達がある．**免疫**（§5・4参照）は，近接性の情報伝達であり，体内で分泌される**ホルモン**や体外に放出される**フェロモン**は，遠達性の情報伝達である．

化学物質による情報伝達には，その分子が結合する**受容体**，および細胞内で反応する細胞内情報伝達経路が必要である．

5・2・1 神経伝達物質

神経細胞どうし，または神経細胞と筋肉細胞の間の情報伝達は，特定の化学物質である**神経伝達物質**により行われる（表5・2）．神経伝達物質には，グルタミン酸やγ-アミノ酪酸（GABA）のようなアミノ酸系の分子，ドーパミン，セロトニン，ノルアドレナリン，ヒスタミンのようなアミン系の分子，またペプチド系の分子がある．多くの神経細胞は，情報を他の細胞に伝えるための細胞構造である**軸索**と，他の細胞から情報を受取るための構造である**樹状突起**をもっている（図5・2a）．神経細胞の情報は電気信号のかたちで軸索を運ばれ，**シナプス**とよばれる神経細胞と神経細胞のつなぎ目の構造に至る．電気信号はシナプス末端で化学的な物質の放出に変換され，次の細胞の樹状突起

表5・2 神経伝達物質

神経伝達物質	働く場所	受容体の性質
グルタミン酸	中枢神経系，内分泌器官	イオン透過型，代謝型
γ-アミノ酪酸	中枢神経系，内分泌器官	イオン透過型，代謝型
グリシン	中枢神経系	イオン透過型
アセチルコリン	中枢神経系，筋肉	イオン透過型，代謝型
ドーパミン	中枢神経系	代謝型
セロトニン	中枢神経系	代謝型
ノルアドレナリン	中枢神経系	代謝型
ヒスタミン	中枢神経系，肥満細胞	代謝型

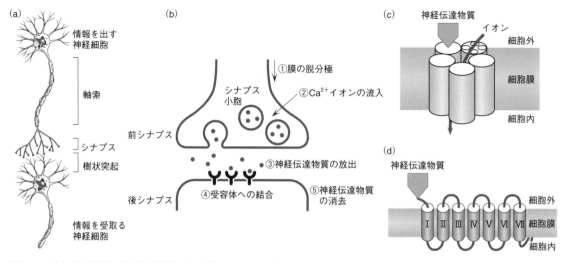

図5・2　(a) 神経細胞の構造と情報伝達. (b) シナプスの構造と神経伝達物質の放出. (c) イオンを通す受容体. 細胞膜上に分布し, 神経伝達物質の結合により細胞外のイオンを細胞内に通過させる. (d) 代謝型の受容体. 伝達物質が結合することで, 細胞内の化学反応を進める.

に分布する**受容体**で受取られる. 軸索末端の神経伝達物質を放出する部位を**前シナプス**, 樹状突起上の受容体がある部位を**後シナプス**とよぶ. 化学物質を用いた情報伝達は, 物質の拡散によるため, 電気信号の伝達に比べて大変遅い. 情報伝達にかかる時間を短縮するために, 神経伝達物質は前シナプスと後シナプスの間にある 20 nm ほどの**シナプス間隙**で受渡される. 神経伝達物質を用いた情報伝達は, 電気信号と異なり情報の出し手と受け手が明確なため, 情報の方向性をはっきりさせることができる.

5・2・2　情報分子を出すメカニズム

情報分子は細胞内の小胞に貯蔵され, 必要に応じて細胞外に放出される. 神経伝達物質は前シナプスにある**シナプス小胞**とよばれる直径 40 nm の細胞膜からできた袋に入っている. 情報伝達のときには, この袋が外の細胞膜と融合し, 中の伝達物質がシナプス間隙に放出される. さらに伝達物質の放出には, 軸索を伝わってきた脱分極による電気信号が (図5・2b の①) 前シナプスのカルシウムチャネルを開いて, シナプス内にカルシウムイオンを流入させる (図②) ことが不可欠である. 放出された神経伝達物質 (図③) は, 約 20 nm のシナプス間隙をおよそ 0.5 ミリ秒で移動する. この伝達物質は, すべてが後シナプスの受容体に結合する (図④) わけではなく, ほとんどは前シナプスに再回収されるか, あるいは分解酵素によって不活性化さ

れて, 情報伝達に関与しない (図⑤). シナプスでは大量の伝達物質を放出できる強い電気的興奮だけが, 情報を次の細胞に受渡すことができる.

5・3　情報を受取る分子

伝達物質がどれだけ放出されても, 相手の細胞が受取って反応してくれなければ情報伝達にはならない. 伝達物質を受取るためには, 受け手の細胞の細胞膜に受容体があることが不可欠である. 神経細胞では, 一つの伝達物質について複数種類の受容体があり (表5・2), どのような受容体が伝達物質を受取るかによって情報の質は大きく変わってくる.

細胞の発生過程や筋肉の発達, 神経細胞の成熟などによって, 少しずつ異なる型の受容体が後シナプスに分布することが知られている. 記憶の過程ではごく短時間で受容体が交替することも知られており, 受け手の細胞は, 受容体を介してどういう情報を受取りたいかを決めている.

5・3・1　イオンを通す受容体と
　　　　　　化学反応を進める受容体

受容体には伝達物質が結合した後, 細胞内にイオンを導入する**イオン透過型の受容体** (図5・2c), および細胞内で化学反応を進める**代謝型の受容体**がある (図5・2d). イオン透過型の受容体は, 受容体タンパク

質の表面に伝達物質が結合すると，それ自身や周辺の
イオンチャネルを開いて細胞外のイオンを中に透過さ
せる．ナトリウムイオンやカルシウムイオンのチャネ
ルが開くと，受取った細胞の電位は上昇し，電気的興
奮によって，次の伝達物質の放出や，細胞内のリン酸
化など，いろいろな変化をひき起こす．塩化物イオン
のチャネルが開いて陰イオンが流れ込むと電位は下が
り，細胞は不活発な状態になる．いずれの細胞膜電位
変化も 10 ミリ秒以内に起こる速い情報伝達である．
さらに異なる結合定数や反応速度をもつ複数の**サブユ
ニット**を組合わせて，透過するイオンの種類や反応速
度の異なる多種類の受容体が構成される．これによ
り，**反応閾値**や**反応潜時**，移動するイオンの種類が異
なる受容体がつくられる．

　代謝型の受容体は，伝達物質を結合してもすぐイオ
ンチャネルを開くことはない．代謝型の受容体では，
神経伝達物質が受容体に結合することで細胞膜直下の
G タンパク質[*5] が活性化され，次節で述べる細胞内
シグナル伝達が開始される．この結果，細胞の中でカ
ルシウムイオン濃度の変化や受容体のリン酸化などが
進行する．代謝型受容体は神経細胞では秒単位のゆっ
くりとした調節的な情報伝達に用いられる．

5・3・2　細胞の中の情報伝達

　受容体には，前述のように G タンパク質の活性化を
伴うもの（G タンパク質共役受容体）や，酵素と直接
連結しているもの（酵素連結型受容体）がある．酵素
と連結している受容体に伝達物質が結合すると，酵素
がリン酸化されて活性化し，生体膜直下の他のタンパ
ク質をリン酸化する．このタンパク質が次のリン酸化
酵素をリン酸化して活性化することで，細胞内でリン
酸化のカスケード（段階的な伝達）が進行し，最終的
に DNA からの遺伝情報の読み出しに至る．発生や分
化の過程では，このシグナル伝達経路がよく用いられ
ている（第 4 章参照）．

　一方，G タンパク質共役受容体に伝達分子が結合す
ると，生体膜の内側にある G タンパク質がリン酸化さ
れて活性化される．活性化された G タンパク質は，情
報伝達の経路に応じてさまざまな酵素を活性化し，細
胞内の情報伝達を行う．このように，情報伝達物質が

受容体に結合することによって二次的に産生される情
報伝達物質は**セカンドメッセンジャー（二次情報伝達
物質）**とよばれ，細胞中の大半の活動にかかわってい
る．代表的なセカンドメッセンジャーとして，アデニ
ル酸シクラーゼを活性化して合成される**サイクリック
AMP** や，ホスホリパーゼ C を活性化して合成される
イノシトール 3-リン酸がある．神経細胞が記憶する
ためには，電気的な変化だけではなく，遺伝情報から
タンパク質を合成したり（第 3 章参照），その化学的な
構造を変化させることが不可欠であり，セカンドメッ
センジャーによる細胞の中の情報伝達が必要である．

5・3・3　情報伝達に介入する分子

　このように精密につくられた受容体も，実は本来の
伝達物質だけでなくいろいろな物質に反応してしま
う．受容体に結合してその反応をひき起こす物質を**ア
ゴニスト（作動薬）**，反対に反応を止めてしまう物質
を**アンタゴニスト（拮抗薬）**とよぶ．タバコに含まれ
るニコチンはよく知られたアセチルコリン受容体のア
ゴニストである．われわれが，食品，医薬品，あるい
は毒物として摂取するものの中にも，受容体のアゴニ
ストやアンタゴニストとして働くものが多い．

5・4　生き物の情報は不変なのか

5・4・1　免疫という記憶

　免疫は，生物が自己以外の外界の物質を異物として
識別して対抗するための仕組みである．ほとんどの脊
椎動物は**自然免疫**と**適応（獲得）免疫**とよばれる免疫
をもっている．異物はまず，自然免疫系に認識され，つ
いで適応免疫系が対応する．自然免疫は，好中球，好
酸球やマクロファージ，樹状細胞が担当し，病原体の
分子構造をパターン認識して活性化される．異物の感
染履歴によって変化することはないが，適応免疫を活
性化する．適応免疫は，一度ある病気にかかるとその
病気にかかりにくくなるというように経験によって獲
得され，細胞の記憶の一種と考えられる．**T 細胞**や **B
細胞**といったリンパ球が担当する．樹状細胞から T
細胞に異物の情報が伝えられると，B 細胞がそれを**抗
原**として認識し，その物質に特異的に結合する**抗体**を

[*5]　**G タンパク質**：グアニンヌクレオチド結合タンパク質の略称で，細胞膜直下にあり，受容体に伝達物質が結合すると，反応して細
胞内の化学反応を進行させる引き金になる．細胞内で進行する一連の化学反応を，セカンドメッセンジャー・カスケードとよぶ．

つくり出す．抗体は**免疫グロブリン分子**（図5・3a）でできており，抗体と抗原が互いに結合し合うことで抗原抗体反応が進んで外来物質は凝集，あるいはマクロファージに捕食されるなどして体から排除される（図5・3c）．

抗体はY字型の構造をしており，その先端の**Fab領域**が鉤ばさみのようになって，ここに抗原分子の一部を結合して認識する．抗原分子の立体構造を厳密に認識するため，分子構造が少し変わるだけで抗体は抗原を認識しなくなる．このため少しずつ異なる多様な分子の立体構造を認識できるように，莫大な種類の抗体分子が必要になる．われわれの体のなかには，今まで触れたことのあるすべての物質や細菌・生物の分子構造の一部を鋳型のように写し取った，数百万〜数億種類の抗体分子が存在している．

5・4・2　多様な抗体分子をつくる仕組みと
アレルギー

哺乳動物の適応免疫では，1種類のB細胞が1種類の抗体を産生する．このため，少なくとも抗体分子の種類と同数のB細胞が存在する必要がある．このようなB細胞の多様性はどうやってつくり出されるのだろうか．

未分化のB細胞は，3×10^6種類のFab領域をつくることができる遺伝情報をもっている．B細胞のDNAでFab領域をコードしている部分にはV領域，D領域，J領域があり，ここが細胞分化の過程でランダムな遺伝子組換えをひき起こして遺伝子を再編し，不要部分を捨てて，外来性の細菌やウイルスにそれぞれ対応したFab領域遺伝子をもつ多様なB細胞集団が形成される（図5・4）．遺伝情報は，すべての細胞がフルセットもっているものと考えられがちだが，B細胞のように未分化細胞から分化の過程で遺伝子を再編する細胞では，遺伝情報の一部が組換えられて欠損している．

B細胞は考えられるかぎりの分子構造に対応するようにつくられる．そのため，自分自身の体の分子に反応するB細胞もつくられてしまう．その後"自分の身体の分子"に反応する抗体を産生する細胞や，使われそうにない抗体を産生する細胞は捨てられ，自分の経験に合わせたB細胞（すなわち抗体）のセットのみが用意される．つまり，免疫の記憶とは個体のもつ多様なB細胞のセットなのである．このセットをつくる過程で誤りが生じると，思わぬ物質に免疫系が反応する**アレルギー反応**を起こすようになるが，これも本来は体を守る機能として進化してきたものである[*6]．アレルギー反応のなかには，遅発性の反応や大きな炎症反応を示すアナフィラキシー反応があり，注意が必要である．免疫分子の一部は母親から子へ伝達されるため，生

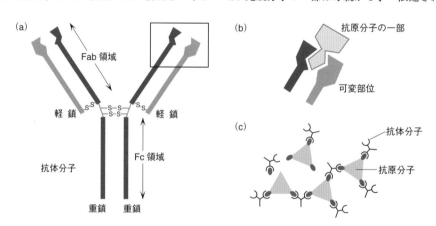

図5・3　(a) 免疫グロブリン（抗体）の構造．免疫グロブリンは重鎖と軽鎖がジスルフィド結合（S–S結合）でつながれた構造である．抗原を認識するFab領域と，Fc領域がある．(b) 四角内の拡大．Fab領域の先端に近い部分を可変部位とよび，この部分が抗原分子の構造を認識し結合する．(c) 抗原分子を抗体分子が認識し，凝集反応がひき起こされる．

---

*6　**アレルギーという進化**：アレルギーは免疫グロブリン分子の中でもイムノグロブリンE（IgE）によってひき起こされる異物への過剰反応である．IgEは哺乳類のみがもつ免疫グロブリンで，本来，寄生虫やダニに対抗するために哺乳類で進化した免疫機能と考えられている．多くの免疫グロブリンは細菌を標的とした抗体になり，IgEのように寄生虫を標的とするものはごく少数であったが，清潔で病気の少ない環境に生活するようになって，花粉やカビを標的にするIgEが暴走し，アレルギーをひき起こしていると考えられている．

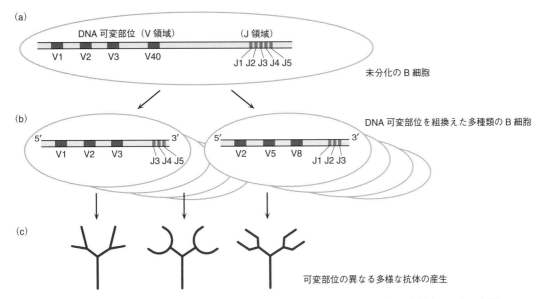

図5・4　(a) 未分化のB細胞におけるDNA可変部位の全セット. (b) DNA可変部位の組換えと一部の欠損による
さまざまな種類の分化B細胞の形成. (c) 分化B細胞の組換えられた遺伝情報によって, 1種の細胞あたり1種の
可変部位の異なる抗体分子の作成.

まれてしばらくの間の赤ちゃんは病気にかかりにくい.
物質的な記憶の伝授が行われているといえるだろう.

5・4・3　サイトカインストーム

　複雑な免疫細胞の活性化には, **サイトカイン**とよば
れる分子が用いられる. サイトカインは細胞から分泌
され, 細胞間の相互作用に関与する生理活性タンパク
質の総称で, 細胞の増殖, 分化, 細胞死, 機能発現な
ど多様な細胞応答にかかわり, 免疫や炎症に関係する

分子が多い. サイトカインとして知られるものには, ウ
イルス感染の阻止作用をもつインターフェロン, 白血
球から分泌され免疫調節にかかわるインターロイキン
(IL-6など), マクロファージにより産生され細胞死を
誘発する腫瘍壊死因子 (TNF-αなど) などがある.

　感染症や薬物反応, 免疫反応の過剰によって, IL-6
やTNF-αなどの炎症性サイトカインが異常上昇を示
すことがあり, これを**サイトカインストーム**とよぶ. 血
管内に大きな炎症を誘発し, 全身にショック症状をひ
き起こすことがある.

> **メモ5・3　ワクチン**
>
> 　ウイルスや細菌に対する抗体を, 感染前に獲得する
> 目的で接種する医薬品を**ワクチン**とよぶ. 従来のワク
> チンでは, 弱毒化あるいは無毒化した病原体や, 病原
> 体を構成するタンパク質を抗原として投与し, 体内で
> 抗体産生を促して感染症に対する免疫を獲得する.
> 近年は, 抗原タンパク質の遺伝子を運び手ウイルスに
> 組込んだベクターワクチン, 抗原タンパク質の遺伝情
> 報を用いるmRNAワクチンとDNAワクチン, ウイ
> ルスの構成タンパク質を組替えて抗原とする組替えタ
> ンパク質ワクチンなどの新しい技術も使われている.

5・5　情報伝達は "かたち" と "時間" で決まる

5・5・1　神経細胞は記憶する

　記憶する細胞と一般的に想定されるのは神経細胞だ
ろう. 記憶を "経験によって変化する反応の**ヒステリ
シス**[*7]" と定義すると, 形状記憶合金も磁性体も, 動
物の群れも記憶を行っているということになる. 神経
細胞の記憶は, これらと比べてどのような特徴がある
のだろうか.

---

*7　**ヒステリシス**: 外界から力を加えた後, それを取除いても, 状態が最初の状態に完全には戻らないことをさす. ヒステリシスをも
つ系では, 系の状態を見ることにより過去に加えられた力をある程度推定することができる. このため, ヒステリシスは記憶の一種
と考えることができる.

神経の記憶には大きく分けて，**感覚記憶，短期記憶，長期記憶**[*8] の3種の記憶がある．感覚記憶は，感覚細胞が物理的な作用を受けてから元に戻るまでの状態変化をさし，細胞の物理的ヒステリシスそのものである．短期記憶は数十秒から数十分続く一時的な記憶と考えられる．強い情報が入力されると，細胞内に短時間でカルシウムイオンが流入し，これを引き金に細胞内のタンパク質のリン酸化が進み，新たな受容体タンパク質が合成されて受容体密度が上昇し，また今まで細胞表面に出ていなかった感度の高い受容体が細胞表面で活動するようになる．細胞によっては活動が抑制される方向に化学反応が進む場合もある．このような刺激で誘発された神経細胞の変化を，**長期増強**，あるいは**長期抑圧**とよび，培養細胞でも数時間変化が続くことがある．長期増強や長期抑圧は，単一の強い反応だけでなく，外からの情報入力と自分自身の興奮が一定の時間間隔で生じたときにひき起こされる．両者の刺激入力の時間感覚に応じて細胞内の化学変化が進み，分子レベルで短期記憶が形成される．

短期記憶による神経細胞の変化が，個々の細胞で，あるいは神経回路の単位で固定化された記憶が長期記憶である．個人的体験や出来事を記憶する**エピソード記憶**や言葉を覚える**意味記憶**は陳述記憶に分類され，脳の広い範囲の活性化が必要な記憶である．動作や作業など"体で覚えている"ことは**手続き記憶**とよばれ，大脳基底核などの脳の古い部位が関係している．

5・5・2　記憶とシナプス

記憶が形成されると神経細胞どうしの連絡速度が変化する．これがシナプスレベルの可逆的な変化であるとき，**シナプス可塑性**とよぶ．シナプス表面に，反応が速くて敏感な受容体が分布すると，情報伝達が速くなる．さらにシナプスの内側で，受容体をリン酸化すると，反応速度は変化する．このようなタンパク質レベルでの変化と同時に，シナプスが分布する**神経突起（スパイン）**が短く太くなって細胞本体に近づく，シナプス結合の場所がより細胞体に近いところに移動するなど，形の変化が起こる．細胞内の電気的情報伝達は距離が長くなると減衰しやすいので，シナプス可塑性には形の変化を伴うことが多い．神経活動が活発化すると使用頻度の高い回路に機能統合されることが多く，シナプスは多ければいいというものではない[*9]．

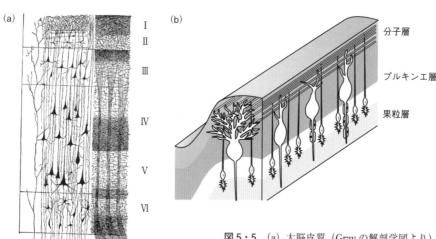

図5・5　(a) 大脳皮質（Gray の解剖学図より）．第Ⅰ層からⅥ層までの6層構造をもつ．(b) 小脳皮質．分子層，プルキンエ層，果粒層の3層構造がある．

[*8]　**短期記憶と長期記憶:** 高等動物の記憶には，大脳の真下に位置する海馬が関与している．海馬は，短期記憶を大脳に受渡し長期記憶にする働きをしていると考えられている．アルツハイマー病や外傷によって海馬が損傷を受けると，短時間覚えていることはできるが，長く記憶にとどめることができない状態に陥る．一方，強い感情を受けると海馬が活性化され，明瞭に記憶することができる．海馬が疲れてくると，神経細胞の ATP が減ってアデノシンが増加し，海馬の活動を低下させるので長期記憶することが難しくなる．

[*9]　脳の発達過程では，胎児期に過剰な数の神経細胞が生まれた後，必要なものだけ生き残る過程がある．同時にシナプスも，幼児期にいったんむやみにつくられた後で，使用されるシナプスだけ残すように整理される．神経や筋肉のような反応性の細胞では，活動レベルが低いといつまでも未発達のシナプスが多数残る傾向がある．このような状態では，シナプスの数は多いが神経回路が整理されていないため，情報処理がしにくい脳になってしまう．

5・5・3　記憶と脳

　脳の神経細胞には，情報の受け手の細胞を興奮させる細胞と，受け手の細胞の活動を抑制する細胞が存在する．興奮性の伝達と抑制性の伝達が相互に干渉することで，ランダムなノイズ信号を押さえ，情報を整理して統合することができる．情報処理では，強く長く続く信号がよい情報とは限らない．弱い入力信号も拾いあげ，他の信号との時間的相関を検討し，情報統合する必要がある．

　これらの機能のため，高等動物の脳では興奮性の細胞と抑制性の細胞が層状に並んだ**皮質**構造が発達している．哺乳類では，大脳が6層構造，小脳が3層構造の皮質をもっている（図5・5）．遺伝的変異で正常な層構造が形成されないと，情報統合の機能にも大きな影響が表れる．皮質内では神経間に多くのシナプスが形成され，神経細胞やシナプスを取囲むようにさらに多くの**グリア細胞**が分布している[*10]．

5・5・4　情報は速さで質が決まる

　統合された情報はできるだけ速く伝達する必要がある．電気的情報伝達に比べ，化学的情報伝達は圧倒的に遅いため，シナプス伝達が行われれば行われるほど情報伝達は遅くなる．導電体の直径が大きくなるほど伝達速度は速くなるため，イカでは大直径の軸索が発達し，軟体動物一の反応速度を誇っている．一方，脊椎動物では，軸索は髄鞘（ミエリン鞘）とよばれる絶縁性細胞膜で被覆された**有髄軸索**[*11]を形成する．これはちょうど電線のコードをビニールで覆った状態にみえる（図5・6）．しかし，有髄軸索を通じた活動電位の伝達は，被覆された電線とは異なり，神経繊維の中を荷電粒子が流れるのではない．髄鞘細胞の被覆が切れて細胞膜が露出した部分である**ランビエ絞輪**で，細胞外からナトリウムイオンが軸索内に流入し，新たな活動電位が発生することで伝達される．軸索上をとびとびに活動電位が発生する様子を"跳躍伝導"とよぶ．有髄軸索は遠くまで減衰せずに情報を伝えるため，脳の部位と部位の間，中枢神経系から末梢神経系への連絡など遠距離の連絡によく使われる．

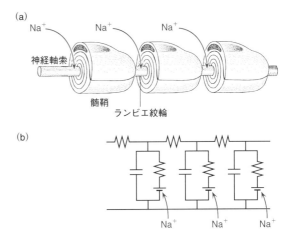

図5・6　(a) 有髄軸索の模式図．疎水性の高い髄鞘で被覆されているが，Na⁺がランビエ絞輪のイオンチャネルから流入することで，電気的活動が伝達される．(b) 軸索伝導を説明する等価回路．伝導の間に電位は大きく減衰するが，ランビエ絞輪でNa⁺が流入し再チャージされる．

5・5・5　考える脳をつくる

　幼弱期の脳の神経細胞は，盛んな増殖の後，樹状突起を伸ばして入力を受けられるようにする，軸索を伸ばして出力先を探す，そしてより有効なシナプス相手を見つけるために試行錯誤を繰返すなど活発に活動している．特に脳の**臨界期**[*12]には情報の入出力の方向を整理し，場合によっては**アポトーシス**（§4・1・6参照）を起こして回路から除去されたり，シナプス統合によって使うシナプスを限定したりと大きな変化を示す．このため幼弱期の脳の神経活動では，速く複雑な情報統合・伝達よりも，細胞の中に大きな化学変化をひき起こすカルシウムイオンの流入や大規模な細胞内

[*10]　脳には約300億個の神経細胞が存在するが，これは脳細胞の約1割にすぎない．脳には神経細胞よりはるかに多いグリア細胞（アストロサイト，オリゴデンドロサイト，ミクログリア）が存在している．これらのグリア細胞は神経細胞への栄養供給や伝達物質の濃度制御，髄鞘（ミエリン鞘）の形成や異物除去などさまざまな働きをしている．

[*11]　**有髄軸索と伝達速度**：物質が熱運動で拡散し移動する速度を拡散係数という．水中では 2.5×10^{-10} m²/秒で伝わるとされるが，細胞外液はいろいろな成分を含むため，拡散係数はこれより小さくなる．伝達物質は，実際にはシナプスで40 μm/秒で伝わるといわれている．これに対し，イオンチャネルの開口を利用した有髄軸索の伝達は大変速い．脳の神経細胞には有髄軸索と無髄軸索があり，皮質内の情報処理は無髄軸索をもつ神経細胞で行われる．入力情報を調整し統合する場所では遅くても無髄軸索を用い，統合された情報を伝えるときには速い有髄軸索でという使い分けだとみることができる．

[*12]　**臨界期**：もし縦の線しか見えない世界でこどもが育ったら，大人になったときどんなふうに見えるだろうか．猫を用いた実験で，仔猫の一時期に横の線が見えないような特殊な眼鏡をかけて育てられると，成長しても横の線に脳が反応しない（＝見えていない）ことがわかった．外界入力によって神経回路が形成される時期がこども時代にあることは，ヒトでも以前から知られており，このような神経回路をつくるための外界入力を受ける時期を臨界期とよぶ．臨界期は多くの感覚にあると考えられている．

リン酸化の進行がみられることが多い.

　成熟した神経回路では，このような大きな反応は神経細胞にとって負荷が大きく，てんかん発作や神経細胞死が起こり，脳に大きなダメージとなる．成熟した脳では，すでに形成された回路を用いて，記憶している内容を引き出す，あるいは以前に記憶した内容と新たな連関をつくるといった活動が行われる．

5・5・6 脳が記憶するメカニズム

　1個のシナプスの変化が入力情報間の時間的相関で決まるように，新たな記憶は，従来ある記憶との相関によってつくられる．では，私たちの脳は何を記憶するのかといえば，それは"好きなこと"である．

　記憶をつかさどる脳の部位である**海馬**は，**扁桃体**からの入力を受けている（図5・7）．扁桃体は動物の感情，特に好き・嫌い（いい・わるい）の感情をつかさどっていると考えられている．新たに入ってきた情報に，扁桃体から"好き"というタグが付けられれば，海馬はそれを長期記憶する情報として大脳に送る．逆に"好きじゃない"というタグが付けられると，海馬はそれを記憶したくないものと分類する．言い換えると，記憶したい情報に"好き"という感情を込めることで，海馬がその情報を長期記憶に分類する．

　脳における記憶は，外界の状態を写しとったまま記録されるわけではない．入力された情報は，まず，時間的関係をチェックして記憶するかどうかふるい分けられる．さらに，扁桃体からの感情のタグを付けて，

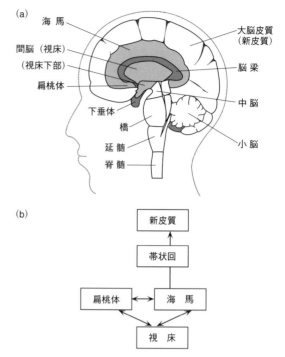

図5・7 （a）ヒトの脳の模式図．しわが多く大きな表面積をもつ大脳が目につくが，その下部に小脳，内部に間脳，延髄，そして脊髄がつながっている．情動にかかわる脳部位は中脳，視床など脳幹とよばれる部位である．（b）記憶に大きな影響をもつ扁桃体，海馬などの大脳辺縁系は，視床とも，また大脳皮質とも強い結合をもっている．

印象やイメージに圧縮されて大脳に記憶されている．このため，記憶を思い出すには，そのときの感情や前後の印象が手がかりになりやすい．

6 生命工学

　人類は古くから，身のまわりの生物を利用し，その性質を変えてきた．1万年以上にわたる農耕・牧畜の歴史は，動植物の改良の歴史といえる．有用な野生生物を見つけて育て，われわれにとって好ましい性質をもつ個体を選び，あるいはかけ合わせることで，よりよい系統を手にしてきた．それは長らく，自然に生じる突然変異に依存していたが，20世紀に入ると人為的な変異の誘発が始まり，さらには近年の分子生物学の発展により，特定の遺伝子の導入や改変までもが行われるようになった．特に，ゲノム編集は，あらゆる生物で，狙った遺伝子を自在に改変できる画期的な技術であり，現在，農学・薬学・医学など，生物学関連の諸分野に革命を起こしている．本章では，生物の性質を遺伝子レベルで操作する手法を概観する．

6・1 遺伝子組換え

6・1・1 遺伝子組換えとは？

　遺伝子組換えとは，ある生物がもつ遺伝子を取出して細胞外で操作し，他の生物に導入することをさす．基礎から応用にわたる幅広い分野で使われており，社会では"遺伝子組換え作物"や"遺伝子組換え食品"を実現する技術として注目されることが多い．生物の遺伝的な性質を人間が望むように改良することを**育種**といい，遺伝子組換えもその手法の一つといえる．従来は，味がよい，収量が多い，病害虫に強いなど，われわれにとって都合のよい性質をもつ個体を選んだり（選抜育種），かけ合わせたり（交配育種），放射線や化学物質を使って突然変異を誘発したり（突然変異育種）といったことが行われていたが，これらは偶然に頼る部分が大きく，膨大な時間と手間を要するとともに，得られる形質に大きな制約があった．これに対し，遺伝子組換え育種には，1) 目的の形質を与える遺伝子のみを導入できる，2) 生物の種を超えて遺伝子を導入できるという二つの大きな強みがあり，育種に要する時間を大幅に短縮するとともに，従来の育種法では付与することが難しかった形質を生物に与えることを可能にした．

　これまでにさまざまな機能をもつ遺伝子組換え作物が作出されており，なかでも現在世界で最も広く栽培されているものに，**除草剤耐性作物**と**害虫抵抗性作物**がある．除草剤耐性作物はダイズ，トウモロコシ，ナタネ，ワタなどで実現しており，作物が特定の除草剤の影響を受けないよう，おもに細菌に由来する耐性遺伝子が導入されている．対応する除草剤と組合わせて使用することで，耕作地に侵入する雑草のみが枯殺され，物理的な除草が不要となる．一方，害虫抵抗性作物は *Bacillus thuringiensis* という細菌のもつ Bt 毒素タンパク質の遺伝子を導入することでつくられ，トウモロコシやワタなどで広く実用化されている．Bt 毒素はトウモロコシの害虫であるガの幼虫など，一部の昆虫にのみ毒性を示し，ヒトを含む他の生物には無害であることが確認されている．害虫抵抗性作物を利用することで，栽培時の殺虫剤の散布量を大幅に減らすことができ，生産者の負担を軽減するとともに，周辺環境への負荷を抑えることができる．このように，遺伝子組換えは生物の性質を劇的に改変し，農業生産力の向上に大きく寄与することで，増加し続ける地球人口を支えている．また，ヒトのインスリンや成長ホルモンを大腸菌につくらせるなど，医療をはじめとするさまざまな分野に大きく貢献している．

　こうした遺伝子組換え生物をつくる際には，生物から特定の遺伝子を選び出して操作する．その基礎となるのが，DNA を切り貼りする道具（ツール）である．

6・1・2 DNAのはさみとのり

　生命工学，特に遺伝子工学関連のツールの多くは，生物が生命維持のためにもつ酵素などをうまく利用したもので，当初は，基礎研究から偶然見つかった．DNA を特定の箇所で切る"はさみ"として用いられる**制限酵素**もその例外ではない．制限酵素は，ウイルスなど侵入者の二本鎖 DNA を切断して排除する細菌やアーキアの防衛機構に由来し，酵素ごとに異なる配

列を認識して標的を切断するヌクレアーゼ（核酸分解酵素）である．制限酵素のうち，認識部位の内部か近傍の特定配列を切るものは利便性が高く，遺伝子工学で頻用される（図6・1）．**制限酵素サイト**とよばれる標的配列の多くは，二本鎖の一方の塩基の並びが，相補鎖を逆から読んだ並びと一致し，これを**パリンドローム（回文）**構造という．互い違いに切断され，短い一本鎖が突出した状態の**粘着末端**を生じるものと，こうした突出のない**平滑末端**を生じるものがある．

こうして得られたDNA断片を他のDNA分子とつなぐ"のり"として使われるのが，生体内ではDNAの複製や修復にかかわる**DNAリガーゼ**である．二重らせん構造のなかで隣り合う3′-ヒドロキシ基と5′-リン酸基の間をリン酸ジエステル結合でつなぐ活性をもつため，制限酵素で処理した後の，粘着末端が相補的な断片どうしをつなげることができる．認識配列が異なる制限酵素で処理した場合でも，生じる粘着末端の配列が共通であれば問題なくつながる．また，平滑末端どうしは相手がどのような配列でもつなげられる．

6・1・3　DNA の 運 び 屋

目的のDNA断片を，受け手側の生物に導入する際は，**ベクター**（運び屋）とよばれるDNA分子を用いる．ベクターには，**プラスミド**（第3章 p.33，＊4参照）やウイルス，人工染色体などがあり，いずれも自然界に存在するものを人為的に改良して用いている．

クローニング[＊1]などに最もよく使われる，大腸菌を宿主とするプラスミドの例を図6・2に示す．元来プラスミドは，細菌やアーキアなどの細胞間を移動している自律複製因子であるため，複製に必要な配列である**複製起点**（*ori*）をもつ．人為的に加えられるのが，

名　称	認識配列	名　称	認識配列
Aat I	AGG|CCT TCC|GGA	*Nci* I	CC|C GG GG G|CC
Aat II	GACGT|C C|TGCAG	*Nco* I	C|CATGG GGTAC|C
Acc I	GA|CGTC CTGC|AG	*Pst* I	CTGCA|G G|ACGTC
Afl II	C|TTAAG GAATT|C	*Pvu* II	CAG|CTG GTC|GAC
Alu I	AG|CT TC|GA	*Sac* I	GAGCT|C C|TCGAG
Apa I	GGGCC|C C|CCGGG	*Sal* I	G|TCGAC CAGCT|G
Ban II	GRGCY|C C|YCGRG	*Sma* I	CCC|GGG GGG|CCC
*Bam*HI	G|GATCC CCTAG|G	*Spe* I	A|CTAGT TGATC|A
Bgl II	A|GATCT TCTAG|A	*Sph* I	GCATG|C C|GTACG
Dra I	TTT|AAA AAA|TTT	*Taq* I	T|CGA AGC|T
*Eco*RI	G|AATTC CTTAA|G	*Xba* I	T|CTAGA AGATC|T
*Hind*III	A|AGCTT TTCGA|A	*Xho* I	C|TCGAG GAGCT|C
Kpn I	GGTAC|C C|CATGG		

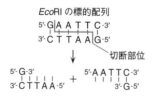

*Eco*RI の標的配列

5′-G A A T T C-3′
3′-C T T A A G-5′
　　　　　　　↘ 切断部位
　　　　　↓
5′-G-3′　　＋　　5′-A A T T C-3′
3′-C T T A A-5′　　　3′-G-5′

図6・1　制限酵素の例　市販される数百種類の制限酵素のうち，代表的なものの名称とその切断位置を示す．

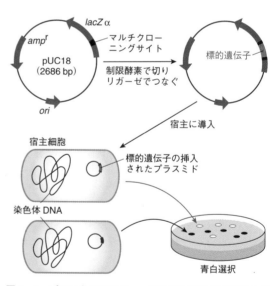

lacZ α
amp[r]
pUC18
(2686 bp)
ori
マルチクローニングサイト
制限酵素で切りリガーゼでつなぐ
標的遺伝子
宿主に導入
宿主細胞
標的遺伝子の挿入されたプラスミド
染色体 DNA
青白選択

図6・2　プラスミドベクター　標的遺伝子は制限酵素やリガーゼなどを用いてプラスミドに挿入され，宿主細胞に導入される．*amp*[r] はアンピシリン耐性遺伝子．抗生物質アンピシリンの存在下で宿主を生存させる．青白選択により，標的の挿入されたプラスミドをもつ宿主だけを選ぶことができる．

＊1　**クローニング**：クローンとは同一の遺伝情報をもつ核酸分子，細胞，個体の集団をさし，クローニングとは，こうした集団を形成することを意味する．遺伝子工学分野では，同一の塩基配列をもつDNA分子の集団を得る意味で使われることが多く，細胞や個体のクローニングと区別するために分子クローニング，DNAクローニングともよぶ．

形質転換[*2]の成否を示す**選択マーカー**で，抗生物質などの薬剤存在下で宿主細胞を生存可能にする**薬剤耐性遺伝子**や，発光により自身を提示する蛍光タンパク質遺伝子，後述の *lacZ* 遺伝子などがある．また，制限酵素処理後の DNA 断片を挿入しやすいよう，多数の制限酵素サイトを配置した領域をもち，これを**マルチクローニングサイト**とよぶ．このサイトはしばしば，ラクトースの消化酵素である β-ガラクトシダーゼの N 末端領域をコードする *lacZ* α 遺伝子の内部に設定される．N 末端を欠く β-ガラクトシダーゼの遺伝子をもつ大腸菌に，*lacZ* α 遺伝子をもつプラスミドを導入すると，相補により機能性の β-ガラクトシダーゼが生じ，固形培地上のラクトース類縁体 X-gal が分解されて青い色素を生じ，**コロニー**[*3]が青くなる．これに対し，マルチクローニングサイトに DNA 断片が挿入されると，正常な *lacZ* α 産物が産生されなくなり，機能性酵素が生じず，コロニーは白くなる．こうして，マルチクローニングサイトに DNA の挿入されたプラスミドをもつ大腸菌だけが白くなり，配列が挿入されていないプラスミドをもつ大腸菌と区別できる．この選別手法を**青白選択**（blue/white screening, blue/white selection）という．これらの配列に加えて，**遺伝子発現**[*4]用のベクターには，転写を誘導する**プロモーター**配列や，翻訳開始に必要な**リボソーム結合部位**なども含まれる．

　宿主として優れた特性をもつため，遺伝子操作には大腸菌が頻用されるが，大腸菌以外の細菌や，酵母，動植物細胞でも維持の可能なベクターが存在し，シャトルベクターとよばれる．たとえば，遺伝子組換え植物の作成の際は，**アグロバクテリウム**[*5]を利用するのが最も一般的で，植物に持ち込みたい遺伝子を Ti（tumor inducing）プラスミドとよばれるプラスミドに挿入して用いるが，アグロバクテリウムと大腸菌の双方で複製されるシャトルベクターが複数開発されている．

6・2　PCR（ポリメラーゼ連鎖反応）

　これまで述べたように，DNA クローニングは，ベクターと大腸菌などの宿主細胞を用いて行われることが多いが，生きた細胞を使わずに試験管内で行うことも可能である．次にその技法をみてみよう．

6・2・1　PCR の原理

　PCR（polymerase chain reaction, **ポリメラーゼ連鎖反応**）は，試験管内の酵素反応のみで，DNA の特定領域を増幅する技法である．使う道具は，生物が自らのゲノム DNA を複製する際に用いる**DNA ポリメラーゼ**で，周期的な温度変化により DNA 合成を人為的に操作する．PCR を行う際には，好熱菌などに由来する**耐熱性 DNA ポリメラーゼ**，増幅したい配列を含む DNA 試料（**鋳型**とよぶ），増幅したい領域の両端に相補的で，DNA 合成の起点となる 2 種類の短い一本鎖 DNA（**プライマー**とよぶ），DNA 合成基質のデオキシヌクレオシド三リン酸（dNTP：dATP, dCTP, dGTP, dTTP）を含む反応液を用意する．この反応液の温度を上下させ，次の 3 段階もしくは 2 段階からなる DNA 合成反応を繰返す（図 6・3）．

1) **熱変性**：反応液を 94〜98℃ 程度に加熱することで，鋳型の DNA 二本鎖の間の水素結合を切り，一本鎖にする．
2) **アニーリング**：反応液の温度を下げ，プライマーを鋳型の相補的な配列と結合させる．このときの温度はそれぞれのプライマーの T_m 値[*6]に依存するが，おおむね 50〜60℃ 程度となる．
3) **伸長**：反応液を 72℃ 程度まで加熱し，プライマーを起点として DNA を合成する．（アニーリングと伸長を 68℃ 程度の同じ温度で行うことも多く，その場合は 2 段階の反応になる．）

この 1)〜3) の過程からなる **PCR サイクル**を 20〜40

[*2]　**形質転換**：外部からの DNA 分子の取込みにより，細菌などの細胞の形質（形態や性質）が変化すること．実際に形質が変化するかにかかわらず，単に細胞へ外部からプラスミドなどの DNA を導入する操作をさすことも多い．

[*3]　**コロニー**：単一細胞に由来するひとかたまりの細胞集団．液体培地で培養した細菌などを適当な濃度で固形培地上にまくと，一定時間ののちに肉眼で確認できる細胞塊として出現する．それぞれのコロニーは遺伝的背景が同一の細胞集団であるため，クローニングに利用される．

[*4]　**発　現**：遺伝子の情報を構造や機能に変換すること．タンパク質をコードする遺伝子についてはタンパク質合成，機能性 RNA（それ自身がタンパク質のコードとは独立した機能をもつ RNA）をコードする遺伝子については RNA 合成をさすことが多い．

[*5]　**アグロバクテリウム**：植物に感染し，腫瘍を形成する病原性の土壌細菌．Ti プラスミドをもち，その一部の DNA 断片を植物細胞に注入し，植物ゲノムに挿入する性質をもつため，遺伝子組換え植物の作成に頻用される．

[*6]　T_m **値**：融解温度（melting temperature）．DNA の二本鎖が熱変性して相補塩基対が 50% 解離する温度．配列の長さ，GC 含量（G および C 塩基の割合）などに依存する．鋳型 DNA とプライマーに二本鎖を形成させるため，PCR 時のアニーリング温度はプライマーの T_m 値以下にする．

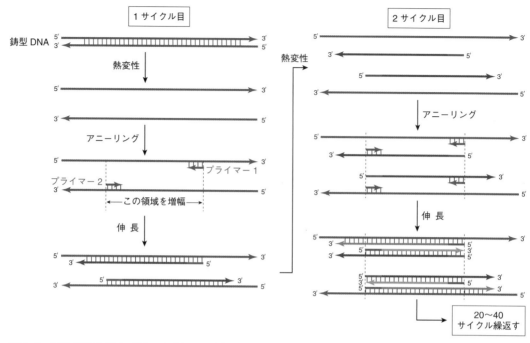

図6・3　PCR増幅の原理　新たに合成された断片すべてが次の合成サイクルの鋳型となるので，1サイクル反応が進む
たびにプライマーに挟まれた領域がおよそ2倍に増幅される．

回程度繰返すと，目的の領域を指数関数的に増幅する
ことができる．

　なお，PCR自体がDNAクローニング技法の一つだ
が，複数のプライマーセットを用いた場合や，鋳型
DNAの標的配列に多様性がある場合など，PCR産物
に異なる複数配列が含まれると想定される場合，産物
をプラスミドに挿入して大腸菌などに導入し，あらた
めてクローニングを行うことがある．この際，よく使わ
れる手法が**TAクローニング法**である．PCRに用いる
DNAポリメラーゼの多くは，末端転移酵素活性をも
ち，PCR産物の3′末端に，おもにデオキシアデノシン
(dA) を1塩基分付加する．これに対し，開環（環状
構造の1箇所を切って直鎖状にすること）して3′末端
に1塩基分デオキシチミジン（dT）を付加したプラス
ミド（**Tベクター**とよぶ）を加え，DNAリガーゼを反
応させると，ベクター側のTとPCR産物側のAが水
素結合をつくる（このため，TAクローニングの名があ
る）ので，効率よくプラスミドに挿入される．

6・2・2　逆転写PCR

　逆転写PCR（reverse transcriptionからRT-PCRと
もよばれる）は，RNA由来の配列を増幅する技法であ

る．RNAは不安定で扱いづらく，またPCRなどに用
いられるDNA依存性DNAポリメラーゼ（DNAを鋳型
としてDNAを合成する酵素）の鋳型とならないため，
まず**逆転写酵素**とよばれるRNA依存性DNAポリメ
ラーゼ（RNAを鋳型としてDNAを合成する酵素）を
使って，相補的なDNA（**cDNA**, complementary DNA）
を合成する．この際にもDNA合成開始の足場となる
プライマーが必要で，配列特異的プライマー，ランダ
ムプライマー（ランダムな配列の混合物で，塩基が六
つ連なった6merや九つ連なった9merなどがある），
真核性mRNAの3′側にあるポリA尾部を標的とした
オリゴTプライマーなどを，目的に応じて使い分ける．
こうして得られたcDNAを鋳型として，その後は通常
のPCRを行う．この技法は，わずかな量のRNAを検
出でき，リボソームRNA（rRNA），メッセンジャーRNA
（mRNA），マイクロRNA（miRNA），RNAウイルスゲ
ノムなど，各種RNAの検出・解析に用いられる．

6・2・3　定 量 PCR

　前述のようにPCRでは，反応初期は標的配列がほ
ぼ指数関数的に増加するが，反応基質やプライマーの
枯渇，副産物による合成阻害などにより徐々に増加が

鈍り，最終的にはプラトー（停滞状態）に達して増加が停止する．このため，最終産物量は加えた鋳型の量（初期鋳型量）を反映しない．この問題を解消し，初期鋳型量を測定する手法がいくつか開発されたが，現在最もふつうに用いられるのは**リアルタイム PCR 法**である（real time を略して RT-PCR とよぶ例があり，逆転写 PCR と混同しないよう注意が必要）．この手法は，PCR の進行に伴う産物量の増加を蛍光色素を用いてリアルタイムに追跡し，産物量が特定の閾値を超えるサイクル数（threshold cycle, Ct 値）と初期鋳型量の対数値の相関に基づき，初期鋳型量を算出する．蛍光の検出法には，おもにインターカレーター法とプローブ法がある．前者は，DNA 二本鎖の間に潜り込むと蛍光レベルが著しく上昇する色素を用いて二本鎖 DNA を検出するもので，非特異的な産物を区別できない欠点[*7]をもつが，簡便なため，頻用される．後者は標的配列が増幅された際にのみ蛍光を発するプローブを用いる検出法で，手間と費用を要するが，対象の特異的な検出と，複数標的の同時検出が可能である．

6・2・4　PCR の応用例

汎用性が高く簡便なため，PCR は分子生物学に欠かせない基本技術である．これに加え，応用面でも PCR の利用機会は増えており，特に病原体の検出に用いられることで，実社会の日常用語として定着しつつある．例として，新型コロナウイルス（SARS-CoV-2）の検出法をみてみよう．コロナウイルスは RNA ウイルスであり，ゲノムとして 30 kb（3 万塩基）ほどの一本鎖 RNA をもつ．そこでまず，検体から RNA を抽出し，逆転写により cDNA を合成する．これを鋳型とし，SARS-CoV-2 のゲノム配列に特異的なプライマーセットを用いて PCR 反応を行う．通常の PCR 反応を行った場合は，産物を**アガロースゲル電気泳動**[*8]により分離し，DNA を可視化するため染色し，予想されるサイズの産物の有無を確認する．しかし，SARS-CoV-2 の検出には通常の PCR ではなく，リア

ルタイム PCR 法を用いるのが標準である．これにより，Ct 値に基づくおおまかなウイルス量の推定が可能となる．また，電気泳動や染色が不要なため，多検体の検査を迅速に進められる．なお，産物の検出にはプローブ法が用いられるため，非常に特異性が高い．

6・3　ゲノム編集

ゲノム編集は狙ったゲノム配列を自在に改変できる画期的な技術で，標的 DNA の切断を利用する．1980 年代までに制限酵素が遺伝子工学の基本ツールとなっていたものの，認識配列は酵素ごとに決まっており任意の配列を切れるわけではなかった．一方，ゲノム DNA が切断されると，その修復の際に高頻度で変異や相同組換えが起こることが明らかとなり，任意の配列を切るツールさえあれば，自在な DNA 操作が可能になるとの発想が生まれた．この目的のため，おもに以下の三種のツールが開発されたが，いずれも何らかの形で特定の標的配列を認識してヌクレアーゼを導き，DNA 二本鎖を切断する仕組みになっている．このうち，CRISPR-Cas9 は格段に優れた特性をもつため，今日の主流となっている（§6・3・2参照）．

6・3・1　人工ヌクレアーゼ

ゲノム編集のツールとして，まず登場したのが，制限酵素の構造を人為的に改変した人工ヌクレアーゼである．制限酵素 *Fok*I は，DNA 認識ドメインと非特異的 DNA 切断ドメインをもち，二量体化により認識配列から離れた位置で切断を起こす．この酵素の DNA 認識ドメインを，任意配列を認識できるドメインに置き換えたものとして，1996 年に **ZFN**（zinc finger nuclease, ジンクフィンガーヌクレアーゼ），2010 年に **TALEN**（transcription activator-like effector nuclease）が開発された．これらはゲノム編集を実現させたが，いずれも標的である DNA 配列の認識にアミノ酸配列を用いるため，標的ごとに個別にタンパク質を作製する必要があり，作業が煩雑であった．

[*7]　この問題への対処法として，融解曲線解析がある．これは，リアルタイム PCR 後に，蛍光色素のシグナルを検出しながら反応液を 60 ℃ 程度から 95 ℃ 程度まで徐々に加熱し，シグナル強度の変動を追跡するものである．低温では二本鎖 DNA に結合した色素から強い蛍光が検出されるが，T_m 値に達すると，一本鎖への解離に伴い蛍光色素が放出され，蛍光値が急激に低下する．T_m 値は PCR 産物の長さや GC 含量により異なるので，目的の増幅産物と非特異的な産物を区別することができる．

[*8]　**アガロースゲル電気泳動**：寒天の主成分多糖であるアガロースで作ったゲルを利用して DNA 分子などをその大きさに応じて分離する手法．DNA はリン酸基により負の電荷をもつため，緩衝液に浸したアガロースゲルのくぼみに入れて通電すると，陽極に向かって移動する．このとき，アガロースゲルの網目構造により，大きな DNA は遅く，小さな DNA は速く動くため分離できる．分離した DNA は染色などにより可視化する．

6・3・2　CRISPR-Cas9

人工ヌクレアーゼに対し，2012年に登場した**CRISPR-Cas9**（clustered regularly interspaced short palindromic repeats/CRISPR-associated protein 9）は，標的DNAの配列をRNAが認識するもので，特異性が高いうえに，ツールの作製（RNAの化学合成など）がきわめて容易であるため，その利用は基礎研究，応用展開を問わず爆発的に広がり，生物関連の諸分野に革命を起こしている．

前述の制限酵素と同様，CRISPR-Cas9は，細菌やアーキアが外来DNAを排除する仕組みに着想を得たものである．その機構は，**CRISPR-Cas システム**とよばれ，制限酵素が外来DNAを無差別に攻撃する**自然免疫**に対応するのに対し，一度侵入したDNAの情報を保存しておき，次に同じ配列が侵入した際に標的DNAを素早く処理する，ある種の**獲得免疫系**となっている．このシステムでは（図6・4），まず外部から侵入したウイルスなどのDNAを断片化し，細菌自身のゲノム中に存在するCRISPR[*9]とよばれる領域に取込み，免疫記憶として蓄積する（図①）．その後，CRISPR配列は転写されて反復部分で分断され，外来配列を含む短いRNA断片（CRISPR RNA，**crRNA**）を生じる（図②）．この細菌に再び同じウイルスが感染すると，そのゲノムDNA，crRNA，およびcrRNAと一部相補的なRNA（trans-activating crRNA，**tracrRNA**）が，ヌクレアーゼであるCas9と複合体を形成する．Cas9は，外来DNAの**PAM**[*10]とよばれる配列を認識して，その上流で二本鎖を平滑末端になるように切断する（図③）．

ゲノム編集ではこの仕組みを利用するが，crRNAと

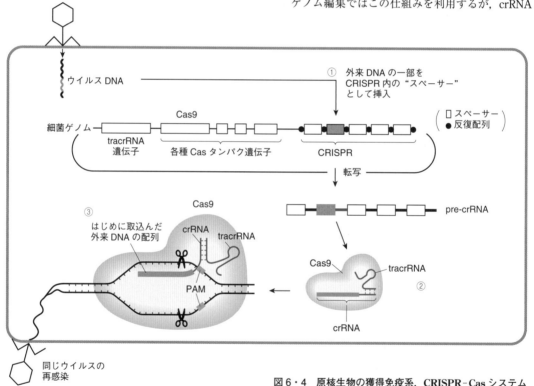

図6・4　原核生物の獲得免疫系，CRISPR-Cas システム

（図中のラベル）

ウイルス

ウイルス DNA

① 外来 DNA の一部を CRISPR 内の "スペーサー" として挿入

□ スペーサー　● 反復配列

細菌ゲノム

tracrRNA 遺伝子　　各種 Cas タンパク遺伝子　　CRISPR

Cas9

転写

pre-crRNA

③ はじめに取込んだ外来 DNA の配列　Cas9　crRNA　tracrRNA　PAM

Cas9　tracrRNA　②　crRNA

同じウイルスの再感染

---

*9　**CRISPR**: "密集していて等間隔にスペーサーの入った短い回文型の反復配列" を意味する．細菌やアーキアにみられる24〜48塩基対の短い繰返しを含むDNA配列で，1987年に石野良純らにより大腸菌で初めて記載された．近傍に存在するCas（CRISPR-associated）タンパク質ファミリー遺伝子群とともに，外部から侵入した核酸（ウイルスのDNAやRNA，プラスミドDNA）に対する獲得免疫機構を構成する．細菌の約4割とアーキアの約9割で存在が確認されている．

*10　**PAM**: proto-spacer adjacent motif（スペーサー原型隣接モチーフ）．Cas9による標的DNAの認識に必要な2〜6塩基の配列．細菌ゲノムのCRISPR領域に挿入した後の外来DNA配列を**スペーサー**，挿入前の外来DNAをプロトスペーサー（スペーサーの原型）とよび，これに隣接する配列なのでこの名がある．侵入してきた外来DNAにはPAMが存在するのでCas9による切断を受けるが，CRISPR領域に挿入後の配列はPAMを含まず切断されない．このように本来，自己と非自己を区別する仕組みだが，ゲノム編集実験を行う場合は，使用するCas9の由来細菌種に応じて必要なPAM配列を含むよう標的配列を選択する必要がある．

tracrRNA は一つの RNA 分子にまとめても機能するため，こうした RNA［ガイド RNA（**gRNA**）またはシングルガイド RNA（**sgRNA**）とよぶ］を合成して用いることが多い.

なお，ゲノム編集において注意すべき事柄に**オフターゲット効果**がある. これは，ゲノム編集ツールが，ゲノム上で本来の標的と似たほかの配列を認識して切断し，変異を導入してしまう現象である. それぞれ異なる認識配列に導かれた2分子の *Fok*I ヌクレアーゼが二量体を形成して機能する ZFN や TALEN と異なり，Cas9 は単量体で働くため，オフターゲット変異がやや起こりやすい傾向がある. そこで，DNA 二本鎖の一方のみを切断（こうした切れ目を**ニック**という）するように Cas9 を改変し（**Cas9 ニッカーゼ**とよぶ），向かい合う，離れた2箇所の標的配列を2分子の Cas9 で認識させることで，オフターゲット効果を抑える手法も開発されている.

6・3・3　ゲノム編集の原理

ゲノム編集ツールは，いずれも導入された細胞内で標的 DNA に特異的な**二本鎖切断**（double-strand break, **DSB**）を誘導するが，そこから先の編集過程は，標的生物に元来備わっている DNA 修復機構を利用して進められる（図6・5）. 修復には大きく二つのタイプがあり，一つは切れた DNA の末端どうしを直接つなぎ合わせようとする**非相同末端結合**（non-homologous end joining, **NHEJ**）で，もう一つは切断された二本鎖 DNA 末端の片方の鎖を削り込み，一本鎖として突出した配列を利用する**相同性依存修復**（homology-directed repair, **HDR**）である.

非相同末端結合では切断された二本鎖 DNA 末端がそのままつなぎ合わされる. 正確に修復された場合は再び標的配列が現れるため，ゲノム編集ツールが再度 DNA 二本鎖切断を誘導する. 元来，非相同末端結合はエラーを起こしやすい修復経路なので，修復を繰返すうちに短い欠失や挿入などの変異が導入される. 変異を遺伝子のタンパク質コード領域に導入すれば，対応するアミノ酸の情報が変化し，多くの場合，遺伝子機能を破壊できる. このように，標的遺伝子の構造・機能を破壊することを**遺伝子ノックアウト**という. 非相同末端結合は，この遺伝子ノックアウトの目的で使われることが多いが，DNA 二本鎖切断部位に挿入したい DNA 断片（**ドナー DNA**）をゲノム編集ツールと同時に入れておけば，外来 DNA の挿入も可能である. このように，ゲノムに新たな遺伝子を導入することを**遺伝子ノックイン**という.

相同配列依存型修復には，**相同組換え**（homologous recombination, **HR**），**マイクロホモロジー媒介末端**

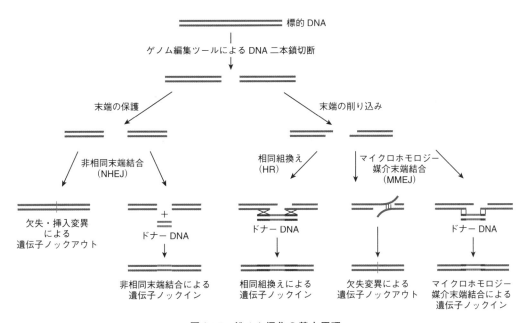

図6・5　ゲノム編集の基本原理

結合（microhomology-mediated end joining, **MMEJ**）など，かかわる因子の異なる複数の経路がある．相同組換え修復は正確性の高い修復経路で，切断箇所の両側の長い（各1000塩基対程度〜）領域と相同の配列をもつドナーDNAをゲノム編集ツールと同時に入れておけば，DNA二本鎖切断箇所への正確な遺伝子ノックインが可能である．これに対し，マイクロホモロジー媒介末端結合は比較的短い（数十〜数百塩基対）相同配列を利用した修復経路で，DNA二本鎖切断修復の過程で頻繁に欠失変異が導入されるので，遺伝子ノックアウトに有用である．また，短い相同配列をもつド

ナーDNAを共導入すれば，正確な遺伝子ノックインも可能である．

これ以外に，ヌクレアーゼ活性を失わせたCas9に多様な機能ドメインを結合することで，DNA二本鎖切断を伴わない直接的な**塩基編集**，人為的な**転写調節**や**エピゲノム**[*11]**調節**など，さまざまな派生技術が続々と誕生している．

6・3・4　ゲノム編集の具体例

その汎用性から，ゲノム編集は，すでに基礎研究には欠かせない技術の一つで，応用分野にも成果が現れつつある．たとえば，農業においては，収量の向上や収穫後の日持ちの改善が図られるとともに，人体に有害な植物成分や食物アレルギーの原因となる抗原を抑えて農作物の安全性を高めたり，健康増進に有効な成分を蓄積させて農作物の機能性を高めることなどに成功している．また，水産・畜産業においては，肉量の多い魚や家畜が作出されるなど，動物改変の研究も進む．

ゲノム編集の適用対象は，医療分野にも広がりつつある．特に，特定の遺伝子や染色体領域の異常に起因する遺伝性疾患の多くは治療が困難で，ゲノム編集に期待が集まる．ただし，生殖細胞のゲノム編集は，体細胞のゲノム編集とはまったく次元の異なる問題を抱える．疾患の原因遺伝子だけでなく，ヒトの能力にかかわるあらゆる遺伝子を改変することも可能であり，改変された遺伝子は次世代以降も連綿と受継がれるためだ．ヒトという生物の進化にも大きな影響を与えかねず，深い考察と議論を要する問題である．

メモ6・1　ゲノム編集は遺伝子組換えではない？

メディアなどで"ゲノム編集は遺伝子組換えではない"と説明されることがあるが，これは誤りである．前述のように，ゲノム編集では，おもに遺伝子ノックインと遺伝子ノックアウトが行われ，遺伝子ノックインにより異種遺伝子を導入された生物は遺伝子組換え生物にほかならない．従来の遺伝子組換えは外来遺伝子の挿入箇所を制御しづらく，相同組換えを利用する場合も効率が低く，ごく一部の生物種，細胞種にしか適用できなかったのに対し，ゲノム編集は多くの生物種で狙った箇所への遺伝子挿入を可能にした点が画期的なだけで，作業の本質は遺伝子組換えそのものである．

では，遺伝子ノックアウトの場合はどうか．ZFNやTALENのようにゲノム編集ツールがタンパク質のみからなる場合は，ドナーDNAを使わなければ核酸が関与しないので，遺伝子組換え生物に該当しないと考えられる．これに対し，現在主流のCRISPR-Cas9は，標的配列へのヌクレアーゼ誘導にRNAを用いる．RNAは導入後分解されて消失するとの推測から，当初は，遺伝子組換え生物が生じる可能性はないと思われた．ところが，逆転写されたガイドRNAに由来すると思われるDNA配列がゲノム編集部位から検出された例があり，判断の前提が必ずしも成り立たないことが明らかとなった．そこで現在，日本では，ゲノム編集生物のゲノム上に，移入した核酸やその複製物が残存していないことが証明された場合にのみ，遺伝子組換え生物として扱わなくてよいとされる．すなわち，ゲノム編集には，遺伝子組換えに当たるものとそうでないものの両者が含まれるのである．

6・4　塩基配列決定法

これまで述べたゲノム編集とその派生技術は，遺伝子や，その調節領域の塩基配列情報の利用を前提としている．次にこうした核酸の塩基配列決定（**シークエンシング**）法をみておこう．

6・4・1　サンガー法

まずは古典的な**サンガー法**（ジデオキシ法）を解説する．サンガー法もPCR同様，生物が本来もつDNAの生合成機構を流用する（図6・6）．DNAポリメラーゼ

---

*11　**エピゲノム**: ゲノムがDNAの塩基配列であるのに対し，そのゲノムに加えられた修飾をさす．DNAのメチル化，ヒドロキシメチル化，ヒストンタンパク質のメチル化，アセチル化，リン酸化などが知られ，遺伝子の発現調節に重要な役割を果たす．ゲノムと異なり，後天的に各細胞で変化し続ける．

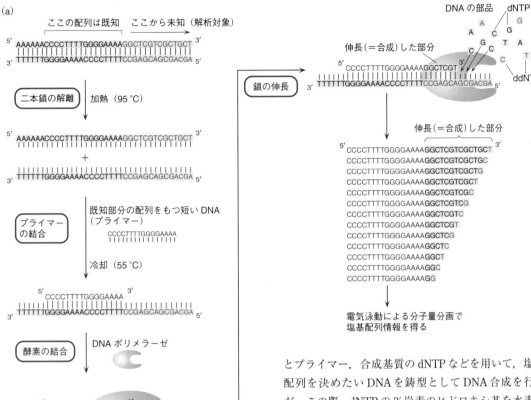

(a)

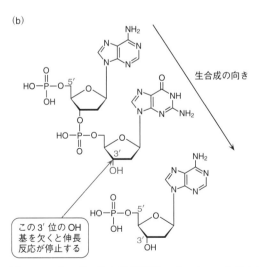

(b)

図6・6 サンガー法の解析原理 プライマーが結合した DNA の領域から下流に向けて DNA 伸長反応が進む. このとき, 3′ 位の OH 基が H 基に置き換わっているジデオキシ化合物が取込まれると伸長反応はそこで停止する.

とプライマー, 合成基質の dNTP などを用いて, 塩基配列を決めたい DNA を鋳型として DNA 合成を行うが, この際, dNTP の 3′ 炭素のヒドロキシ基を水素に置き換えたジデオキシヌクレオシド三リン酸 (ddNTP: ddATP, ddCTP, ddGTP, ddTTP) を少量混ぜておく. DNA 合成は dNTP の 5′-リン酸基が, 伸長末端にあるヌクレオチドの 3′ 末端のヒドロキシ基を攻撃してリン酸ジエステル結合を形成することで進行するが, ddNTP が取込まれると, ヒドロキシ基を欠くため, そこで反応が停止する. この ddNTP の取込みはランダムに起こるので, ランダムな位置で反応が止まりさまざまな長さの DNA 断片が得られる. これを電気泳動で分離し, 短いものから長いものへと順番に検出し, 取込まれた ddNTP の種類に基づき, 対応する塩基を決定する. サンガー法では, 一つの DNA 試料について 1000 塩基程度の長さまで精度よく塩基配列を決定できるが, 解析対象をクローニング後, 1 断片ごとに個別にシークエンシング反応を行う必要があり, 一度の泳動で解析できる試料数も数十にとどまる.

6・4・2 第二世代シークエンサー

サンガー法は有用な技法で, 現在でも個々の遺伝子など短い配列の解析には多用されるが, データ産出効率が低く, ゲノム解析を行うには時間的・経済的コス

トが大きい．サンガー法を用いて 2003 年に完了した ヒトゲノム解析計画は 13 年の歳月と約 30 億ドルをかけて行われた一大事業であったが，**テーラーメイド医療**[*12] などの目的で個人のゲノムを解析するのに，この作業を繰返すわけにはいかない．そこでより効率の高い解析装置が志向され，登場したのが**次世代シークエンサー**で，その解析原理は多岐にわたる．

第二世代シークエンサーの手法は，多様な塩基配列をもつ DNA 集団を互いに区別しながら一つの反応系で PCR 増幅し，1 コピーに由来する PCR 産物のクラスター（かたまり）をつくったうえで，膨大な数のクラスターについて同時にシークエンシング反応を進める特徴をもつ．代表的なものに，ピロシークエンシング法やイオン半導体シークエンシング法，可逆ターミネーター法がある．

a. ピロシークエンシング法　　2005 年に次世代シークエンサーが初登場した際に採用された手法である．まず，断片化した DNA を一本鎖として，1 分子当たり 1 個のビーズと結合し，エマルジョン PCR[*13] により多数の断片を並行して増幅する．得られたビーズ集団をシークエンサーにセットし，4 種類の dNTP を順に反応系に加え，DNA ポリメラーゼを使って DNA を合成する．dNTP が DNA に取込まれる際に放出される二リン酸（ピロリン酸）を基質として ATP を生成し，これとルシフェリン，ルシフェラーゼを用いて発光反応を起こす．シグナルを CCD カメラで検出し，各ビーズでの発光の有無とシグナル強度を追跡することで塩基配列を決定する．第二世代シークエンサーとしては長めの 500 塩基程度を読める一方，1 回の運転（1 ラン）で読める DNA 断片数は 100 万程度と配列集積度はさほど高くなく，さらに同一塩基が多数連続した**ホモポリマー**領域の読み取り精度が低い欠点をもつ．

b. イオン半導体シークエンシング法　　前述のように，ピロシークエンシング法は，dNTP 取込みシグナルの検出過程がきわめて煩雑である．これに対し，イオン半導体シークエンシング法は dNTP 取込みの際に二リン酸とともに放出される水素イオンを半導体で直接検出する．エマルジョン PCR を含め，それ以外の過程はピロシークエンシング法とほぼ共通で，やはりホモポリマーの読み取り精度が低い．

c. 可逆ターミネーター法　　ホモポリマー問題を克服し，配列集積度も高いため，現在最も頻用されている技法の一つである．DNA の並列的増幅はシークエンサー内でブリッジ PCR[*14] により行う．得られた同一配列に由来するクラスターを鋳型とし，DNA ポリメラーゼを使って DNA 合成を進めながら，シークエンシングを行う．この方法のポイントは，dNTP の 3'-ヒドロキシ基が保護基でカバーされており，1 回の反応で dNTP が 1 塩基分しか取込まれない点である．蛍光色素による dNTP の取込み検出後，保護基を外して次の dNTP 取込みサイクルに入る．1 塩基ずつ確実に反応を止めながらシークエンシングを進めるので，ホモポリマー領域も正確に読み取ることができる．一度に読める DNA 断片数は最大で 10 億以上にのぼるが，個々のシークエンス長は数百塩基にとどまる．

6・4・3　第三世代シークエンサー

第二世代シークエンサーは，サンガー法に比べれば桁違いに高い効率を誇るが，検出感度が十分に高くないため，シークエンシング前に PCR により DNA を増幅し，あらかじめ同一配列をもつクラスターをつくる必要がある．これに対し，**第三世代シークエンサー**は検出感度が高く，DNA を 1 分子レベルで扱う（図 6・7）．PCR が不要であり，GC 含量の偏りなどによる増幅バイアスから解放されている．また，増幅クラスターを用いる第二世代では，反応が進むにつれ各分子の足並みがそろわなくなり，数百塩基程度しか読めない（ショートリード）のに対し，第三世代シークエンサーは，数千塩基から百万塩基程度まで，きわめて長く読める（**ロングリード**）．ショートリードが不得手とするゲノム内の反復領域を一度に連続して読めるので，こうした領域の解析に特に強みを発揮する．また，

[*12]　**テーラーメイド医療**: ヒトは約 30 億塩基対のゲノムに約 2 万個の遺伝子をコードしているが，遺伝子やその発現調節領域の塩基配列は，一人一人少しずつ異なっており，それが個人の体質を規定している．こうした個人の体質に応じて適切な治療を行うことをテーラーメイド医療，またはオーダーメイド医療という．

[*13]　**エマルジョン PCR**: 通常の PCR が一つのチューブ内で一つの増幅反応を行うのに対し，チューブに入れた油の中に無数の水滴をつくり（エマルジョン＝乳濁液），各水滴中に一つのビーズを入れ，それぞれの水滴をマイクロリアクターとして，並行して一度に多数の DNA 断片を増幅する手法.

[*14]　**ブリッジ PCR**: 2 種のプライマー配列が高密度で固定された平板上に，多数の一本鎖 DNA 断片を結合させて増幅反応を行うことで，局所的なクラスターを一度に多数作製する手法．増幅反応中に DNA が近傍のプライマーとハイブリダイズする際に曲がってブリッジ状の構造を形成することが，名称の由来である.

4種類の塩基だけでなく，それぞれの塩基に対する修飾も直接検出可能なため，エピゲノム研究にも有用である．

以下に原理を示す．

a. DNA合成に基づく手法　DNAポリメラーゼによるDNA伸長反応を利用する点は他の多くの技法と同様だが，きわめて微小なウェルの底面に1分子のDNAポリメラーゼを固定し，ここで伸長反応を行う点が特徴である．ウェルの口径が励起光の波長よりも小さいため，下面から照射される励起光はウェルを透過できず底面付近に極小励起領域を生み出す．一定時間底面付近にとどまった，すなわちDNAポリメラーゼと結合したdNTPのみから蛍光シグナルを得ることで，DNA伸長をリアルタイムに検出する．dNTPの蛍光標識は，従来のような塩基ではなくリン酸基につけられており，dNTP取込みの際に遊離するため，合成されたDNAは天然と同一な安定構造をとり，きわめて長いリードを得ることができる．ただし，塩基一つ一つの読み取りの正確性は低いため，DNA試料の両端にループ配列を結合し，ダンベル状の鋳型として，同じ配列を繰返し読むことで精度の向上を図っている．また，鋳型にメチル化された塩基があると，その周辺でdNTPの取込みに余分な時間がかかることが知られており，このDNA合成の停滞パターンによりどのようなタイプのメチル化が起きているかを推測することができる．

b. ナノポアを用いた手法　ナノポアは，タンパク質や人工材料でつくられたナノスケールの微細な穴で，電流を通さない膜を貫通する形で配置される．サンガー法をはじめ，本法以外の解析手法はいずれもDNA伸長反応の観察により配列を決定するが，この方法はDNA分子がナノポアを通過する際の電流の変化を読み取ることで配列を決定する．比較的少量の試料から非常に長い配列が得られるだけでなく，蛍光色素やDNAポリメラーゼを使用しないことから，装置が手のひらに乗るほど極端に小型化されている．また，その原理から，DNAの修飾はもちろん，RNAやタンパク質の配列を直接解析することもできる．

(a) DNA合成に基づく手法

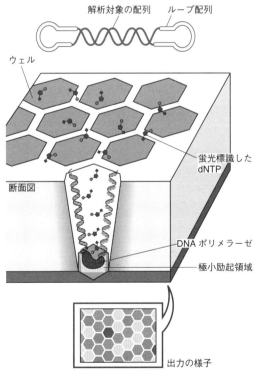

(b) ナノポアを用いた手法

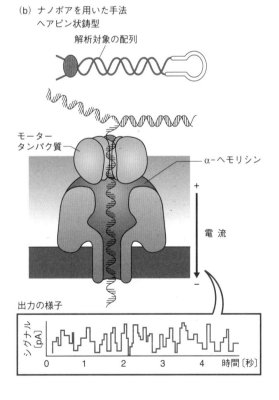

図6・7　第三世代シークエンサーの原理　[S. Goodwin, *et al.*, *Nat. Rev. Genet.*, **17**(6), 333–351(2016) より]

6・4・4 解析コストの大幅な低下

　こうした技術によりシークエンシングの効率が著しく向上し，要するコストが大幅に低下した（図6・8）．ヒトゲノム解析計画終了後，米国政府機関の主導で進められたシークエンス技術の革新は，"ヒトのゲノムを1000ドルで読む"との目標を掲げていた．ヒトゲノム解析計画が要した30億ドルの1/3,000,000ということもあり，当初は無謀にも思えた目標だが，2021年現在，すでに達成されている．個人のゲノムを気軽に解析できる時代が来たのである．

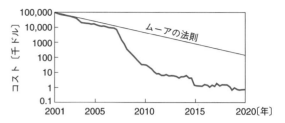

図6・8　ヒトゲノム解析に要するコストの低減　縦軸は対数値．参考のため，"コンピューターは2年ごとに性能が倍加し，その価格は半減する"というムーアの法則の仮想データを同時に示す．2007年ごろから数年間はムーアの法則を大幅に上回る急激なペースでコストが低下したことがわかる．

メモ6・2　ゲノム解析とトランスクリプトーム解析

　ゲノムは，ある生物がその生物として存在するために必要な遺伝情報の総体をさす（§3・1・2参照）．ゲノムを解析する際は，ふつう，まず適当な大きさに断片化した後，DNAシークエンシング技術を使って個々の断片の塩基配列を決定する．過剰量の断片を読むことにより断片間のオーバーラップを得て，これを手がかりに短い塩基配列情報をつなぎ合わせて全体像を復元する．その後，得られたDNA配列から遺伝子を探索する．原核生物の場合は，塩基配列の上流・下流方向各三つ，合わせて六つの**読み枠**を検討し，長い読み枠が得られれば，それが遺伝子である可能性が高い．予想されたタンパク質のアミノ酸配列を，データベース上の既知の配列と比較することで，遺伝子機能の推測・注釈（**アノテーション**）を行う．これに対し，真核生物では，そもそもゲノム上で遺伝子の占める領域はごく一部で，かつそれぞれの遺伝子が多くのイントロンをもち，成熟したmRNAに残る領域であるエキソンは一部にすぎない．そのため，mRNAの構造についての情報をもたらす**トランスクリプトーム解析**がきわめて重要な役割を果たす．

　トランスクリプトーム（transcriptome）は，transcript（転写産物）と -ome（総体）からつくられた言葉であり，ある状況下の特定の細胞に含まれる転写産物の総体をさす概念である．ゲノムの塩基配列自体は，ほぼ静的な情報であるのに対し，生物はそこにコードされた多数の遺伝子の発現パターンを常に変えながら生命活動を営む．セントラルドグマ（§3・1・3参照）に従って流れる遺伝情報のうち，転写産物を網羅的に解析することで，遺伝子の発現状況を理解しようとするのが**トランスクリプトーム解析**である．トランスクリプトーム解析として，かつては**DNAマイクロアレイ**[*15]やサンガー法による**EST解析**[*16]も行われていたが，大量のデータを産出する次世代シークエンサーの登場後は，**RNA-seq**とよばれる次世代シークエンサーによるEST解析の独壇場である．ただし，真の意味でRNAの配列を直接読めるのはナノポアシークエンサーのみで，それ以外はRNAを逆転写し，得られたcDNAを解析する形をとる．DNAマイクロアレイ解析は，すでにゲノムや各遺伝子の情報が十分にそろっていることを前提にした技法だが，EST解析やRNA-seq解析はゲノム情報を前提とせず，どのような生物にも適用可能な技法であり，遺伝子の探索や構造解析に重要な手がかりを与えるため，ゲノム解析と並行して進められることも多い．

[*15]　**DNAマイクロアレイ**：スライドガラスやシリコン基盤上に多数のDNA断片を高密度に配置・固定した分析器具．試料からRNAを抽出し，逆転写により得られたcDNAを蛍光色素で標識し，マイクロアレイ上のDNAプローブとハイブリダイズさせることで各遺伝子に対応するmRNAの存在レベルを蛍光強度として検出する．

[*16]　**EST解析**：EST（expressed sequence tag）とは"発現している遺伝子配列の断片"の意味．試料からRNAを抽出し，逆転写により得られたcDNA集団（cDNAライブラリー）のうち，ランダムに選んだ多数のクローンの塩基配列を解析することをEST解析という．当初から"網羅的な"解析が志向されたが，個々の遺伝子の発現レベルを正確に判断できるほど多数の配列の解析が実現したのは次世代シークエンサーの登場後である．

II

生 命 と 環 境

7 生物の進化

　地球は46億年前に生まれた．しかし，いつ，どこで，どのようにして最初の生命が生まれたのだろうか．生命の起原は，ヒトを含む多様な現生生物の存在につながる重要なテーマである．しかし，その謎に対する答えは見つかっていない．その昔，アリストテレスは"生物は無から自然に発生する"と唱えたとされる．この生命の自然発生説は，19世紀にルイ・パスツールによって否定されるまで二千年にわたって信じられてきた．もちろん，今日みられるすべての生物は，無生物から自然発生することはない．しかし，太古の時代に無生物から最初の生命が誕生した，あるいは現生生物の共通祖先というべき生命が存在したはずである．そこから生物の進化が始まった．

7・1　生命の起原

7・1・1　化学進化から生命誕生へ

　地球上にみられる最も古い地層は，グリーンランドのイスア地方に残る38億年前のものである．その地層の**炭素同位体比**[*1]の分析から，その時代にはすでに生命活動があったことが示されている．また，35億年前の地層からは微生物の**微化石**が発見されている．これらの事実から，地球の誕生から数億年以内（40億年前頃）に最初の生命が生まれたとする考え方が有力である．一方で，地球上の最初の生命は宇宙からやってきた微生物であるという考え方（パンスペルミア説）もある．

　初期の地球表面は多数の隕石が衝突するマグマの海であり，水は水蒸気として大気中に存在していた．表面温度が下がってくると地殻が形成され，やがて大量に降り注ぐ雨によって熱い海に覆われるようになった．まだ生命体が存在しないこの海の中で**化学進化**が起こり，生命の誕生に必要な有機物が蓄積されていったと考えられている．化学進化説は，"無機物から有機物がつくられ，有機物の反応によって生命が誕生した"とする仮説であり，1922年A.I. Oparin によって最初に唱えられた．1953年のユーリー–ミラーの実験でも示されているように，原始大気をモデル化したメタン，水素，アンモニア，水蒸気の還元的な混合気体に

火花放電のエネルギーを加えることによって，アミノ酸などの有機物が形成されていくことが証明されている（図7・1）．

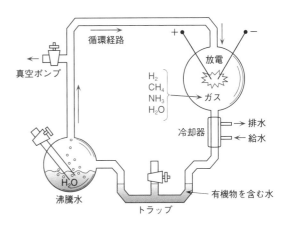

図7・1　ユーリー–ミラーの実験の概略

　原始地球における大気は，実際には大部分が二酸化炭素であり，残りのわずかな成分として水蒸気と窒素を含んでいたことがわかっている．このような酸化的な大気の中では，有機物の生成はわずかにしか起こらない．しかしながら，地球形成過程で降り注いだ隕石中には，アミノ酸，糖などの生命を形づくる物質が含まれており，隕石が豊富な有機物の供給源であった可能性がある．現存する生物が利用しているアミノ酸の

---

*1　**炭素同位体比**: 炭素は質量12と質量13の安定同位体が存在し，天然存在比は 98.9893：0.0107 である．ところが，植物が光合成するときは軽い ^{12}C を選択的に吸収し，重い ^{13}C は取込まれない傾向がある．したがって，炭素化合物の $^{13}C/^{12}C$ 比を測定すれば，それが生物起原であるかどうかがわかる．実際の炭素同位体比は $\delta^{13}C_{測定試料} = ([^{13}C/^{12}C]_{測定試料}/[^{13}C/^{12}C]_{標準物質}-1)\times1000$（単位は‰，パーミル）で定義する．大気中の二酸化炭素の $\delta^{13}C$ は，産業革命以前で−6.5‰程度であったが，現在は−8.0‰程度と"軽く"なっており，生物起原である化石燃料の消費の影響を受けている．

光学異性体の型が，ほぼすべてL型であることは科学的謎の一つであるが，宇宙から降り注いだアミノ酸の光学異性体が影響したとする仮説も提唱されている．いったん，光学異性体の一方が初期生命によって利用され始めると，その性質はその後支配的になり，子孫に受継がれてきたに違いない．

　生命の起原を論じるうえでは，生命とは何か，ということを考えなければならない．現生生物のなかで最も単純であると思われる単細胞の細菌でさえ，多数の複雑な分子機械からなる超高分子構造体である．このような生命体を簡単に定義することは難しいが，1) 細胞という形状（単位膜で囲まれた構造体）を有する，2) 代謝系（化学反応を可能にする触媒活性）をもつ，3) 自己複製が可能である（生命の設計図をもつ），という3点が生命の条件として考えられる．これらの性質をもち合わせることが，**原始細胞**，すなわち原始生命体としての最低条件とすることができる．ちなみに**ウイルス**は，宿主となる生物の細胞を利用して自己を複製させる微小構造体であるが，細胞と代謝能をもたないので，上記の定義では非生物となる．

　オパーリンは，アミノ酸，核酸，脂質などの有機物が複雑に重合したミセル構造（両親媒性分子が親油性部分と親水性部分の向きをともにして形成した集合体）が生命体に進化したとするコアセルベート説を提唱した．1988年に提唱された表面代謝説では，黄鉄鉱の表面に吸着したアミノ酸，核酸，脂質などと金属の触媒活性によって代謝がまず起こり，そこに吸着されたイソプレノイドアルコールが脂質膜を形成し，それが代謝系を包み込んで原子生命体に進化したとしている．

7・1・2　複製機構のプロトタイプ

　どのような化学進化によって生命が誕生したかはともかくとして，生命の形をとるためには自己を複製する機構がなくてはならない．**RNAワールド**とよばれる有力な仮説では，初期生命の複製の仕組みはRNAを基礎としており，のちに構造的に安定なDNAに取って代わられたとしている．この仮説の根拠になっている事実として，RNA自体が触媒作用（いわゆる**リボザイム**[*2]活性）と遺伝情報の保存の両者を担う点があげられる．また，**レトロウイルス**による**逆転写**（p.33，＊5参照）の発見は，RNAワールドから現在のセントラルドグマ（DNA→RNA→タンパク質）へ移行したとする推論の根拠を提示している．

　一方，**プロテインワールド仮説**は，基礎になったのはタンパク質の情報であり，それがのちにRNAおよびDNAに伝えられたとする考え方である．ユーリー–ミラーの実験で生じたグリシン，アラニン，アスパラギン酸，バリンを重合させたペプチドは，触媒活性をもっている．さらに，それらのアミノ酸の対応コドンはいずれもGから始まるので，アミノ酸配列からDNA，RNAに情報が伝達された痕跡であると推論している．しかし，ペプチド自身には自己複製能力がない．

7・2　原始生命から生物進化へ
——生体分子開発の歴史

　化学進化からどのようにして原始生命体が生まれ，すべての生物の**共通祖先**に進化したかという謎の解明は，おそらく永遠の課題である．しかし，生物進化のごく初期段階で，現在の生物に共通する生命の基本設計が完成していたと考えられる．そして最初の生物は原核生物であったであろう．すべての生物につながる共通祖先が存在したという考え方に対しては，**遺伝子の水平伝播**[*3]があることから，懐疑的な見方もあった．しかし今日，生物が一つの祖先から派生したとする**単系統性**は，ほぼ証明されている．

7・2・1　系統樹からみえるもの
——超好熱生物の世界

　共通祖先としての生物はすでに存在しないが，現生生物の**系統樹**に基づいて共通祖先の姿を類推することができる．図7・2に示すように，現生生物はバクテリア（細菌），アーキア，ユーカリアの3超界（ドメイン）からなることが明らかにされている（§7・4・1参照）．細菌およびアーキアは原核生物であるが，アー

[*2]　**リボザイム**とは，タンパク質の助けなしで自分自身の編集作業をする（切断・連結をする）RNAに与えられた名称であったが，現在では触媒的機能をもつRNAすべてをリボザイムとよぶ．最初に発見されたリボザイムは，繊毛虫であるテトラヒメナのリボソームRNA遺伝子にある自己スプライシングをするイントロンである．現在では，リボソーム中のペプチド生成をする活性中心もリボザイムとされている．

[*3]　遺伝子の水平転移ともいう．生物のゲノムが時間とともに変化（変異）していく（垂直進化する）のに対し，種を越えて生物間を遺伝子が行き来することをいう．ウイルスなどによって媒介され，ダイナミックな生物の進化をもたらす原動力ともいわれる．

キアのなかには，真核生物に特有と考えられる遺伝子（たとえばアクチンやユビキチン）をもつ系統（ロキアーキオータ）も見つかっている．その事実も踏まえて，生物界は2超界であるという見方もある．

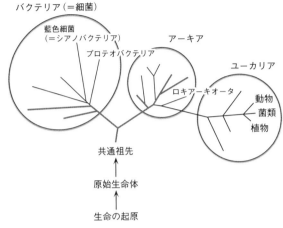

図7・2　リボソームRNAの塩基配列に基づく現生生物の系統樹　太い赤線は超好熱菌の系統を示す．動物，植物，および菌類はユーカリアドメインの狭い範囲で分岐している．それ以外のユーカリアの系統は従来，原生生物界としてとして分類されてきた生物群であり，多くの系統から構成されていることがわかる．

興味深いことに系統樹の根元に近いところから分岐している共通祖先に近い生物は，80℃以上に生育の至適温度をもつ**超好熱菌**で占められている．この事実は，生物の共通祖先が（超）好熱性であった可能性を示唆している．後述するように（§7・2・2），海底にある熱水噴出孔のようなエネルギーが豊富な場所で生命が生まれた，あるいはそのような熱水環境が初期生命の活動拠点であったかもしれない．

7・2・2　独立栄養 v.s. 従属栄養

生命の起原を考えるときに論争となってきたのが，最初の生命は独立栄養性か，従属栄養性かということである．ここで，現生生物の栄養・代謝様式を考えてみよう（表7・1）．生物は，光エネルギーを利用する**光栄養生物**と物質からエネルギーを得る**化学栄養生物**とに大別される．特に，前者および後者が炭素源として二酸化炭素を固定して細胞合成を行う場合を，それぞれ**光合成**（§2・6，§7・3・1参照）および**化学合成**

という．生命の誕生直後の太古の時代においては，まだ光合成装置は発明されておらず，**化学栄養**の生物のみの世界であったと考えられる．化学栄養生物は，エネルギー源として有機物を利用するものと無機物を利用するものとがあり，前者を**有機栄養生物**，後者を**無機栄養生物**という．さらに細胞合成に必要な炭素源として有機物を利用するものを**従属栄養生物**，無機物を利用するものを**独立栄養生物**とよぶ．したがって，有機栄養生物はすべて従属栄養生物である．少しややこしくなるが，無機栄養性のなかでCO_2を炭素源として利用するものは**無機独立栄養生物**で，有機物を炭素源として用いるものは**無機従属栄養生物**というよび方になる．また，化学栄養のエネルギー獲得の方法としては，好気呼吸（酸素呼吸），嫌気呼吸，発酵という3様式がある．ちなみに，ヒトは好気呼吸でエネルギーを得る化学有機従属栄養生物である．

表7・1　栄養源・エネルギー代謝からみた化学栄養の様式

栄養/代謝様式	基質/電子供与体	炭素源	エネルギー獲得形式	電子受容体
化学有機従属栄養	有機物	左に同じ	発　酵 好気呼吸 嫌気呼吸	有機物 O_2 O_2以外
化学無機独立栄養	無機物	CO_2	好気呼吸 嫌気呼吸	O_2 O_2以外
化学混合栄養	無機物	CO_2/有機物	好気呼吸 嫌気呼吸	O_2 O_2以外
化学無機従属栄養	無機物	有機物	好気呼吸 嫌気呼吸	O_2 O_2以外

このほかに，エネルギー獲得様式（電子供与体）として分子やイオンを用いるだけではなく，外部からの電子を直接利用して増殖する"電気合成"の微生物も存在する．

前述したオパーリンの化学進化説では，最初の生命は従属栄養性である．しかし，1970年代以降から行われてきた有人潜水調査艇による海洋調査は，深海の熱水噴出孔とその周辺に広がる生物群集を見いだし，生命起原の考え方に大きな影響を与えた．すなわち，地上の生態系が太陽エネルギー依存のエネルギー流が基本である（すなわち光合成生物が一次生産をする）のに対し，深海の**熱水噴出孔**[*4]周辺では太陽エネルギー

[*4]　**熱水噴出孔**：地熱により熱せられた水が，地中から噴出する割れ目の部分をいう．深海底，温泉，間欠泉などでみられる．深海底の熱水噴出孔周辺では生物活動が活発であり，ハオリムシ，シロウリガイ（二枚貝），エビなどの大型の生物もみられる．

が関与しない化学合成の生態系が存在していたからである．そこでは，熱水孔から噴出される還元物質をエネルギー源としながら炭素同化を行う，化学独立栄養の原核生物が**一次生産者**（§8・2参照）である．この発見により，地球内部からのエネルギーに依存する化学独立栄養の様式に生命の起原を求める説が生まれた．

　さらに驚くべきことに，海底および地上からの地下掘削の調査により，地下数 km 程度までの深さに化学合成独立栄養菌群が優占する**地下生物圏**が存在することが明らかにされた．地下生物圏の原核生物の生物量は，地上の植物に匹敵するともいわれている（§8・1・3参照）．この発見により，地下由来の生物を最初の生命とする説も唱えられている．

7・2・3　エネルギー代謝系

　現生生物の主要なエネルギー代謝は酸素を利用する**酸素呼吸（好気呼吸）**である．しかし，大気中に酸素が存在しなかった太古の時代においては，酸素以外の酸化物を末端電子受容体として利用する**嫌気呼吸**（p.26，*7 参照）がエネルギー代謝の主要な様式であったであろう（図7・3）．現存の超好熱菌の全ゲノム解析や生化学データから推察すると，太古時代の原核生物は無機物を呼吸鎖の電子供与体として利用しながら，窒素酸化物，無機硫黄化合物を還元してエネルギーを得ていたと考えられる．このような嫌気呼吸の一種から酸素呼吸へと進化したという考え方が有力である．

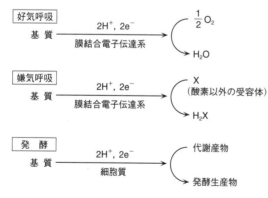

図7・3　化学栄養生物のエネルギー獲得形式　好気呼吸では，基質の酸化で発生した電子が細胞膜結合の電子伝達系で運ばれ，酸素を末端電子受容体として処理される．嫌気呼吸においては酸素以外の末端電子受容体が使われる．発酵は細胞質内（可溶性画分）で起こり，基質の分解で生じた代謝産物が還元されて発酵生産物として細胞の外に排出される．

酸素呼吸は酸素発生型光合成が出現する前（35 億年前）に成立していたと推定されるが，現生生物の酸素呼吸とは違い，微量の酸素を利用する呼吸系であったと考えられる．酸素は，水蒸気と紫外線による反応で生じるし，嫌気的なメタンの酸化で酸素を生成する微生物反応も知られている．このような初期の無機独立栄養菌のつくり出す有機物の蓄積により，やがて有機分解活性をもつ従属栄養菌の登場を促したであろう．

　呼吸以外のエネルギー代謝系として，嫌気的に進行する**発酵**（§2・3・2参照）がある．ゲノムサイズも小さかった原始生命体においては，より少ない酵素の数で働くことのできる発酵のような代謝系をもっていたことも考えられる．発酵は最終産物の種類によって経路は異なるが，その中核となる**解糖系**（§2・3・1参照）はほぼ全生物で共通である．

7・2・4　ゲノムの進化

　細胞中に含まれる生命の遺伝情報のセットが**ゲノム**である（§3・1・2参照）．では，共通祖先のゲノムサイズはどの程度であっただろうか．表7・2にさまざまな生物のゲノムサイズと遺伝子の数を示す．一般に，原核生物よりも真核生物の方がゲノムサイズが圧倒的に大きく，遺伝子の数も多い．しかし，粘液細菌のように酵母よりも大きいゲノムサイズをもつ原核生物も存在する．ミジンコのゲノムサイズはヒトの15分の1しかないが，遺伝子の数はヒトよりも多い．見かけ上の生物の進化の程度とゲノムサイズの大きさは必ずしも比例しないように思えるが，それでも進化の初期段階にある生命体のゲノムサイズは，小さかったと考えるのが妥当であろう．

　これまでわかっている最小のゲノムをもつ生物は，アブラムシの細胞内に共生している細菌の一種である（表7・2）．この細菌のゲノムサイズは約 16 万塩基対しかなく，ある種のミトコンドリアや葉緑体のゲノムよりも小さい．一般に，他の生物に共生・寄生する原核生物のゲノムは小さいが（表7・2のマイコプラズマも細胞寄生菌），この理由として，本来必要な代謝系の遺伝子を宿主に依存することで，脱落させてきたためと考えられる．このようにゲノムを小さくしながら機能を制限していく進化を**縮小進化**という．

　これまで知られている完全な独立生活を行う生物のなかで最小のゲノムをもつのは，超好熱菌の一種 *Ignicoccus hospitalis* であり，その大きさは約 1.3 Mb で

ある．また，人為的に DNA 断片をつなぎ合わせて 1 Mb のゲノムをもつ人工細菌がつくられ，代謝活性をもつことが示されている．細菌に**トランスポゾン**^{*5}を導入して，ゲノムの変異を起こさせる実験からは，代謝能を維持できる最小ゲノムセットは 0.3 Mb 前後と推定されている．いずれにせよ，生物のゲノムの大きさは，生命とは何かという問いにも迫る課題である．

大気中に酸素がなかった太古の地球においては，現在のようなオゾン層はなく，原始生命体のゲノムは紫外線や宇宙線などの**変異原**に直接曝される状態にあったと考えられる．また，現生生物の DNA ポリメラーゼは校正エンドヌクレアーゼ活性をもち，高い DNA 複製の忠実度を示す（§3・2・3 参照）が，原始生命体における自己複製機構はまだ未熟であり，正確さも欠いていたであろう．さらに，生物間の遺伝子の水平伝播も頻繁に起こっていたと考えられる．太古の地球環境においては，今よりもゲノムの変異の頻度が大きく，急速なゲノムの進化によって生体分子と代謝系が開発されていったのではなかろうか．

7・3　生命と地球の共進化
——光合成が地球を変えた！

地球誕生から**顕生代**（5.4 億年前～現在）直前まで

の時代は，**先カンブリア時代**とよばれており，地球史の 88% を占める（図 7・4）．この時代の地層には，われわれが直接目にできる**化石**の証拠はほとんど残されていない．すなわち，生物進化の歴史の大部分は，原核生物の時代であった．しかし，この時代における原核生物の進化と活動が，地球環境形成に大きく貢献した．すなわち，生命と地球の共進化によって現在に至る地球環境がつくられた．そのなかで最も大きなイベントの一つは，原核生物による光合成装置の発明とその光合成の作用による地球全体の酸素汚染である．

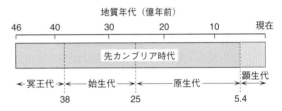

図 7・4　地球の地質年代の概要　地球誕生（46 億年前）から顕生代に入る前（5.4 億年前）までを先カンブリア時代という．先カンブリア時代は冥王代，始生代，原生代からなる．

7・3・1　現存の光合成システム

ここで，現存の光合成システムをもう一度考えてみよう．光合成は，クロロフィル（**葉緑素**）あるいはバ

表 7・2　現生生物のゲノムサイズと遺伝子の数

生物の種類	ゲノムサイズ （100 万塩基対, Mb）	推定される 遺伝子の数
原核生物		
細胞内共生菌（*Candidatus* Carsonella ruddii）	0.16	180
マイコプラズマ（*Mycoplasma genitalium*）	0.58	520
超好熱アーキア（*Ignicoccus hospitalis*）	1.3	1400
大腸菌（*Escherichia coli*）	4.6	4300
粘液細菌（*Sorangium cellulosum*）	13.0	9400
真核生物		
酵母（*Saccharomyces cerevisiae*）	12	6600
線虫（*Caenorhabditis elegans*）	97	20000
シロイヌナズナ（*Arabidopsis thaliana*）	130	27000
ミジンコ（*Daphnia pulex*）	200	31000
イ　ネ	390	32000
マウス	2600	29000
ヒ　ト	3000	23000

---

*5　**トランスポゾン**：細胞内においてゲノム上の位置を転位することのできる核酸断片で，**転位因子**ともよばれる．DNA 断片が直接転位する DNA 型（カット＆ペースト型）および転写と逆転写の過程を経る RNA 型（コピー＆ペースト型）がある．RNA 型は**レトロトランスポゾン**（**レトロポゾン**）とよばれ，レトロウイルスと進化的に関連があるといわれている．また，レトロポゾンのコードする逆転写酵素はテロメラーゼと進化的関連性がある．

クテリオクロロフィルとよばれるポルフィリン色素が光エネルギーで励起され，そこから始まる電子伝達によってもたらされるエネルギー生成と二酸化炭素を還元して同化する生物反応である（§2・6参照）．このほかに，これらの光合成色素がかかわらない**バクテリオロドプシン**や**プロテオロドプシン**[6]による**光栄養**も発見されている．光合成には，クロロフィルがかかわる酸素発生型とバクテリオクロロフィルがかかわる酸素非発生型とがある．前者は植物，藻類，および**藍色細菌**（シアノバクテリア）が行う光合成であり，後者は**紅色硫黄細菌**，**緑色硫黄細菌**などの狭義の**光合成細菌**が行う光合成である（p.29，*10参照）．

　光合成の初期反応の電子伝達は，光合成色素とタンパク質の複合体で媒介され，**光化学反応**とよばれる．光化学反応系は，複合体の種類や構成によって光化学系Ⅰおよび光化学系Ⅱに分けられる（図7・5）．酸素非発生型光合成細菌の光合成装置は，光化学系Ⅰある

いは光化学系Ⅱのどちらかであり，その電子伝達系は環状型になっている．それゆえ，この電子伝達によるエネルギー生成そのものには電子供与体は必要ない．一方，酸素発生型光合成細菌（すなわち藍色細菌）においては，光化学系Ⅰおよび光化学系Ⅱの二つがつながった非環状型（一方向性）の電子伝達が起こる．したがって，電子が飛び出した後のクロロフィルを再還元する必要があり，そのために水が電子供与体として使われる．ここで酸素が発生する．

　光合成装置の構成から考えると，生物進化の過程で，光化学系を一つしかもたない酸素非発生型光合成細菌が最初に誕生し，その後二つの光化学系をもつ藍色細菌が登場したと考えるのが合理的である．海水中のDNAプールの**メタゲノム**[7]解析からは，光化学系Ⅱを欠く酸素非発生型の藍色細菌が発見されている．酸素非発生型から酸素発生型へ光合成が進化する移行の型を示しているかもしれない．海洋中でウイルスが光合

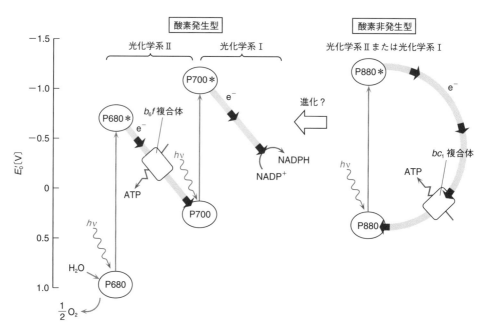

図7・5　酸素発生型光合成電子伝達系(非環状型)および酸素非発生型光合成電子伝達系(環状型)の概要
電子伝達成分の酸化還元電位（E_0'）に基づいて描いてある．P680，P700，P880は葉緑素とタンパク質の複合体を示し，*印は光エネルギーで励起された状態（電位が低い方へ押し上げられた状態）を示す．

*6　**バクテリオロドプシンとプロテオロドプシン**：光依存性のプロトンポンプで，葉緑素に依存しない光栄養によるエネルギー供給にかかわる．バクテリオロドプシンは好塩アーキアや一部の真核生物にも存在する．類似の構造をもつプロテオロドプシンは，海水から得られた大量のゲノムDNA断片のメタゲノム解析（*7参照）を通じて発見された．海洋中に広範囲に分布し，海洋生態系に重要な役割を果たしていると考えられている．
*7　**メタゲノム**：環境中に存在する微生物群集のDNAを培養することなしに抽出・解析して，再構成されたおのおのの微生物ゲノムをいう．また，その解析アプローチおよび研究分野を**メタゲノミクス**という．自然界の微生物群集の大部分は培養困難であることから，培養することなく分子レベルで特性解析する有力な方法として用いられている．

成遺伝子の水平伝播を媒介している事実はよく知られており，遺伝子の水平伝播によるダイナミックな光合成の進化があったとしても不思議ではない．

7・3・2 共進化のシナリオ

地球上における祖先型の藍色細菌（プロトシアノバクテリア）の誕生時期については27億年前という説が有力であるが，それより数億年後という説もある．しかし，地球誕生後，二酸化炭素が主体であった太古の大気には，24億年前頃から急激に酸素が蓄積され始めたことがわかっている（大酸化事変とよばれる）ので，この時期にはすでに大量に発生していたことになろう（図7・6）．このほかに藍色細菌の登場と光合成活動の時期を示すつぎのような証拠がある．1）藍色細菌の死骸が堆積してできた**ストロマトライト**とよばれる化石が，この時期から6億年前頃の地層まで残されている．2）酸素による鉄の酸化で赤色を呈する**赤色砂岩**とよばれる岩石が，20億年前より新しい地層で産出している．そして3）海水中の鉄イオンが，酸素による酸化で堆積した**縞状鉄鉱床**が先カンブリア時代に形成されている．

藍色細菌の誕生時期の議論は別にして，生態系が形成されていなかった当時の藍色細菌は地球規模で繁殖し，地球表層の環境を一変させたと考えられる．すなわち，光合成活動で発生する膨大な量の酸素によって海水中の鉄イオンは酸化し尽くされ，それでも発生し続けた酸素によって地球全体が汚染されることとなった．酸素そのものは強力な酸化剤で生物にとっては毒であるが，当時の原核生物はやがてこれを解毒するシステムを備えるようになった．それと同時に，大気中に蓄積された高濃度の酸素を利用できる本格的な好気呼吸系を開発し，効率的なエネルギー生産を行うようになった．このエネルギー生産システムを発明した好気性細菌のある種のものはミトコンドリアの起原となり，真核生物が多細胞化・大型化する原動力となった（§7・5参照）．さらに，大気中への酸素の蓄積は**オゾン層**の形成につながり，紫外線の遮断によって陸上での生活が容易にできるようになった．陸上での生物の繁殖とともに大量の死骸・排泄物が出されるようになり，その結果として土壌微生物の活動が促され，肥沃な土壌（第10章参照）が生まれた．

7・4　原核生物の分化と融合
——キメラ生物の誕生

7・4・1　三ドメイン生物

§7・2・1において述べたように，生物界はバクテリア，アーキア，およびユーカリアの3超界で構成される．分子系統樹（図7・2）から判断できるように，アーキアは原核生物でありながら，バクテリアよりもむしろユーカリア（真核生物）に系統的に近い．アーキアはもともと**古細菌**[*8]とよばれていたが，古細菌からアーキアに名称変更された理由がここにある．

バクテリアとアーキアを細胞の大きさや形態などの見た目で識別することは不可能である．しかし，表7・3に示すように，分子生物学的，生化学的には両者は大きく異なる性状をもつ．アーキアの菌種の全ゲノム解析の結果からは，翻訳，転写，複製など多くの点で，真核生物の核内遺伝子と共通点があることが示されている．アーキアの特徴の一つとして，細胞膜の骨格成分がグリセロールにイソプレノイドアルコールがエーテル結合した脂質であるいうことがあげられる．表面

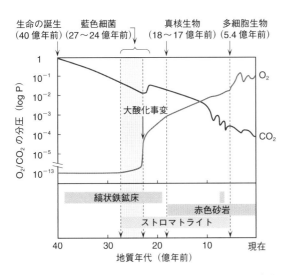

図7・6　生命の誕生から現在までにおける大気中の酸素と二酸化炭素の濃度の変化　藍色細菌，真核生物，多細胞生物の登場時期，および縞状鉄鉱床，赤色砂岩，ストロマトライトの発生年代も併せて示す．

---

*8　**古細菌**：C. R. Woese らによるリボソーム RNA の解析によって発見された原核生物の一群．当初 archaebacteria（邦訳：古細菌）と名づけられていたが，のちに通常の細菌よりも真核生物との系統的類縁性がわかり，archaea（邦訳：アーキア）と名称変更された．すなわち，真核生物との系統的類縁関係から，アーキアは細菌ではないとする解釈である．

代謝説（§7・1・1参照）では，最初の生命はイソプレノイドアルコールの細胞膜をもった生物（すなわちアーキア）であったとしている．

7・4・2　細胞内共生進化

分子系統樹からは，共通祖先からバクテリアとアーキアの系統が発生し，そしてアーキアの系統から真核生物が生まれたと解釈できる．しかし，原核生物と真核生物との間には，垂直的に進化したとするには構造に隔たりがありすぎる．この進化的ギャップを埋める解釈として出てきたのが，ミトコンドリアと葉緑体（クロロプラスト）の起原をある種の細菌に求める**細胞内共生進化**[*9]という考え方である．細胞内共生進化説は，L. Margulis（マーギュリス）などによっておもに細胞構造の面から提唱されてきたが，生化学的，分子生物学的データによってもほぼ支持されている．ミトコンドリアおよび葉緑体には，それぞれ核とは異なる独自の環状ゲノムDNAと細菌型リボソームが存在する．また，ミトコンドリアの電子伝達系（呼吸鎖）の構成成分や機能は，好気性細菌のそれにきわめて類似し，葉緑体の光合成装置は藍色細菌のそれにそっくりである．

細胞内共生進化説の概要を図7・7に示す．まず，アーキアの祖先型細胞があり，そこに好気性細菌が侵入した．宿主の細胞は，侵入者からゲノムを守るため

に核膜を形成した．一方，侵入者は宿主と共生関係を保ちながら，しだいに核の機能に依存するように縮小進化していった．そして，ほとんどエネルギー代謝の機能だけを残す細胞小器官（ミトコンドリア）として働くようになり，動物型細胞が生まれた．さらに，のちに藍色細菌が侵入し，同様に細胞内共生進化して葉緑体となった．葉緑体を得たものは光合成機能を高度に進化させ，植物となった．とはいえ，前述したよう

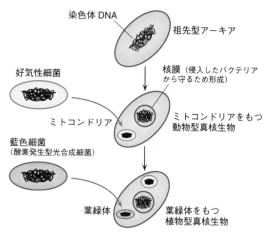

図7・7　細胞内共生進化（ミトコンドリアおよび葉緑体の誕生）の概要

表7・3　バクテリア，アーキアおよびユーカリアドメインの性状の比較　＋；全部あるいはほとんどが陽性/存在する，－；全部あるいはほとんどが陰性/存在しない，v；一部の菌種が陽性．

性　　　状	バクテリア	アーキア	ユーカリア
原核細胞	＋	＋	－
ムラミン酸（細胞壁）	＋	＋	－
膜脂質	エステル型	エーテル型	エステル型
核　膜	－	－	＋
ヒストン/クロマチン構造	－	＋	＋
リボソーム	70S	70S	80S
伸長因子のジフテリア毒素感受性	－	＋	＋
開始 tRNA	ホルミルメチオニン	メチオニン	メチオニン
クロラムフェニコール感受性	＋	－	－
超好熱性	v	v	－
酸素発生型光合成	v	v	v
ユビキノン型呼吸鎖	v	－	＋
メタン生成	－	v	－
化学独立栄養性	v	v	－
硝化（第8章参照）	v	v	－
窒素固定（第8章参照）	v	v	－

---

*9　**細胞内共生進化**：細胞内共生進化をイメージできるような現象は現在でも観察できる．たとえば，鞭毛虫の一種 *Hatena arenicola* は細胞内に藻類共生体をもつが，不思議なことに細胞分裂をすると共生体をもつ細胞ともたない細胞に分かれてしまう．しかし，無色になった細胞は新たに藻類を取込み，取込まれた共生体は葉緑体のように働く．

に，ゲノム上，原核生物と真核生物の中間の現生アーキアも存在するので，共生進化をする前の祖先型アーキア細胞の段階で，すでに真核細胞の原型がつくられていたかもしれない．

図7・7の真核生物の成立過程からわかるように，すべての真核生物種は細菌とアーキアの**キメラ**（別々の発生系統が融合した生物体）であると考えることができる．最初の真核生物が生まれたのは約18億年前とされている．しかし，多細胞生物として真核生物が生まれるのはずっと後で，はっきりとした化石の証拠としては，約6億年前のエディアカラ生物群の登場まで待たなければならない．

7・5・1　多細胞生物の進化と多様化

　先カンブリア時代に起こった酸素呼吸による効率的なエネルギー生産システムの発明，およびその仕事を専業的に担うミトコンドリアの獲得によって，真核生物はしだいに多細胞化・大型化していくことが可能になった．生物体を大型化させていくには，多細胞化し，細胞・組織ごとに機能を分化した方が効率的である．そして，細胞機能を分化させた生物はもはや単細胞では生きていけなくなる．

太古の地球においては，生物の大量絶滅をもたらすような劇的な気候と環境の変化があったことがわかっている．たとえば，約7億年前は，地球全体が赤道付近も含め完全に氷床に覆われるような，全地球凍結とよばれる事件が起こった．しかし，一部の生物はこのような危機を乗り越え，基本的な生命の設計図を後世に伝えた．そして，新しく多細胞生物の出現につながった．全地球凍結事件後である約6億年前に，**エディアカラ生物群**とよばれる最古の多細胞生物群が繁栄をしたことが，化石の証拠として残されている．扁平な形をもつ，外骨格もない柔らかい体の生物ばかりであるが，動物なのか植物なのかもわかっていない．しかし，カンブリア紀を前にして突然姿を消してしまった．

　顕生代におけるおもな生物の登場時期と大量絶滅の時期を図7・8に示す．約5.4億年前から始まるカンブリア紀の地層からは，各種サンゴや貝類，腕足類，三葉虫などの動物の化石が得られており，この時代に高度に分化した多細胞動物が多数現れたことがわかっている．現生の脊椎動物の祖先にあたる**脊索動物**（現生生物ではナメクジウオが最も近い）もこの時代に誕生している．この多細胞生物の出現は，**カンブリア爆発**といわれており，現存する動物の門を区分けするボディプラン（生物の体制，第4章参照）が出そろった時代であるとされる．顕生代では少なくとも5回の生物の大量絶滅をもたらした地球環境変動の事件があったが，

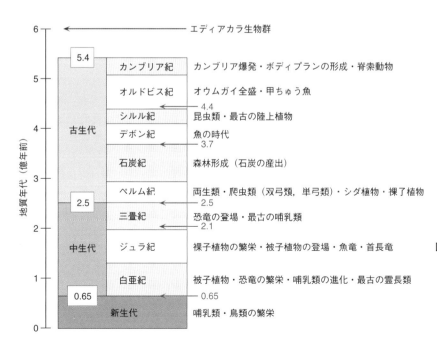

図7・8　**多細胞生物が登場した約6億年前から現在までにおけるおもな生物群の登場時期**　赤い矢印と数字は生物の大量絶滅が起こった時期（億年前）を示す．

それに続く生態系の回復の時期に，空っぽになった生態的地位（§8・2・4参照）を埋めるべく，さまざまな生物群において**適応放散**[*10]が起こったと考えられる．たとえば，ペルム紀末（2.5億年前）に起こった90％以上にものぼる生物種の大量絶滅は，その後の三畳紀における恐竜の進化につながる基盤になったと考えられる．また，隕石の衝突が原因である6550万年前の恐竜の絶滅の後は，その危機を生き延びた哺乳類が繁栄するようになった．

7・5・2　哺乳類からヒトへ

　哺乳類は，乳で子を育てる，体温を一定に保つ，役目の違う複雑な歯をもつ，大人になると成長が止まる，などの特徴をもつ生物である．現在，**ヒト**（**ホモ・サピエンス** Homo sapiens）を含めて5400種あまりが知られている．哺乳類が地球上に現れたのは約2億年前のことで，恐竜が栄えていた時代である．この頃の哺乳類はネズミ程度の小さな生物で，恐竜の捕食から逃れて細々と暮らしていたと考えられる．やがて恐竜時代が終結した白亜紀末期（6550万年前）以降から，哺乳類は環境にうまく順応し，しだいに多様化，大型化していった．

　霊長類は，大型肉食動物からの捕食を逃れて，樹上生活に移った哺乳類である．そのため，他の哺乳類と

脊索動物の登場（約5億年前）

↓

哺乳類の登場（約2億年前）

↓

霊長類の登場（6500万年前）

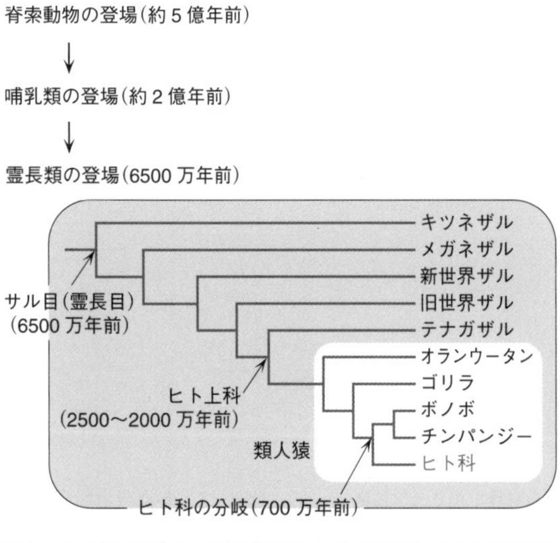

図7・9　脊索動物から霊長類誕生までの道筋とサル目の系統

は違い，ものをつかむのに適応した四肢をもつ．分類学的には**サル目**（**霊長目**）といい，キツネザル類，オナガザル類，類人猿，ヒトなどによって構成される（図7・9）．現在，約220種が知られている．最古の霊長類は白亜紀末期に現れた．また，**ヒト上科**は2500万〜2000万年前に分岐し，さらに**ヒト科**の祖先は約700万年前に現れた．

　図7・10に示すように，ヒト科としては，サヘラントロプス・チャデンシスやラミダス原人（アルディピテクス・ラミダス）をも含めて，アルディピテクス属に関連する種が最初に現れ，その後アウストラロピテクス属が別属として分化した．さらに，**ヒト属**（**ホモ属**）は，250〜200万年前にアフリカでアウストラロピテクス属から別属として分化し，森林からサバンナへと進出した．それから適応拡散によってさまざまな種が出現し，そのなかにはアジアに生息したホモ・エレクトゥス（北京原人として知られる）や，ヨーロッパに生息したホモ・ネアンデルターレンシス（ネアンデルタール人）が含まれる．ネアンデルタール人は最も現生人類に近いとされている．

　現生人類であるホモ・サピエンスの祖先は，46万年前にネアンデルタール人との共通祖先から分岐した．サピエンスが生息域を広げる頃には，デニソワ人やネアンデルタール人など異なる種もいて，同時期を一緒に生息していたと考えられている．アフリカのネグロイドを除く現生人類の核遺伝子には，ネアンデルタール人特有の遺伝子が数％混入していることがわかっている．これは，アフリカで誕生した現生人類の直系祖先が他の大陸に進出した際，ネアンデルタール人と接触し，混血したということで説明されている．

　現在，生存しているヒト属の種はホモ・サピエンス1種のみである．ヒトと最も類縁の現生生物はチンパンジーであり，ゲノムDNAの塩基配列で98.4％の相同性がある．

7・5・3　生物の分類

　現在，地球上には三千万種以上の生物が生息していると推定されているが，正確な数字はわからない．そもそも"種とは何か"という問いは，生物学における難問の一つである．E.W. Mayr の生物学的種概念とい

[*10]　**適応放散**：同じ種でも異なる環境に適応することによって，異なる形態的・生理的特性を獲得し，系統的に分化していくこと．生物の進化にみられる現象の一つで，多様な種が生まれるメカニズムとして知られる．特に環境変動などで生態系のニッチが攪乱されると，適応拡散が起こりやすくなる．

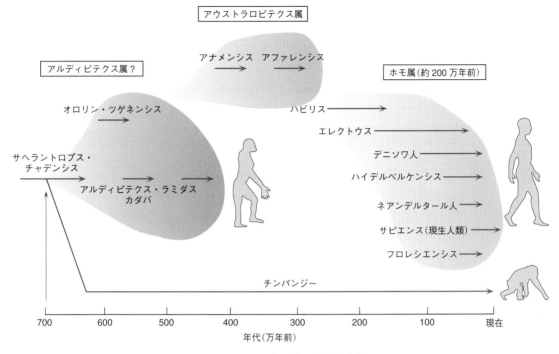

図7・10 ヒト科の生物の系統と進化

われるものでは，1) 他の個体群と不連続で特徴的な形質をもつこと，2) 同じ場所に生息する他の個体群と競争を少なくするような生態的特性をもつこと，3) 他の個体群と交配しない生殖的隔離機構があること，が種として定義されている．一方，形態などの**表現形質**に乏しく，かつ有性生殖をしない原核生物においては，種の概念は確立されていない．原核生物では，全ゲノムにおける**平均塩基相同性**が95〜96％以上の菌株の集団を遺伝的な同一種としている．

　生物の種は，C.von Linné の二名式命名法によって，属名＋種小名の**学名**で表す規則になっている．学名はラテン語表記であり，かつイタリック体で表される．たとえば，ヒトの学名 *Homo sapiens* の属名は *Homo*，種名は *sapiens* であり，"知恵のある人"の意味である．生物およびウイルスの分類体系は学名に基づいた**階層分類**[*11] で成り立っており，原核生物，植物，動物，およびウイルスごとにおのおのの国際命名規約がある．学名は生物を表す世界共通の名前であり，その生物の性質に関する情報の共有化という点で重要であ

る．

　生物の分類群は，歴史的に形態的特徴に基づいて定義されてきたために，分子系統マーカーに基づく系統関係と一致せず，混乱してきた．たとえば，1969 年にR.H. Whittaker が提唱した**五界説**では，生物はモネラ界（Monera），原生生物界（Protista），菌類界（Fungi），植物界（Plantae），および動物界（Animalia）に分けられた．五界説は，われわれが直感的に認識できる生物の形態的，生態的特徴をよく表していたため，長い間教科書に踏襲されてきた．しかし，原生生物界は動物や植物よりもはるかに大きい多系統の生物群であることなど（図7・2参照），分子系統とは一致しない点が多い．また，そもそも生物を3超界に分けることは，従来の生物学の分類法をもとから変更させるものである．現在は，主として分子系統学的データに基づいて，高次分類群の体系化が行われている．

7・5・4 生物の多様化の原動力

　生物が多様化する根本はゲノムの変化（変異）であ

[*11]　**階層分類**：生物を界(kingdom)→門(phylum)→綱(class)→目(order)→科(family)→属(genus)→種(species) と階層的に分類する方法．たとえば，ヒトはユーカリアドメインに含まれ，動物界・脊索動物門・脊椎動物亜門・哺乳綱・サル目（霊長目）・真猿亜目・狭鼻下目・ヒト上科・ヒト科・ヒト属・サピエンス種として分類されている．

る．その変異の要因としては，変異原の影響などの外的要因と DNA 複製の誤りなどによる内的要因がある（§3・5・1参照）．このような変異は，どのような種類の遺伝子であるかにかかわらず，環境に対して有利でも不利でもなく，中立的に起こる．これを**分子進化の中立説**という．タンパク質をコードするさまざまな遺伝子について，同義置換の部分で比較すると，遺伝子の種類にかかわらず同じ速度で変化していることがわかる．つまり，時間軸に対して一定の速度で，中立的に変異が起こっている．

このような変化の結果として現れる突然変異の多くは，生存に対して不利な結果を生じるため，自然に淘汰されていく．しかし，突然変異によって影響を受けるタンパク質の働きの許容度はその種類で大きく異なるため，生き残る範囲も異なる．結果として，タンパク質の進化の幅や速度は，見かけ上は種類により異なる．

突然変異が起こると，しばしば新しい形質が生物集団内で固定化され，**種分化**が起こる．C. Darwin は，生物は環境に適応した形質を獲得したものだけが生き残り，その結果，多様な種が生じるとする説明をした．この説は**自然選択（自然淘汰）**とよばれる．生物がもつ性質は，同種であっても個体間に違いがあるため，生存に有利な形質をもつ子孫が残りやすくなり，それが集団内で保存され，蓄積されることによって進化が起こる．

もう一つの進化の原動力は中立説に基づく**遺伝的浮動**とよばれるものである．これは，環境や集団内での選択圧（すなわち自然選択）とは関係なく，ある集団が世代を重ねるごとに**遺伝子頻度**[*12] が変わり，**対立遺伝子**[*12] の一方が固定化されたり，または脱落することによって，形質が変わることである．すなわち，偶然性に左右される遺伝子プールの変化を意味する．特に集団が小さい場合や集団が隔離された場合などには，遺伝子頻度の変化はそのまま子孫に伝わるために遺伝的浮動が起こりやすい．

種を越えた遺伝子の水平伝播も進化の原動力となり，生物機能の多様化と生態系の形成に大きな影響を与える．特に原核生物では進化の過程で頻繁に起こり，ドメイン間で起こった証拠も示されている．生態系ではウイルスが媒介する遺伝子伝播が多く観察されている．多細胞生物の場合は，遺伝子の水平伝播が起こったとしても，生殖細胞に反映されないかぎり子孫に伝わらないので，ゲノムの変化が固定される機会は少ないかもしれない．しかし，ヒトやマウスなどのゲノムにおいて 40％以上の領域がトランスポゾン（大部分はレトロポゾン）で占められている事実は，トランスポゾンが種分化において重要な役割を担っていることを示唆している．

現在の三千万種といわれる生物の多様化に至る進化の過程においては，何度かの環境変動に伴う生物の大量絶滅の事件があった．絶滅後の生態系の回復時には，常に新しい生物群が登場している．ゲノムの変異という分子レベルでの要因，それが生物集団内に固定化される条件，および生物進化をリセットする環境の大変動などの要因が組合わさり，劇的な生物の進化が起こってきたと考えられる（図7・11）．

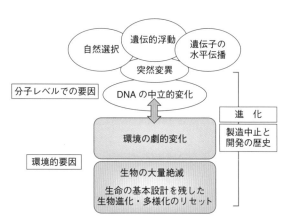

図7・11　生物進化の要因　分子レベルの要因と環境要因が組合わさって進化が起こる．生物の大量絶滅を起こすような環境変動は，群集構造の単純化と個体数の大幅な減少をもたらし，それが回復する過程で劇的な進化が起こる．

---

*12　遺伝子頻度と対立遺伝子: 互いに繁殖可能な個体からなる生物集団（これをメンデル集団という）がもつ遺伝子の総体を遺伝子プールといい，遺伝子プール内に存在するある対立遺伝子の割合のことを遺伝子頻度という．対立遺伝子とは，同一の遺伝子座（遺伝子の位置）に属しながら DNA 塩基配列に差の生じた相同的な遺伝子群をいう．

8 生物圏と生物多様性

　地球上で生物が生息できる領域は生物圏（バイオスフィア）とよばれ、それは40億年にもわたる生命と地球の共進化のなかでつくられてきた。そこでは、太陽からのエネルギーを利用しながら（太陽を食べながら）、また一部は地球内部からのエネルギーに頼りながら（地球を食べながら）、多種多様な生物が生活し、複雑な相互関係のネットワークを形成している。そのネットワークは網目構造のように、複雑であればあるほど強固で安定し、物質の流れのなかで平衡状態を保っている。しかし、その網目構造は、人間圏とよばれる人間独自の活動領域の拡大によって、単純化の方向に向かい、揺らぎ始めている。

8・1 地球と生物圏
——生物圏は極限環境微生物が決める

8・1・1 生物圏とは

　地球の表面には物理的に区分できるいくつかの領域が存在する。地球科学的にはそれらは**大気圏，水圏，岩石圏**（あるいは**地圏**）に大別される。岩石圏とは別に**土壌圏**をおく場合もある。一方、**生物圏（バイオスフィア）** は、生物が生息する領域の全体およびそこに含まれる生物・非生物の構成要素の相互作用の全体をさし、大気圏、水圏、岩石圏に広くまたがって存在している。狭義の意味では、その空間に含まれる量的・質的な生物群集のみをさすこともある。類似の言葉として**生態系**があるが、これは生物どうしおよび生物と非生物の相互作用で成り立っている、ある一定の環境の系を表す。たとえば、生態系が存在するおのおのの**環境**をさして、海洋生態系、土壌生態系、森林生態系といったよび方をする。したがって、生物圏とは、地球上に広がるさまざまな生態系の総体とそれが占める範囲と言い換えることもできる。また、生物圏全体を生態系として捉えるときには、**地球生態系**ということもある。

　それでは、具体的に生物圏の物理化学的範囲はどの程度であろうか。地球表面におけるその厚さは20 km程度ともいわれているが、正確に数字で表すことは難しい。動植物の水平分布については、極地から赤道地域まで広く生息が認められている。垂直分布について

は、高度10 km以上を飛ぶ鳥もみられるし、海洋では8000 mを越える深さでみられる深海魚もいる。しかし、実際には、われわれの目で直接見ることのできない微生物が多数存在していることを忘れてはならない。微生物の存在範囲は動植物に比べて圧倒的に広く、大気の上層から、深海、地中まで広がっている。特に、地中には大量の原核生物が生息する**地下生物圏**（§8・1・3参照）とよばれる領域がある。

　一般の動植物が生活できないような高温、低温、強酸性、アルカリ性、高圧、乾燥、真空などの厳しい物理化学的条件にある環境を極限環境という。また、極限環境に生息する生物を**極限環境生物**とよぶ。真核生物のなかにも**クマムシ**[*1]のように極限環境に耐えて生存できるものもいるが、極限環境生物の大部分は原核生物である（表8・1）。さまざまな極限環境生物の発

表8・1　極限環境と生息生物

極限環境	限界点	生息可能な生物	ドメイン（超界）
高　温	122 ℃	超好熱菌	アーキア
低　温	−20 ℃	好冷菌	バクテリア
酸　性	pH 0	高度好酸菌	アーキア
		紅藻イデユコゴメ	ユーカリア
アルカリ性	pH 12.5	好アルカリ菌	バクテリア
塩　分	飽和濃度(5.5 M)	高度好塩菌	アーキア
放射線	9000 グレイ	放射線抵抗菌	バクテリア
圧　力	>1000 気圧	高度好圧菌	バクテリア
真　空	宇宙空間	放射線抵抗菌	バクテリア

---

*1　**クマムシ**: 体長0.05〜1.7 mm程度の微小動物で、4対8脚のずんぐりとした脚でゆっくり歩く姿から緩歩動物とよばれている。海洋、陸水、温泉、陸上のありとあらゆる環境に生息し、おもに堆積物中の有機物に富む液体を食物として生活している。乾燥などの厳しい環境条件下ではクリプトビオシスとよばれる活動停止状態になって生き延びる。環境に対して非常に強い耐久性をもち、宇宙線に対しても強い抵抗性がある。

見や宇宙生物学の発展により，生物圏は従来から考えられていたものよりも大きい領域として認識されるようになっている．言い換えれば，生物圏の領域の限界は極限環境微生物の生息範囲で決まる．

8・1・2　生物圏の成り立ちと性質

地球の表層領域の環境と生物圏の広がりは，40億年にもわたる生命と地球の共進化と切り離して語ることはできない（第7章参照）．約24億年前から，藍色細菌の光合成活動によって酸素が大気中に急激に蓄積され始め，しだいに現在の大気成分構成へと変化を遂げてきた．それとともに地球を取囲むオゾン層が形成された．酸素濃度の上昇とオゾン層の形成による紫外線の遮断は，生物の多細胞化・大型化と陸上への進出を可能にした要因である．生物が陸上に進出し，植物が発生するようになって，光合成を起点とする食物連鎖が形成されるようになった．生物遺体の分解物は土壌中の微生物の活動に影響を与え，肥沃な**土壌**（第10章参照）が形成されるようになった．そして現在につながるさまざまな生態系の形成に至っている．

生物圏とその構成要素である生態系を成立させている基本的要因は，太陽エネルギーである（図8・1）．太陽からの光エネルギーは常時地球上に降り注ぎ，生態系の食物連鎖に利用され，熱という形で失われる．このような自然のエネルギーの移動を**エネルギー流**という．また，生物圏では，気候，大気・海水の対流，水の循環などの非生物的な要因とともに，光合成，化学合成，食物連鎖，生物変換などの生物学的要因が複雑に絡み合って，物質の循環が起こっている．このような生物が関与する地球規模での物質循環は**生物地球化学的循環**とよばれ，無機物を主体とする非生物学的循環に比べると，速くて複雑である．そして，生物地球化学的循環は常に平衡状態にあり，**動的平衡**（§5・1・1参照）であるとも考えることができる．生物内のあらゆる元素は，この循環の一部である．生物体を構成する炭素，水素，酸素，窒素といった主要元素は，生物体内に一時期滞留するが（§8・3・1参照），生物の排泄や寿命とともに速やかに自然界へ戻される．それらの物質は，隕石によって宇宙から補給されることは

あるとしても，基本的に開放系として出入れがあるわけではなく，地球生態系という閉鎖系のなかで常に再利用されている（すなわち循環している）．

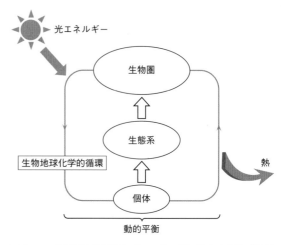

図8・1　生物圏の性質としてのエネルギー流と生物地球化学的循環　エネルギー流は太陽エネルギーを起点とする開放系の流れである．生物地球化学的循環は常に平衡状態である．

8・1・3　生物群と生物量

生物圏に含まれる生物群の型を**生物相**という．生物相は**動物相**（ファウナ），**植物相**（フローラ），および**微生物相**（ミクロビオータ）に分けられる．水圏と陸上では異なる生物相が形成されている．陸上の場合，気温と降水量が生物相に与える影響が大きく，緯度によって切り分けられる生物相の変化が顕著にみられる．すなわち，北極圏は地衣類・コケ類や低草木からなるツンドラが広がり，緯度が下がるにつれて針葉樹林，落葉広葉樹林，常緑広葉樹林と変化し，赤道付近では熱帯雨林のジャングルが発達している．降水量の少ない地域には温帯草原であるステップ，熱帯草原のサバンナが形成されている．極端に降水量が少ない地域は砂漠化し，**C4植物**[*2]や**CAM植物**[*2]が散在して生えている程度である．これらの**植生**に応じて動物相も変化するが，種類や個体数は北極圏から赤道に向かうにつれて顕著に増加する．

生物圏またはそれを構成するおのおのの生態系に存在する生物の量を，**生物量**あるいは**バイオマス**という．

---

*2　**C4植物とCAM植物**：一般の植物のCO_2の固定経路であるカルビン回路（§2・6・3参照）のほかに，CO_2濃縮のためのC4経路をもつ植物をいう．砂漠などの多肉植物や水分ストレスの大きな環境に生息する着生植物が含まれる．C4植物とCAM植物の異なる点として，前者がCO_2の取込みおよび還元をそれぞれ葉肉細胞と維管束鞘細胞とに場所を分けて行っているのに対し，後者は夜（CO_2の取込み）と昼（CO_2の還元）で時間的に分けて行っていることがあげられる．

転じて，生物由来の資源をバイオマスとよぶこともある．通常，生物量は乾燥重量や炭素量で表される．最も多い生物量をもつのは陸上の植物である．しかし，**地下生物圏**が発見され植物に匹敵する原核生物の生物量が存在することがわかっている（図8・2）．生物圏における生物地球化学的循環の触媒活性は，大部分を原核生物が担っている．実際には，自然界の原核生物の99%以上は分離・培養できないといわれており，多数の未知の原核生物によって地球生態が支えられていることを認識しておくべきである．

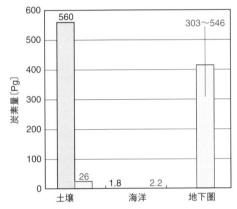

図8・2　地上の植物と地下の原核生物の生物量の比較（Whitmans, 1998）　グレーが植物，ピンクが原核生物．動物のバイオマスはグラフとして示せないほど小さい．

8・2　生態系の構造と働き
——太陽を食べる，地球を食べる

8・2・1　一次生産と食物連鎖

　前述したように，生態系を成り立たせている第一の要因は太陽からの光エネルギーである．光エネルギーは光合成の作用によって有機物という化学エネルギーに変換され，保存されなかったエネルギーは熱として放出される．**食物連鎖**は，このような太陽エネルギーを出発点とする生物間の食物を通じたエネルギー流の方向性を表す概念である（図8・3）．すなわち，**光独立栄養生物**によって生産された有機物が**化学栄養生物**（§7・2・2参照）により消費され，さらに化学栄養生物間の捕食（食べる）・被食（食べられる）を通して利用されていく連続的なエネルギーの流れを表す．また，有機物分解によって生じた二酸化炭素と水がさらに光合成生物によって利用される循環も食物連鎖に含む．

　食物連鎖は，以下に述べるように生産者，それに続くいくつかの段階の消費者，そして分解者という三つで構成される．

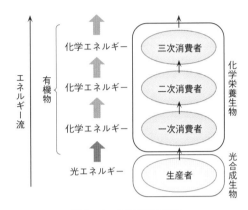

図8・3　食物連鎖の概念

　生産者：一般に太陽からの光エネルギーを利用して，水と二酸化炭素から有機物をつくる**光独立栄養生物**，すなわち酸素発生型の光合成生物（植物，藻類，藍色細菌など）をいう．このような食物連鎖の起点となる有機物の生産を**一次生産**といい，従属栄養生物のエネルギー供給源となる．このほか，地球内部から放出される無機物をエネルギー源，二酸化炭素を炭素源として有機物をつくる化学合成の生産者，すなわち**化学独立栄養生物**も存在する．このような化学独立栄養生物（すべて原核生物）の多くは，深海の熱水噴出孔周辺や地下生物圏とよばれる太陽光が届かない場所で活動しており，地上の植物に匹敵するバイオマス量を誇る（§7・2・2，§8・1・3参照）．いわば，"太陽を食べる"表層の一次生産と，"地球を食べる"深海・地下の一次生産が存在する．また，熱水噴出孔周辺には電流が発生していることがわかっており，ここから直接得られる電子と二酸化炭素を利用して有機物をつくるような電気合成生態系の存在も考えられている．

　消費者：生産者を食べる生物を消費者という．植物や植物プランクトンを餌にする草食動物が第一次消費者，草食動物を食べる肉食動物が第二次消費者であり，以後第三次，第四次…となる．

　分解者：生物の排泄物や死骸は，ある種の動物に食べられたり，微生物の働きによって分解されていく．この作用によって，生物を構成していた有機物は二酸化炭素と水にまで分解され，再び生産者に利用される．分解者の中心は微生物である．

食物連鎖は，生きた植物から始まって草食動物，肉食動物へと連なる**生食連鎖**と，生物遺体から始まる，あるいは排泄物の分解過程からなる**腐食連鎖**の二つの基本型がある．また，食物連鎖を具体的な事象として考える場合には，ある生態系に存在する捕食と被食を通じた特定生物間の関係を示すことがある．たとえば，陸上の生態系では，草→バッタ→ネズミ→イタチ→タカといった食を通じた生物間のつながりがある．このような関係は，おのおのの生物が一定領域内に生息することで始めて成り立つことから，食物連鎖は生物相を決定する基本的要因となる．

実際の消費者間の捕食・被食の関係は複雑であり，第三次消費者が第一次消費者を捕食することも起こりうるし，雑食性の動物もいるので，一方向性のみで形成される食物連鎖はきわめて少ない．このような捕食・被食の入り乱れた複雑な網目状の関係を称して，**食物網**という．構成要素としての生産者・消費者・分解者の関係とエネルギー流の概念は，食物網でも同じである．

8・2・2 物質循環

生態系内の物質は，食物連鎖を通じた生物体の環境と非生物的な環境を複雑に行き来し，全体として大きな循環をなしている（§8・1・2参照）．生態学的に重要になるのは，生物のエネルギー源や栄養源となる物質の主要元素の流れである．特に，気体の化学種に含

の種類の物質循環として，**炭素循環，窒素循環，硫黄循環**がある．

炭素の循環に注目すると，まず植物の光合成によって炭素固定が起こり，有機物が生産される（図8・4）．一次生産された有機物は，消費者（動物）のエネルギー源および炭素源として食物連鎖のなかを移動し，消費者の排泄物や死骸を通じて分解者（微生物）へ流れる．有機物は，消費者および分解者の呼吸により二酸化炭素と水に無機化され，大気中に排出された二酸化炭素は再び光合成に利用される．すなわち，生物がかかわる炭素循環は完全な**カーボンニュートラル**である（§15・3・4参照）．

窒素は生物体を構成するタンパク質や核酸の材料として必須の元素である．自然界の窒素循環の概略は図8・5のように表される．まず，大気中に多量に存在する分子状窒素が重要な窒素供給源である．ほとんどの生物は気体窒素を利用できないが，一部の原核生物は**窒素固定**の作用を通じてアンモニアに変換することができる．窒素固定能をもつ**根粒菌**[*3]は植物と共生し，アンモニア態窒素を植物に与えている．また，雷の放電や紫外線などにより，分子状窒素から窒素酸化物が生成され，これらが雨水に溶けることで土壌に固定される．アンモニアは微生物や植物によってアミノ酸に変換され，さらにそれらをもとにタンパク質へと同化される．植物によってつくられた有機窒素化合物は，

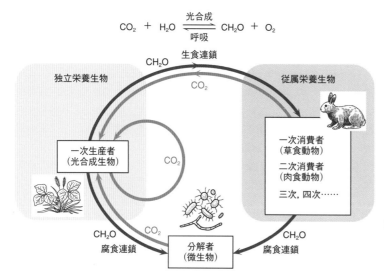

$$CO_2 + H_2O \underset{呼吸}{\overset{光合成}{\rightleftharpoons}} CH_2O + O_2$$

図8・4 食物連鎖と炭素循環　光合成生物による CO_2 の固定（有機物生産）と化学従属栄養生物の呼吸による CO_2 排出（有機物分解）は平衡状態にある

[*3]　**根粒菌**: 好気性従属栄養細菌の一種で，マメ科植物の根の細胞内に侵入し，**根粒**とよばれるコブを形成する．その中で大気中の窒素の固定を行い，アンモニア態窒素に変換し，宿主へ供給する．根粒内には宿主からエネルギー源として炭水化物が供給される．このように，窒素固定を通じた根粒菌と宿主との共生関係が成立している．

食物連鎖を通じて動物の体内に入る．動物は窒素同化能が低いため，アンモニアや尿素などの窒素化合物を排泄物として体外へ出す．また，動植物の遺骸の分解過程でも，有機窒素化合物はアンモニアにまで変換される．このようにして窒素をめぐる同化の循環が形成されている．

一方，同化されないアンモニアは，異化的に酸化され，亜硝酸に変換される．さらに亜硝酸は硝酸に酸化される．このようなアンモニアから硝酸へ至る酸化プロセス（$NH_3 \rightarrow NO_2^- \rightarrow NO_3^-$）は**硝化**とよばれる．硝化はアンモニアおよび亜硝酸をエネルギー源とする好気性の独立栄養細菌（それぞれアンモニア酸化細菌，亜硝酸酸化細菌）によって媒介されているが，従属栄養細菌やアーキアによるアンモニア酸化も知られている．環境中で生成された硝酸は，植物や微生物が行う**同化的硝酸還元**によって有機窒素化合物の合成に向かうか，**脱窒**とよばれる**異化的硝酸還元**プロセスを経て，$NO_3^- \rightarrow NO_2^- \rightarrow NO \rightarrow N_2O \rightarrow N_2$ の順に窒素ガスまで還元され，大気中に戻る．

大気圏および土壌圏の物質循環については，それぞれ第11章および第10章で述べる．

8・2・3　生態ピラミッド

食物連鎖の最初の消費者から上位の消費者に至るおのおのの捕食・被食の関係は，**栄養段階**とよばれる．ある生態系の食物連鎖にかかわる生物量を調べると，一般に高い栄養段階にあるものほどその量が少なくなる．すなわち，この連鎖の各栄養段階の生物量を横棒グラフで積み上げて表示すると，上にいくほど小さくなり，ピラミッド型になる（図8・6）．これを**生態ピラミッド**という．

一般に上の栄養段階の生物が，その下の栄養段階の生物を捕食すると，取込まれた有機物の大部分が呼吸の基質として消費され，その残りが体をつくる材料となる．特に，恒温動物は体温を維持するために多くのエネルギーを必要とする．すなわち，前の栄養段階にある有機物量は，次の段階で大部分が保存（同化）されず，呼吸の作用（異化）で CO_2 として，一部は排泄物として抜けてしまう．結果として，栄養段階が上がるにつれて，捕食者が食える量は格段に少なくなり，生物量も減る．

一次生産において生産された有機物の全量（または，ある栄養段階において捕食された有機物の全量）を**総生産量**（P_g）とよび，総生産量から呼吸で抜ける分（R）を差引いたものを**純生産量**（P_n）という．また，純生産量を総生産量で割ったものを**生産効率**という．生産効率は生物群によって大きく異なり，森林において25%程度，高次消費者では1〜3%であるといわれている．さらに，ある栄養段階の純生産量を一つ前の段階の純生産量で割ったものを**栄養効率**というが，水圏生態系においては2〜24%（平均10%）といわれている．このような各栄養段階のエネルギーのロスが発生するた

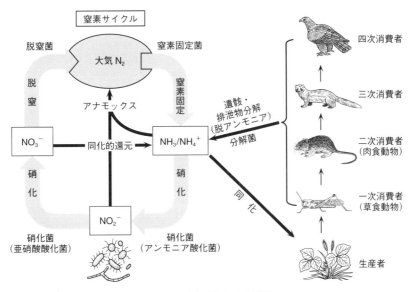

図8・5　食物連鎖と窒素循環

図8・6 生態ピラミッドの概要

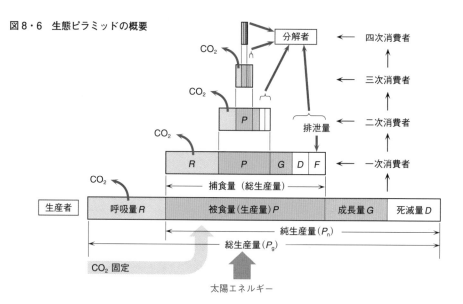

め，生物量を維持できる栄養段階としては四〜五次消費者までが限度とされている．

　生物は大型化するほど物理的に捕食行動に有利になるため，栄養段階が上がるにつれ，生物の体は大きくなるのが通例である．しかし，上位消費者の生活は，常に前の段階の生物量に依存しているので，その生物量（餌の量）以内でしか増えられない．したがって，上位消費者の**個体の大型化**[4]にも限界がある．上位消費者の個体数はもともと少ないので，捕食できる生物量の多少の減少であれ，それが個体数の大きな減少に結びつく．すなわち，下位消費者に比べて絶滅しやすい．

8・2・4　群集構造と生態的地位

　ある生態系や同一地域に生息するさまざまな生物種の集団を，**群集**といい，**生物共同体**ともよばれる．また，生物の種構成および複数種の組合わせの示す規則性や働きをも含めて，**群集構造**という．さらに，生物共同体を独自のゲノムをもつ個々の生物の集合体としてみなすときは，**生物群ゲノム**とよばれることがある．

　生物が生態系内で生きていく場合，それぞれの種に好都合で不可欠な環境がある．おのおのの種が，この環境をめぐる異種間との生存競争の末，生態系内で得た地位を**生態的地位（ニッチ）**という．具体的には，特有の生息空間や生物資源の利用形態（すなわち食物

連鎖上の位置）などをさす．ニッチを獲得することは，生態系内で安定して生存していくための必須条件である．また，ニッチが埋まれば群集構造が決まる．

　一般に，複雑な群集構造をもつ生態系は安定して存在する．その理由として，複雑な生態系はそれだけニッチをもった多くの種で構成され，強い相互関係が確立しているためである．安定な生態系は，いわば多数のニッチと複雑な相互関係からなる強固な網目構造として考えることができる（図8・7）．そのような生態系に外来の生物が侵入したとしても，新たなニッチ獲得の余裕が残されていないため，すぐに排除されてしま

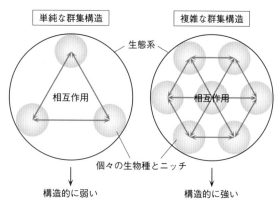

図8・7　生態学的地位と群集構造の安定性との関係

---

*4　現存する陸上での大型生物の一つはゾウである．古代ではアパトサウルスやブラキオサウルスに代表される竜脚下目の大型恐竜がいた．これらの超大型動物はいずれも草食性である．すなわち，食物連鎖のごく低い栄養段階に位置する．生態ピラミッドでもわかるとおり，食物連鎖の低い段階にいればこそ，巨大な体を維持するだけの大量のエサを確保することが可能になる．

うのがふつうである.

　環境の大変動や人為的要因などで生態系が撹乱された場合には，ニッチが混乱するため，さまざまな種が侵入する．その結果，新たなニッチを獲得するための種間の競合が起こり，ニッチが安定するまでそれが続く．また，単純な群集構造のためにニッチが空いているか，あるいは食物網において捕食されることがない場合などは，しばしば侵入生物や**外来種**(§8・3・5参照)が定着することがある．大量の生物種の絶滅を伴うような環境の変動の場合は，ニッチがいわばリセットされた状態になるため，それに続く回復の時期に特定種の適応放散(§7・5・1参照)が起こりやすくなり，変動前とはまったく異なる群集構造になることがある．

8・2・5　群集の変動

　おのおのの種の群集は，食物連鎖やニッチの制限があり，また群集構造のなかでの強い相互関係があるために，無制限に増加することはない．このような群集の収容性の程度を**環境収容力**という．環境収容力は常に生物の繁殖力よりも小さい．したがって，環境に適応した形質をもったものが，より有利に世代を越えて受継がれていく．

　群集の増加を簡易化して取扱うために，その増加を連続するものと仮定した数学モデルがしばしば使われる．群集の個体数をN，増加率をrとすると，時間t当たりの個体数は以下の微分方程式で表される．

$$\mathrm{d}N/\mathrm{d}t = rN \qquad (8・1)$$

式8・1を解くと，以下のようになる．

$$N = N_0 e^{rt} \qquad (8・2)$$

式8・2で表される増加を**指数関数的増殖**という．式8・2では，増加は無制限になるが，実際には環境収容力があるため，増加は頭打ちになる．そこで，Nの増加とともにr自体が低下し，Nが環境収容力Kに接近するとrは0に近づくように，$r'=r(1-N/K)$ を仮定する．そうすると，式8・1から以下の式が得られる．

$$\mathrm{d}N/\mathrm{d}t = r(1-N/K)N \qquad (8・3)$$

式8・3に基づいてグラフを描くと，増殖は指数関数的に立上がり，その後，傾きが衰えてKで飽和するS字曲線(シグモイド曲線)になる(図8・8)．これを**ロジスティック増殖モデル**という．

　ロジスティック式[*5]は，生物学的には無理な仮定に基づいている．たとえば，多くの生物では，特定の時期にのみ増加(繁殖)し，個体数増加は段階的に起こる．また，親子では個体の大きさや生活の場が異なったりするので，式のように個体数の増加が瞬間的に増加率に影響を与えるようなことはない．とはいえ，本式は，さまざまな生物の個体群研究において，個体数変化の基本的モデルとして利用されている．

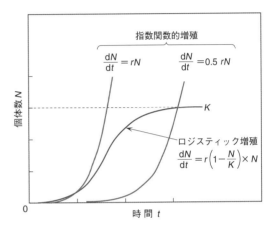

図8・8　ロジスティック増殖曲線

8・3　人間活動と生態系
——なぜ環境汚染は起こるか？

8・3・1　物質の濃縮と貯留

　おのおのの生態系ではその系に応じた食物連鎖があり，その連鎖を通じて，生物に蓄積しやすい**化学物質**(第12章参照)が上位捕食者に集中していく現象が起こる．特に水系において，ある栄養段階にある生物の体内に，特定物質が環境中の濃度よりも高く濃縮されることを**生物濃縮**という．生物体内に蓄積される有機物のほとんどは，水系からの供給が主要な取込み経路であると考えられている．一方，物質がその供給源とは関係なく，水，大気，土壌，食料などの経路を通じて生物体内に蓄積される場合には，**生物蓄積**という．さらに，食物連鎖の栄養段階を越えて上位捕食者にな

---

*5　ロジスティック式は，もともと人口増加を説明するモデルとして考えられたものである．繁殖期のないヒトの人口増加などにおいては，比較的本式に近似した増殖曲線が得られる．すなわち，産業革命以降急激に人口が増加し，21世紀に入ってからその増加傾向は鈍っており，ロジスティック式に沿う曲線がみられる(エピローグ参照)．また，二分裂によって指数関数的に増える微生物の増殖曲線も，シグモイド曲線に似た形をとる．

るほど濃縮が進み，濃度が高くなっていく場合には，特に**生物拡大**とよばれることがある．

表8・2に示すように，ある種の天然物は生物体内で代謝されないで，上位捕食者に蓄積されていく．魚類に多く含まれている**ドコサヘキサエン酸**（DHA）や，フグ毒，貝毒などは，いずれも微生物によって生合成された物質が食物連鎖過程で濃縮されたものである．このような天然物の生物濃縮は，生態学的に意味があることが多く，たとえば毒物の生物濃縮の場合は，外敵から身を守る作用がある．

表8・2　天然物の生物濃縮の例

濃縮される物質	起源・生産者	濃縮する生物
臭素・ヨウ素	海洋	藻類
ドコサヘキサエン酸	細菌	魚類一般
テトロドトキシン （フグ毒）	細菌	フグなど
貝毒	渦鞭毛藻	二枚貝

一方，生物濃縮が生物種に無差別に起こる例として，**人為起源化学物質**の体内濃縮がある．たとえば，濃縮される物質として，**ポリ塩化ビフェニル**（PCB，§12・2・1参照），農薬，重金属などがある．このように物質

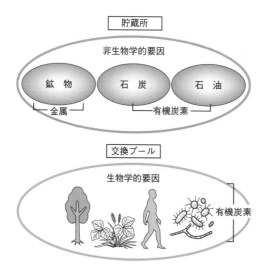

図8・9　非生物学的要因としての貯蔵所と生物学的要因としての交換プール

が生物濃縮される可能性は，その物質の親油性（§12・3・2参照）と代謝・生分解性の程度に関係している．生物の生活にそれほど必要でない元素や物質の濃縮は，生態学的にみて異常であり，生物の代謝に負荷をかけ，ときには体に悪影響を及ぼす．具体例として，公害として問題になった有機水銀による水俣病などがある（§12・2・5参照）．

化学物質は，定常的な生物圏の生物地球化学的循環から離れて，ときとして長い間同じ場所に保持されることもある．このような場所を**貯蔵所**という（図8・9）．たとえば，石油，石炭，天然ガス，鉱物などの鉱床は，有機炭素や金属を地質年代の規模で長い間貯蔵している．このように，化学物質が一つの場所に保持される期間を，**滞留時間**とよぶ．貯蔵所の滞留時間が，生態系の成立と安定化にかかる期間以上に長い場合には，貯蔵所から化学物質が生態系のなかに流入しても循環せず，非生物学的要因となる．石油，石炭由来の二酸化炭素がカーボンニュートラルにならないのはこの例である．

一方，化学物質が貯留する場合でも滞留時間が短い場合には，生物的要因になりうる．このような例として，動植物の体があげられる．それらは炭素を利用する過程で一時的に体内に貯留し，再び大気，水，土壌などの環境メディア中にそれを放出する．したがって，生物体は物質の**交換プール**の場として働いている．炭素が生物体内に留まっている期間は，油田や石炭鉱床などの貯蔵所と比較すると圧倒的に短い．

8・3・2　人間圏とは？

ヒトはしばしば万物の霊長といわれ，"人間"として他の生物や生態系とは別物の存在と考えられることがある．しかし，ヒトはまぎれもなく従属栄養生物であり，食物連鎖上の末端消費者としての位置にいる．ヒトの体をつくる元素は，他のすべての生物同様，生物地球化学循環に組込まれている．つまり，生物学的にはヒトを特別視する合理的な理由はない．

とはいえ，ヒトには他の生物にはない大きな特徴がある．その一つは道具を使うこと，そしてそのための材料・物質を集め，高度に精製・濃縮することである．道具の使用は**ヒト属**[*6]の出現とともに始まった．そし

---

*6　ヒト属の最初の種であるホモ・ハビリスは，約200万年前にアフリカ東部に出現したが，すでに石器を道具として使用していた．現生人類に最も近いとされるホモ・ネアンデルターレンシス（ネアンデルタール人）は約12万年前に出現し，石器の作製技術と利用形態を発達させ，また火を積極的に利用していた．ヒト属として唯一生き残ったホモ・サピエンスは初めて農耕文化を築き，農耕とともに道具を発達させた．

てヒト属の種として唯一生き残ったホモ・サピエンスは，高度な知能の発達とともに，道具文明社会を築くに至った．

　ヒトのもう一つの特徴は，農耕牧畜（農業）という形で独自に食料エネルギー生産を行うことである．ヒト属が登場した初期の頃の食料調達の手段は狩猟採集であり，生態系の食物連鎖の流れに沿った行動であった．しかし，農耕牧畜の開始後は，生態系とは離れて独自の一次生産を行うようになり，さらに産業革命以降は，貯蔵所からの有機炭素をエネルギー源として化学肥料（§10・2・3，§15・2・3参照）を生産し，使うようになった．これは，自然界のエネルギー流の速度や方向性を変えることである．結果として，ヒトは爆発的に人口を増やすことになった．

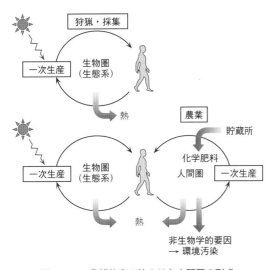

図 8・10　農耕牧畜の始まりと人間圏の形成

　このような人間の特性に根ざした活動は，生物圏のなかで特別な存在を意味する**人間圏**とよばれる領域を形成するに至っている（図8・10）．サル目は元来熱帯地域の生物であるが，ヒトは南極大陸を除いて，世界中のありとあらゆる地域に生活している．本来の自然生態系の食物連鎖に従った生き方では，人口の増加も生活領域の拡大もありえないが，貯蔵所から得たエネルギーを使い，物質を精製・濃縮して利用するという生産活動によって，初めてそれを可能にしている．

8・3・3　環境汚染の形態

　ヒト自身やその生活は本来，生物地球化学的循環の一つでありながら，人間圏の生産活動は，非生物学的要因を生み出すという矛盾を抱えている．非生物学的要因である貯蔵所の物質は，取出して人間活動に利用することはできても，生態系では循環しない（図8・10）．すなわち，環境に排出されると同時に環境問題となる．たとえ生物学的要因となりうる物質であっても，それが濃縮され，生態系の物質循環速度を越えて排出されると，環境汚染をひき起こす．人間圏では特に陸域と海域が隣接するところで生産活動が集中する．そこは食料・エネルギー資源・物質が集中する場であるとともに，**温室効果ガス**（§11・1，§14・2・3参照）の放出，有機物質・化学物質の排出，廃棄物の投棄の場となり，環境汚染の起点となる．

　環境問題の一つとして，水域の**富栄養化**がある．元来，富栄養化とは海・湖沼・河川などの水域が，貧栄養状態から富栄養状態へと移行する現象を意味するが，現在は下水・産業排水などの要因で起こる水系の**栄養塩**[*7]の濃度上昇を含めていう．富栄養化が進行した水域表面では，特定の藍色細菌や植物プランクトンが急激に増殖する．これらの光合成生物の異常増殖は，淡水域では**アオコ**，海水域では赤潮とよばれる現象としてみられる．異常増殖した光合成生物の死骸は微生物により酸化分解されるが，この過程で大量の溶存酸素が消費されるため，嫌気的環境と悪臭を生む原因となる．富栄養化は生態系における群集構造を変化させ，生物の多様性を減少させる方向に作用する．

　貯蔵所起源の非生物学的要因による汚染は長期化し，地球規模になりやすい．全地球的な汚染としては，石油・石炭起源である二酸化炭素の大気中への増加や，プラスチックごみ（第13章参照），PCB，殺虫剤BHCなどによる**海洋汚染**がある．海洋中にみられる汚染化学物質は，水圏へ流出した時点では低濃度であっても，食物連鎖によって生物濃縮され，生物拡大が起こる．その結果，食物連鎖の頂点にいるマグロやクジラなどには高濃度に蓄積される．

　環境汚染は，汚染される環境メディアの種類によって，**大気汚染**，**土壌汚染**，**水質汚染**などとよばれる．それぞれの汚染については，地球規模での環境問題を

---

*7　**栄養塩**：一般に，生物の生育に必要な無機塩のことで，栄養塩類ともいう．対象となる生物は，作物としての植物，動物としてのヒト，水生植物，および植物プランクトンである．水生植物や植物プランクトンにおいては，特に窒素源としての硝酸塩やリンが栄養塩として重要であり，しばしば異常増殖につながる．

も含めて，第9章から第13章にかけて詳述する．

8・3・4 人間圏と生物多様性

　人間の活動は生物多様性とも大きな関係がある．**生物多様性**とは，多種多様な**生物遺伝資源**[*8]と，それらの生息場所である生態系の総体をさしていう．2008年制定の**生物多様性基本法**は，さまざまな生態系が存在すること，ならびに生物の種間および種内にさまざまな差異が存在することを生物多様性と定義している．生命と地球との長い共進化の結果として現存する多種多様な生物は，地球環境と生態系の維持にきわめて重要である．生物は地球化学的物質循環の媒体であり，炭素や窒素などを一時的に貯留する交換プールとしての役割をもつ．また，さまざまな生物の遺伝子は，独自の機能をもつものが多く，医学，生物工学，農業，環境保全などに応用できる有用なものも含まれている．

　人間圏の拡大は，生態系の生物の生存範囲を物理的かつ生物化学的に狭めてきた．その例として，水産資源の乱獲，農耕作地・牧畜・住居地域の拡大に伴う森林やジャングルの伐採などがある．また，非生物学的要因の環境排出による大気・海洋汚染や水圏での生物拡大・摂食負荷（例：廃棄プラスチックの摂取）などがあげられる．さらには，気候変動や大規模な森林火災などの自然の要因も影響する．結果として現在は，多くの生物種が絶滅に至っていると推定されている．たとえば，動物のなかで最も種類が多く生態系で主要な役割を担う昆虫では40%の種が減少したと推測されている．熱帯雨林の調査では，1970年代から今日に至るまでに，昆虫やクモなどの節足動物のバイオマス量が2〜10%までに減少したと報告されている．節足動物のバイオマスと種の激減は，生態系が飢餓状態になることを意味している．

　この加速度的な生物絶滅の状況と生物遺伝資源の重要性・保護を考慮して，生物多様性の保全に関する国際的な取組みが行われている．その一つが**生物多様性条約**（正式名：生物の多様性に関する条約，Convention on Biological Diversity［CBD］）であり，1992年の**地球サミット**[*9]で採択された．これは，生態系，生物種，遺伝子の3レベルの生物の多様性を保全し，持続的利用を守ろうとするものである．生物多様性条約の締約国による国際会議（生物多様性条約締約国会議）は**COP**（Conference of the Parties）とよばれ，生物多様性の保全のみならず，生物多様性の構成要素の持続可能な利用，遺伝資源から得られる**利益配分**（Access and Benefit-Sharing, ABS），**遺伝子組換え生物**[*10]による多様性への影響などについても話し合われている．2010年には生物多様性条約第10回締約国会議（COP10）が名古屋で開催された．

8・3・5 外来生物と遺伝子汚染

　外来生物とは，その地域に生息していなかったものが，人間活動によって意図的にあるいは非意図的に他の地域から持ち込まれた生物種（つまり外来種）のことをいう．外来生物は，持ち込まれた地域の固有種の生息を脅かし，生態系や生物多様性を破壊することがあり，さらには人間の生活や経済にも直接影響を及ぼすこともある．

　外来生物は国外由来と国内由来とがあるが，多くは前者の場合である．国外由来のなかで“生態系，ヒトの生命・身体，農林水産業へ被害を及ぼすもの，または及ぼすおそれがあるもののなかから指定されているもの”は**特定外来生物**とよばれており，『特定外来生物による生態系等に係る被害の防止に関する法律』（外来生物法）で取扱われている．

　ある在来個体群の生息域に，遺伝的に近縁な外来生物が持ち込まれることにより，両者が交雑して純粋な在来個体群のもつ遺伝子プールに変化を生じさせる場合がある．これを**遺伝子汚染**という．この結果，在来個体群の遺伝子プールの不可逆的消失に至る場合があり，生物多様性のうえで深刻な問題となっている．

[*8] 生物を種としてだけでなく，遺伝子を含む生物群ゲノムとしてとらえ，さらに資源としての価値をも含めて生物遺伝資源という．各国には微生物を中心とする生物遺伝資源を保存・管理する機関があり，遺伝資源の寄託を受けるとともに分譲を行っている．

[*9] **地球サミット**：正式名称は国連環境開発会議（United Nations Conference on Environment and Development, UNCED）で，1992年にブラジルのリオデジャネイロで開催された．冷戦終結後，170カ国からのべ4万人を越える人々が一同に会した画期的なものであったためこうよばれている．この会議で“リオ宣言”，“21世紀のための行動計画（アジェンダ21）”（§15・3・2参照），“生物多様性条約”，“気候変動枠組条約（United Nations Framework Convention on Climate Change）”が採択された．これにより，条約発効後に締約国による国際会議（COP：気候変動枠組条約締約国会議，生物多様性条約締約国会議）を開催していくこととなった．

[*10] **遺伝子組換え生物**（genetically modified organism）：遺伝子操作によって新たな形質が付与された生物をいい，特にそれが作物の場合GM作物とよばれる．GM作物の例として，細菌の遺伝子を導入して除草剤耐性，病害虫耐性などの形質を付与させたものや貯蔵性増大を意図したものがある．さらに，食物の栄養価を高めたり，医薬品として利用できたりするなど，消費者にとっての直接的な利益を重視したGM作物も開発されている．GM大豆は，世界の全大豆の作付け面積において，すでに大部分を占めている．

外来種ではないが，遺伝的に改変された生物（遺伝子組換えおよびゲノム編集生物）の環境中への放出は，同様な生態学的問題をはらんでいる．**遺伝子の水平伝播**（p.82，＊3参照）などにみられるように，自然界での遺伝子組換えは原核生物を中心に頻繁に起こっており，生物多様性の拡大にも少なからず貢献していると考えられる．とはいえ，自然界で起こる遺伝子組換えは，食物連鎖，ニッチ，群集構造などの制御を強く受けており，通常，生態系を乱さない範囲でしか起こらない．一方，人為的な遺伝子組換え生物は，生態系の制御を受けにくいので，いったん生態系に拡散すると重大な影響を与える危険性がある．一次産業においてはすでに，**ゲノム編集**（§6・3参照）による遺伝子改変生物を使った作物生産，養殖，畜産が行われているが，これらが環境に侵入した場合の影響についてはよくわかっていない．また，生物には特定の遺伝子が偏って遺伝する**遺伝子ドライブ**とよばれる現象があるが，これをゲノム編集技術を用いて人為的につくり出し，外来種や有害昆虫などの個体群を制御することも試みられている．このような，遺伝的に改変された生物を自然環境に放つ行為は，生態学的な問題があると同時に生命倫理上の懸念もある．

8・4　生態系の自浄作用
——微生物は地球の掃除屋

8・4・1　自浄作用とは？

　人間圏における生産活動に伴って環境中にはさまざまな物質が排出されており，そのなかには生物学的毒性をもつ化学物質も含まれる．地球は，このような人為起源の物質の負荷に対して，ある程度の汚染吸収力をもつ．すなわち，汚染に対する**自浄作用**[11]によって生態系の物質循環の平衡を保つ働きがある．自浄作用とは，元来，海洋や河川などの水域が汚濁物で汚染された場合に，時間の経過とともにきれいな水に戻っていく現象をいうが，現在では，生態系全体の浄化の働きも意味する．

　生態系の汚染浄化能力の基本になるのは，食物連鎖のなかで物質分解の役割を担っている微生物の働きで

ある．有機汚濁負荷の場合は，特に有機物を炭素・エネルギー源として利用する**化学従属栄養微生物**の作用が重要である．ある種の従属栄養微生物は有機物を利用するだけではなく，類似の汚染化学物質も分解することができる．分解・利用可能な有機物の範囲は微生物の種類によって異なるが，生物地球化学的循環のなかにある物質のほとんどすべてに微生物がかかわっている．ときには，**残留性有機汚染物質**（POPs，§12・3・1参照）とよばれる難分解性の化学物質の分解にもかかわり，まさしく地球の掃除屋としての役割を微生物が担っている．

8・4・2　微生物を利用した環境浄化技術

　人間活動によって生成あるいは濃縮された物質の環境負荷は，しばしば自然界の自浄作用能力を上回り，環境汚染をひき起こす．この問題への対策として，人類は古くから生物学的な環境浄化技術を考案し，実践してきた．すなわち，自浄作用にかかわる微生物のバイオマスや活性を高度に集積させて，汚濁物質や汚染物質の分解を行わせるアプローチである．表8・3におもな生物学的な環境浄化技術を示す．

　活性汚泥法に代表される**廃水処理**は，微生物の酸化・分解力を利用して汚水中の有機物を除去する方法であり，現在最も普及している生物学的浄化技術の一つである．活性汚泥処理の概要を図8・11に示す．廃水中

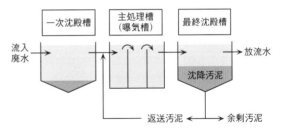

図8・11　活性汚泥処理の概略　流入廃水は一次沈殿槽に入り，懸濁粒子の除去を経た後，主処理槽に入る．この槽において菌体の塊である汚泥とともに通気される．この過程で，汚れの原因である有機物は微生物による好気的酸化分解を受けて無機化されると同時に，一部は菌体汚泥に変換される．浄化された水は沈殿槽においてフロック（凝集）化した菌体汚泥と分離され，放流される．汚泥は増えた分を余剰汚泥として系外に排出するものを除いて主処理槽に返送される．

＊11　**自浄作用**：物理的作用，化学的作用，生物学的作用の三つからなる．物理的作用とは，水による希釈・拡散や沈殿などによって見かけ上の水中の汚濁物質濃度が減少することである．化学的作用とは，酸化・還元，吸着・凝集などによる汚濁物質の濃度の減少である．生物学的作用は，汚濁物質が，特に微生物によって吸収・分解を受けることをいう．自浄作用の主体になるのは生物学的作用である．

表8・3　おもな生物学的環境浄化技術

浄化技術	処理対象	対象物質	対象物質の生物学的利用形態
好気廃水処理	下水，産業廃水，農畜産廃水	可溶性有機物	電子供与体/炭素源
		栄養塩（硝酸塩）	電子受容体
嫌気消化	下水，産業廃水，農畜産廃水	可溶性有機物	電子供与体/炭素源
	生ゴミ，農畜産廃棄物，汚泥	固形有機物	電子供与体/炭素源
コンポスト化処理	生ゴミ，農畜産廃棄物など	固形有機物	電子供与体/炭素源
脱臭処理	揮発性化学物質	揮発性化学物質	電子供与体
生物学的環境修復 （バイオレメディエーション）	汚染された海洋，土壌，地下水など	難分解性有機物，重金属	電子供与体/電子受容体/共代謝†

† 共代謝とは，その生物の生活には不必要な物質が，他の物質の代謝系を利用して分解されること.

の汚れである可溶性有機物として仮に $C_n(H_2O)_n$ を考えると，好気条件における完全酸化分解は以下の8・4式で表すことができる.

$$C_n(H_2O)_n + nO_2 \rightarrow nCO_2 + nH_2O \quad (8・4)$$

式から明らかなように，有機物の酸化に要する酸素量は有機物量の約1.1倍（質量比）であり，有機物量とほぼ等しい. したがって，一般には古くから有機汚濁量を表す指標としてその酸化に必要な酸素量（**生物化学的酸素要求量**[*12]; biochemical oxygen demand, BOD）が用いられている. 活性汚泥処理におけるBOD除去は，好気性従属栄養細菌が担っている. そして，増えた微生物の菌体を原生動物や後生動物が捕食する. すなわち，活性汚泥槽内では，一種の食物連鎖が形成されている.

活性汚泥法は好気的の処理であるが，廃水処理は嫌気的に行われる場合もある. これは**嫌気消化**とよばれる**メタン生成菌**（§10・4・1参照）が関与する嫌気廃水処理である. また，生ゴミ，汚泥，その他の固形有機廃棄物も可溶化処理を経て，嫌気消化の対象となる. 嫌気消化では副産物としてメタンが発生する. このため，メタンをエネルギー源として積極的に回収する試みや，メタン資化菌のエネルギー・炭素源として利用し，微生物タンパク質に変換することも行われている.

コンポスト化（堆肥化）処理は，廃水処理と並ぶ古典的生物技術であり，生物系の有機廃棄物を安定した**堆肥**へ変換する方法である. 基本的な浄化の原理は，活性汚泥処理と同じく有機物の生物学的酸化分解であるが，処理対象が固体であることが異なる. たとえば，もみがら，落ち葉，樹皮，動物の排泄物，生ゴミなどを一定空間に堆積させ，微生物によって好気的に分解する. これ以上分解できないというところまで熟成させたものが堆肥である. 分解を速めるために硫安などの窒素源を加える場合もある. 堆肥は農地への肥料として使用されるほか（§10・3・4参照），土壌改良剤としても使われる.

微生物の力を利用して環境中の有害な有機物や汚染物質を無害な物質に変換する，**生物学的環境修復（バイオレメディエーション）**の技術も多く用いられている. 本法は，コスト面や生態学的観点から，比較的広範囲かつ低濃度汚染環境の修復に適用されている. たとえば，トリクロロエテンやPCBなどの有機塩素化合物（§12・2参照）の多くは難分解性の毒性物質であるが，ある種の細菌は有機塩素化合物を還元的に脱塩素化しながら呼吸を行うことができるので，この能力を利用して汚染物質を無毒化することができる. また，植物を利用した生物学的環境修復の場合は，特に**ファイトレメディエーション**とよばれ，重金属汚染の環境修復などに応用されている（§10・4・2参照）.

[*12] **生物化学的酸素要求量（BOD）**：水中の有機物を好気性微生物が酸化するのに要した酸素量を用いて表す有機汚濁の指標. 試水を20℃で5日間保温し，その間の溶存酸素の減少量で求める. また，薬剤を使って溶存有機物を化学的に酸化する場合に必要な酸素量を化学的酸素要求量（chemical oxygen demand, COD）という. 有機物のなかには微生物によって分解されにくいものも存在するので，一般に同じ試水においてはBOD＜CODとなる.

環境の科学

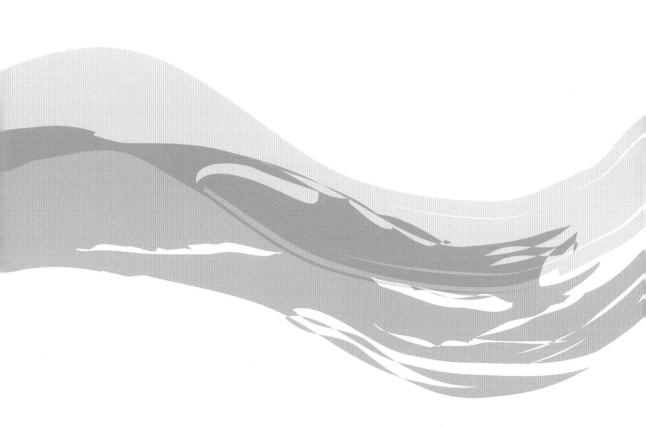

❾ 環境メディアとしての水

　地球は"水の惑星"とよばれるように，水が存在することによって生命や豊かな生態系が育まれている．四大文明が大河川の下流で始まったように，人類の文明社会の成立にとっても水は不可欠である．しかし，その水も人口の増加や経済の発展による汚染によって生態系にダメージを与え，今までのような水の恩恵が得られなくなってきている．環境メディアとしての水の特徴を理解し，現状を評価し，将来に向けて水環境をよりよい状態に戻し保全する必要がある．本章では特に，われわれが直接利用している河川水，湖沼水を中心に，環境メディアとしての水の特徴について考えてみよう．

9・1　メディアとしての水の特徴

9・1・1　水の分布——海水と淡水

　水は地球上の至るところに存在するが（表9・1），その97.4％が海水である．残りの大部分は大陸の氷として存在している．地下水，湖沼水，河川水は，海水に対して淡水あるいは陸水とよばれる．陸水の一部は土壌水として地中にも存在する．しかし，淡水の比率は合わせても1％以下である．海水には塩分が33〜38‰（パーミル，1/1000）含まれているのに対して，陸水には塩分がほとんど含まれていない．したがって，人間が飲用水として直接利用できるのは陸水だけである．しかし，乾燥地域の湖沼や，深層の地下水には塩分が多量に含まれることも多い．また，汽水域とよばれる，海水と陸水が混じり合った環境が河口や海

とつながった湖に存在する．

9・1・2　水の循環

　地球上の水は，太陽エネルギーと重力を主因として絶えず循環している．すなわち，水は重力に従って高いところから低いところへ移動し，陸地に降った水は地下深く浸透するか，海に流れ込む．海で蒸発した水は雲となり，雨や雪となって再び陸に到達するという循環を繰返している．また，この水循環の過程で地球表面の熱の移動が起こり，浸食・運搬・堆積などの地形や土壌を形成する作用を生じる（§10・3・1参照）．さらに，動植物の体の大半は水からできていることからもわかるように，水の循環は生物地球化学的循環（§8・1・2参照）の一部である．このように，地球上の水は絶え間なく循環していることが特徴であり，太陽エネルギーとともに生物の生存の基本となる再生可能な資源である．

　水循環の概要を図9・1に示す．地球表面の水が水蒸気へと変化する現象は蒸発とよばれ，太陽放射によって起こる．一方，植物における蒸発は，特に蒸散という．大気中に含まれる水は90％が蒸発によって，10％は蒸散によってもたらされる．地球上の蒸発の大半は海洋で起こっているが，その際の気化熱によって地球表面の温度を下げる効果をもたらしている．大気中の水蒸気は雲や霧を形成しながら液体へと相転移[*1]

表9・1　地球表面の水の分布

場　所	体　積〔×10¹⁵ m³〕	比　率(%)
海　洋	1350	97.4
氷冠・氷河	27.5	2.0
地下水	8.2	0.6
淡水湖	0.1	0.007
河　川	0.0017	0.0001
その他	0.2	0.014
合　計	1386	100

---

*1　相転移：化学的に同じ物質であっても，温度や圧力に応じて物理的に明確に異なる相に変化することがある．これを相転移という．水が水蒸気になったり，氷になったりするのはこの例である．相転移は，原子・分子間の相互作用，結晶構造，温度・エネルギー分布など，さまざまな要素が作用して起こる．相転移を起こす温度や圧力などの状態量の値を転移点といい，たとえば気体・液体・固体の状態変化に対して沸点，融点，凝固点とよばれる．

する. これを凝結（§11・3・1参照）といい，凝結するときに核として働く微粒子を凝結核[*2]という. 凝結核となる微粒子のほとんどは，大気中に浮遊する吸湿性のあるエアロゾルである. 大気中で雨雲となった水は降水によって陸地や海面に降り注ぐ. 地表における水は，河川や雪解け水などにみられるように高低差に従って地表を流れる. これを地表流という. この過程で水は再び大気中に蒸発しながら，一部は地中に浸透し，また，湖沼や他の貯水所（リザーバー）に貯えられる. 氷河では固体（氷）から直接気体（水蒸気）になる. また，気体から直接，霜，氷霧などの固体になる場合もある. このような気体・固体間の相転移を昇華という.

貯水所のなかで，特に深層の地下水が貯留される場所を帯水層という. 地表から帯水層へ水が供給される現象は涵養（かんよう）という. 帯水層における地下水の流れは地下流とよばれ，湧水などのかたちで再び地表に水を戻すほか，最終的には海に水を浸出させる. 地下流の速度は遅いため，帯水層における水の滞留時間は地表の貯水所に比べてきわめて長い. 水の平均滞留時間を比べると，大気中で9日，河川で2〜6カ月，湖沼で50〜100年，海洋で数千年，帯水層では数千年以上といわれる.

9・1・3 水の密度と循環

純水の密度は，4℃のときに最大となる. これは，固体である氷の密度が液体としての水の密度より小さいことに起因している. コップに入れた氷水の氷が溶けても水面が上昇しないことでも容易にわかる. 一方，塩分濃度が高くなると最大密度となる温度は低くなり，24‰以上では氷になる温度で密度が最大になる. このため，海水では水温が低いほど密度が大きくなる. 密度は，水の水深方向の循環にかかわっており，後述するように，4℃で最大となることが湖沼における水の循環に大きく影響している（§9・3・2参照）.

9・1・4 水の気体成分

地球上の水は，純粋なH_2Oだけの液体としては存在していない. 地球に大気が存在し，大気と水が接触しているため，水蒸気が液体の雨になったときから気体が水中に溶解している. 気体の溶解度[*3]はその成分によって異なり，溶けやすい気体や溶けにくい気体があるが，"気体が液体に溶解する量は，その気体の分圧に比例する"というヘンリーの法則に従い，水中の濃度は，気体の分圧とヘンリー定数によって決まる.

生物地球化学的循環において重要な水中に溶解する気体成分としては酸素O_2と二酸化炭素CO_2がある.

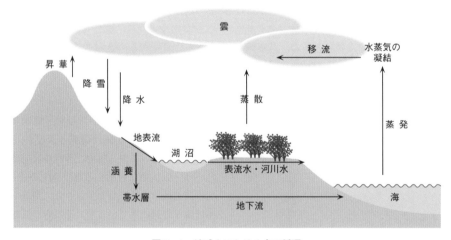

図9・1 地球上における水の循環

[*2] 凝結核には，海塩粒子，土壌粒子，硫酸エアロゾル，人為起源の微粒子のほかに，細菌やキノコの胞子などの微小生物体がなりうることが指摘されており，"bioprecipitation"とよばれている. つまり，微生物や胞子は雲によって大気中を移動していると同時に，それを形成し，雨を降らせる役割を担っていると考えられている. また，ある種の細菌は特殊なタンパク質を用いて氷の結晶（氷核）を形成することが知られている.

[*3] 気体は水温が高くなるとその溶解度は一般に低くなる. このため，低い温度で大気と飽和状態になった水を温めると過飽和になり，白くにごる. 給湯設備で温められた水や，冬に部屋を温めたときに水道の蛇口から出る水が白濁するのはこのためである. また，被圧地下水では接触する気体の圧力も高くなり二酸化炭素が大気圧の飽和濃度以上に溶け込み，天然の炭酸水が形成されることもある.

酸素や窒素は水に溶けてもそのままの分子で存在しているが，CO_2 は水に溶けると一部が**炭酸** H_2CO_3 になり，さらにその一部は**炭酸水素イオン** HCO_3^- と**水素イオン** H^+ になる（図9・2）．このため，大気と接触している水は弱酸となり，**水の pH**[*4] は約 5.6 となる．日本の雨の pH の平均値は NO_x や SO_x が溶け込むことで 4.7 になっている（§11・4・1 参照）．水中の植物プランクトンは，**炭酸脱水酵素**（カルボニックアンヒドラーゼ）を用いて HCO_3^- を CO_2 に変換し，光合成により**ルビスコ**（§2・6・3 参照）の触媒下で炭素固定を行う．**富栄養化**（§8・3・3 参照）が生じている湖沼や内湾では，光合成により大量の CO_2 が使われることで HCO_3^- 濃度が低下し，pH が 9 以上になることもある．

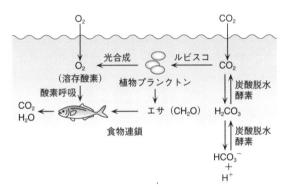

図9・2　水環境における酸素および二酸化炭素の循環

植物プランクトンによる一次生産物は，食物連鎖を通じて動物プランクトンや魚に摂取されるが，このとき水中に溶け込んだ酸素（**溶存酸素** dissolved oxygen (DO) という）が酸素呼吸に利用され，同時に CO_2 が排出される（図9・2）．また，微生物が有機物を分解するときにも O_2 を消費し，CO_2 を排出する．さらに，アンモニアを酸化して亜硝酸，そして硝酸に変換する**硝化**（§8・2・2 参照）が行われるときにも O_2 が消費され，同時に炭素固定が行われる．水中の溶存酸素濃度が低下すると水表面から O_2 が溶け込むが，その速度は溶存酸素の消費速度よりも遅い場合が多い．湖沼や内湾の下層で溶存酸素が消費されると，表層から輸送される速度が遅いことから，長期間低酸素の状態が続くことになる．

9・1・5　主要イオン成分

大気から降り注いだ雨は地表面に到達する．地表面や地中を流れるときに，土壌や岩石と接触してイオン成分が水中に溶け込む．森林の渓流河川水で濃度が高いイオン成分には，陽イオンとして**カリウムイオン**，**ナトリウムイオン**，**カルシウムイオン**，**マグネシウムイオン**が，陰イオンとして**硫酸イオン**，**塩化物イオン**，炭酸水素イオンがある．炭酸水素イオンを除いては，強塩基，強酸である．二酸化炭素の溶け込みなどで弱酸になっている雨水中の水素イオンは，カルシウムイオンやマグネシウムイオンと交換反応を生じ，中性になる．それとともに，岩石との接触時間が長くなると，鉱物由来のカルシウムイオン，マグネシウムイオン，硫酸イオン，炭酸水素イオンの濃度が高くなる．

島国であり，雨として地表に到達してから河川に流出するまでの時間の短い日本では，これらのイオン濃度は低く，**軟水**[*5] とよばれている．一方，大陸の地下水や河川水はカルシウムイオン，マグネシウムイオンの濃度が高くなり，**硬水**[*5] といわれる．

海水は自然界に存在している元素のほとんどすべてを溶かし込んでいるが，上述したように塩分濃度が高く，ナトリウムイオンと塩化物イオンの量が圧倒的に多い．このために海水表層は pH 8.1 程度の弱アルカリ性になっている．しかし，生物学的な溶存酸素消費が起こることにより深度が増すとともに全炭酸濃度が増加し，深度 1000 m 付近で pH 7.4 と最も低下する．また，大気中の二酸化炭素の増加とともに海水中への溶け込みが多くなり，少なくとも過去 30 年の間に表層 pH も低下し続けている（海水酸性化）．海水の塩分濃度は，淡水の混入と海水の蒸発のバランスで変化する．塩分が薄まる要因として降雨，河川水の流入，氷山の融解があり，それが濃くなる要因として蒸発とともに海氷の生成がある．たとえば，**熱帯収束帯**[*6] である赤道付近では降水量が多く，海水の塩分濃度が低い．

---

*4　一般に，河川水や湖沼水の pH は 7.0 前後の中性であり，6 以下や 8 以上になることはめったにない．これは，炭酸水素イオンや有機酸のような弱酸が溶けているためである．多少の強酸や強塩基が入っても，これらの弱酸による緩衝作用により，pH を中性付近で保っている．もしこれらの弱酸が存在しなかった場合には，少しの強酸や強塩基の流入で pH が大きく変化し，生物が生息できないような環境になってしまう．

*5　**軟水と硬水**：カルシウムイオンとマグネシウムイオンの合計量をこれに対応する炭酸カルシウムの mg/L に換算して表したものを硬度といい，水 100 mL 中に 20 mg 以上含む場合を硬水，それ以下の場合を軟水という．

*6　**熱帯収束帯**：南北両半球の貿易風が合流する帯状の低気圧地帯のことをいう．上昇気流が生じて積乱雲が発達し，降水量が多い．

方，中緯度高圧帯付近では降水量が少なく，塩分濃度が高い．

9・2　生命を育む水と水環境

9・2・1　生命と水

　水はすべての生物にとって物質代謝の媒体として不可欠な物質であり，動植物の場合，質量にして生物体の約70%を占めている．水は極性分子であるため，同じ極性物質やイオンをよく溶かす理想的な溶媒である．生体内で起こる多種多様な化学反応の場を提供し，また水そのものがさまざまな化学反応の**基質**（§1・3・1参照）となっている．

　ヒト体内の水の75%は細胞内に存在し，残りの25%は血液，リンパ液など細胞の外にある．細胞内液と細胞外液をあわせたものを**体液**といい，体内の物質輸送などの生命の維持・活動に重要な役割を果たしている．ヒトの体液の塩分濃度は平均で約0.9%に保たれている（これと等張の食塩水は**生理食塩水**とよばれる）．体内の塩分濃度は，太古時代に海に棲んでいたヒトの祖先の脊椎動物が陸上動物へと進化したことと関係がある．すなわち，陸生動物に進化した当時の海水の化学成分に合わせて浸透圧調整能をもち続けていると考えられる（§5・1・1参照）．言い換えれば，現生の陸生生物のなかに太古の海が残っているわけである．ヒトを含めて脊椎動物は，細胞内の塩濃度を細胞外に比べて低く保つことによって浸透圧調節を行っている．現在の海水の塩濃度は平均で3.5%であるが，もし海水を飲んだとすると，細胞内から水分を多量に排出しなければならなくなり，結果として水が足りなくなる．飲用に適する水は淡水でなければならないというのは，このような理由によるものである．また，人体が過剰に水分を摂取した場合，細胞外液の浸透圧が下がって低ナトリウム血症となり，いわゆる水中毒の症状を起こす．

　安静にしている成人男性が1日に排出する水の量は2.3 Lである．図9・3に示すとおり，排出の内訳としては尿，糞，呼気に含まれる水蒸気や汗である．その分だけ毎日水分を補給しなければならない．体内で

は，取込んだ酸素が呼吸によって水に変換されている（§2・5・1参照）．また，食事により食物から取込まれる水もある．このように代謝や食物から摂取される水分を除くと，飲料水として摂るべき水は1日当たり約1.2 Lになる．

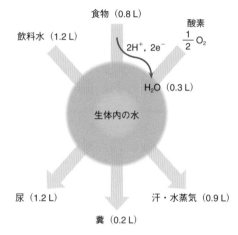

図9・3　成人における水分の排出と摂取

　生物は生物地球化学的循環のなかで，絶えず水を取込み，そして排出している．つまり，水循環のなかで体内の水は一定量に保たれている．したがって，陸上の生物にとって最も重要な問題の一つが水の確保である．陸生生物は，水をいかに確保するかということに関係して進化し，環境適応したものが多い．**クマムシ**（p.93，＊1）のように乾燥に耐えうるように進化した生物も存在する一方，無脊椎動物には高い湿気がなければ活動できないものも多い．

9・2・2　水界の生態系

　水界はすべての生物の起源になる環境である．前述したように，水は海水域と陸水域に大きく分かれて分布し，海水と淡水が混じり合うところに汽水域があり，それぞれに固有の生態系が発達している．表9・2に示すように，水界生態系を構成する水生生物としては，それらの生態行動（生活型）から遊泳生物，水表生物，底生生物，浮遊生物（**プランクトン**＊7），付着生物などに分けることができる．加えて，大型水生植物など

＊7　**プランクトン**：水中で生活する生物のうち，水流に逆らって移動することができない浮遊生物を総称していう．一般には，顕微鏡的な個体サイズをもつ微小生物をさすが，浮遊生物というくくりでいえばクラゲなどの大型生物も含める．植物型光合成を行う**植物プランクトン**と従属栄養性の**動物プランクトン**に大別され，それぞれ一次生産者および一次消費者として水界生態系で重要な役割を担っている．

も水界生態系の構成生物である．細菌は広義の意味ではプランクトン（バクテリオプランクトンという）の範ちゅうに入り，物質循環に大きな役割を果たしており，生態系を支えている．

表9・2　水生生物の生活型による分類

生活型による呼称	生活の様式	おもな生物
遊泳生物 （ネクトン）	自主的な遊泳力が大きく，行動範囲が広い	魚類，イカなどの頭足類，エビなどの甲殻類，哺乳類
水表生物 （ニューストン）	水の表面で生活する	アメンボ，ミズスマシ
底生生物 （ベントス）	水底の表面やそのなかに生活する	二枚貝類，ゴカイ類
浮遊生物 （プランクトン）	遊泳能力がなく，浮遊して生活する	魚類の幼生，微細藻類，微小動物，クラゲ
付着生物	水中の固形物に付着して生活する	コンブ，フジツボ，サンゴ

a. 陸水生態系　　陸水の範囲としては，河川，湖沼，池，湿地，渓流，ダム湖などがあり，それぞれ特有の生態系が形成されている．生態系を構成する水生生物の生活型は表9・2に示すとおりであるが，生物量や群集構造は水域によって大きく異なる．すなわち，集水域や周囲の陸地からの有機物や栄養塩の流入の速度と量に加えて，水深，水流速度，地形などの環境条件もさまざまであり，それらに応じて多様な生態系が形成される．また，食物連鎖上でつながりがある昆虫，鳥，両生類，爬虫類，小型哺乳類などの陸生動物が周辺環境に生息し，広義の陸水生態系の構成生物である．

陸水域では**藍色細菌**（p.29，＊10）や**微細藻類**などの光合成微生物によって一次生産が行われている．これらは酸素発生を伴う植物型光合成（§2・6参照）を行うことから，総称的に**植物プランクトン**[*7]ともよばれる．これらに加えて，**付着藻類**[*8]，水草，ヨシ，マングローブなどの水生植物が一次生産を行っている．水生生物の遺体，水生生物からの排泄物，周辺地域からの流入有機物などの分解と無機化には，**化学従属栄養細菌**が大きくかかわっており，河川などの自浄作用の主体的役割を担っている．陸水環境としての河川，湖沼の特徴については，生態学的特性をも含めて

§9・3に後述する．

b. 海洋生態系　　海洋は陸域からの距離と水深によって，陸域と接した海浜域，陸棚上の大部分を占める沿岸域，さらに外洋域に大別され，それぞれに特有の生態系が形成されている．海洋域における行動生態からみた生物の種類は，基本的に陸水域と同じである．しかし，海水と淡水は塩分濃度に大きな違いがあるため，生息生物の分類学的な種類は細菌を含めて大きく異なる．また，海洋ではクジラ，イルカなどの大型哺乳類が多数生息する．

海洋における一次生産は植物プランクトンによるものが大部分を占め，その発生量の変動が海域での生態系全体に大きな影響を及ぼしている．このなかで，**プロクロロコックス** *Prochlorococcus* とよばれる藍色細菌は，海洋において最も多数を占める光合成生物の一つである．また，海洋表層には多数の**好気性酸素非発生型光栄養細菌**が活動しており，海洋の物質循環に大きな役割を果たしているといわれている．一方，陸地に近い海浜域においては，付着藻類による一次生産もみられる．

外洋域においては，水深に応じた異なる生物群集の垂直分布がみられる．太陽光の到達する水深150〜200 mまでの浅海水系では，前述したように植物プランクトンによる一次生産が盛んであるが，それより深い領域になると漂泳生物や底生生物による消費活動，原核生物による分解作用が中心になる．また，深海底の熱水噴出孔（p.83，＊4）周辺では，太陽エネルギーに依存しない化学合成微生物を起点とする食物連鎖の生態系が存在している．

9・3　自然の水環境と人為的改変

9・3・1　河　　川

河川は，その地理的な要因によって大きく異なり，大陸を深い水深でゆったりと流れる河川，山から海まで急流で浅く早く流れる河川などさまざまである．日本の河川は，渓流河川とよばれる山間の上流域，平野に出てきたところの中流域，平野から内湾に注ぐまでの下流域に大別される．上流域では，河川は浅く，急

＊8　**付着藻類**：水界の底泥，礫，岩石，水中植物などの表面に付着している酸素発生型（植物型）光合成生物の総称．原核生物である藍色細菌および真核藻類であるケイ藻，緑藻，紅藻を含む．付着藻類はほとんど移動しないため，その地点における環境要因の影響を受けやすいと考えられ，有機汚染や富栄養化などの指標にされる場合がある．また，光合成色素であるクロロフィル量を測定することで，藻類の現存量を把握することができる．

流な場合が多い．このような渓流では大きな魚はみられず，清澄な水を好む魚が棲息している．中流域になると河川は蛇行し，淵や瀬がみられ，淵には大きな魚も棲息できる．下流になれば水深も深くなり，ゆったりと流れ，河口域では潮の満ち引きの影響を受ける感潮域が存在し，多様な生態系が存在する．

河川は**自浄作用**（§8・4・1参照）による自然浄化機能をもっており，少々の汚水が流入しても流下過程できれいな水へと浄化する．有機物質が流入すれば，水中の微生物の働きによって分解される．溶存態の**栄養塩**（§8・3・3参照）が流入すれば，河川水中のプランクトンや河床の付着藻類がこれらを取込んで増殖し，溶存態栄養塩濃度を低下させる．また，**懸濁物質**が流入しても，淵などの流れの緩やかなところで沈降し，水中から取除かれる．このようにして，河川はきれいな水質の状態で海に注ぐことになる．

このような自然の状態で存在していた河川が，人為的な治水や利水のために大きく変貌してきた．洪水時に水を速く流下させるために，各地の河川で直線化が進み，高い堤防により人と触れ合える場が減少した．また，直線化した河川では，流れを緩やかにするために途中に段差を設けることもあるが，段差により魚や底生昆虫の移動が遮断され，魚が上流まで遡上できない河川も多数存在する．これらのことから，1997年に河川法が改正され，それまでの治水，利水に加えて**河川環境の保全**[*9]も目的とされるようになった．

9・3・2 湖　沼

湖沼のなかで，通常の食物連鎖が機能し，生態系としてバランスのとれたものは調和型湖沼とよばれ，栄養塩レベルに応じて，**貧栄養湖**，**中栄養湖**，**富栄養湖**，**過栄養湖**に分類されている（表9・3）．一方，生態系としての環境条件が偏り，生物があまり生存できないものは，非調和型湖沼とよばれ，腐植起源の有機物が多量に溶存する腐植栄養湖や，酸性度が強い酸栄養湖（pH 5以下），アルカリ性のアルカリ栄養湖（pH 9以上）がある．

表9・3　調和型湖沼の分類（湖沼型）　経済協力開発機構（OECD）の基準による．

湖沼型	平均リン濃度〔mg/m³〕	クロロフィル〔mg/m³〕		透明度〔m〕	
		平均	最高値	平均	最低値
貧栄養湖	<10	<2.5	<8	>6	>3
中栄養湖	10〜35	2.5〜8	8〜25	3〜6	1.3〜3
富栄養湖	35〜100	8〜25	25〜75	1.5〜3	0.7〜1.5
過栄養湖	>100	>25	>75	<1.5	<0.7

日本が位置する温帯地域では，人為的汚染がない場合には貧栄養湖から中栄養湖の湖が一般的である．流域から栄養塩が供給されるが，それは洪水時の懸濁成分として流入する場合がほとんどであり，平水時や渇水時は河川水は透明できれいである．湖に流入した後に，懸濁成分は沈降して湖底に堆積することになる．

温帯地域の湖では，4℃の水の密度が高いことによる水深方向の循環が生じている．図9・4に，1年間の水温の等温線を模式的に示す．まず，夏季には表層の温度は温められて4℃より高くなる．この水は密度が小さいため，下層の4℃の水塊と容易には混合することができず，**温度成層**が生じる[*10]．強い風が吹くと表層の水は混合するため，水深が10〜15 m程度のところで急激に温度が低くなる**水温躍層（温度躍層）**が生じ，それより下層の水温は夏季でも4℃程度を保っている．秋から冬に気温が下がり，表層の水温が4℃

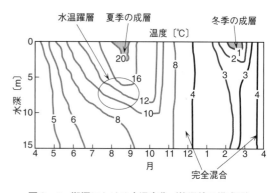

図9・4　湖沼における水温変化（等温線の模式図）

[*9] 現在では，多自然型川づくり（旧建設省時代から実施されている自然的な河川整備事業）や親水公園の整備が河川環境の保全として行われている．また，釧路湿原を流れる釧路川では直線化した河川を再び蛇行させるような施策も実施されている．流域に住む人々の生活と安全を守りながら，生態系にも配慮した河川の整備を行うことにより，理想に近い河川に復元することが望まれている．

[*10] **成層**：水，空気，物質が層を成し，混ざり合わず，層状に分かれている状態．たとえば，水などの流体は重力の影響で密度の大きいものが下に，小さいものが上にある**密度成層**を形成する．また，温度の低いものが下に，温度の高いものが上にある**温度成層**も形成される．海洋や湖沼では，密度成層と温度成層が形成されるが，この場合，層の上下で溶存物質の濃度が異なる**化学成層**を伴っている．成層の上下の境目ではこのような理化学的性状の急激な変化がみられ，**躍層**とよばれる（例：密度躍層，水温躍層，化学躍層）．

に近くなると密度差がなくなり，水が大循環する．表層の水が4℃より低下するか，結氷する湖では，表層の水の密度が小さくなるため，冬季の成層が生じる．春季になって再び表層の水が温められると循環が生じる．このように，わが国の大部分の湖は1年に1〜2回の水深方向の循環が生じている**完全循環湖**である．

夏季に湖が成層を生じているときには，表層では植物プランクトンが増殖する．このときに栄養塩を消費し，光合成によって酸素を供給するため，表層には栄養塩濃度が低く，溶存酸素濃度が高い水塊が形成される．一方，下層では，死滅したプランクトンが沈降し，これを好気性従属栄養細菌が分解するときに溶存酸素を消費して栄養塩を供給するため，溶存酸素濃度が低く，かつ栄養塩濃度が比較的高い水塊になる．この水塊が秋季や冬季に循環することで，表層では栄養塩濃度が高くなり，春季から植物プランクトンが増殖できることにつながり，下層では供給された溶存酸素が利用されて有機物が分解される．このように，水深方向の循環により栄養塩と溶存酸素が運ばれることで，温帯地方の湖は貧栄養湖か中栄養湖で維持されている．

人為的な影響で陸域から栄養塩が多量に供給されると，植物プランクトンの増殖量が増え，それに伴い下層での溶存酸素消費が進み，嫌気化した水塊となる．このような嫌気条件下では，底質から容易に栄養塩が溶出して上層へ栄養塩が供給され，夏季には植物プランクトンが異常増殖する状態になり，富栄養湖や過栄養湖になっていく．このように，一度栄養塩の流入が増えて富栄養湖になると，流域からの栄養塩の流入量を削減しても，表層での高い一次生産と下層での酸素消費に伴う嫌気化が維持され，中栄養湖や貧栄養湖に戻ることは容易ではない．わが国には，このように人為的に富栄養化した湖が多数ある．

なお，熱帯地域の湖では，水温が高いことから植物プランクトンの成長速度が速く，一年を通して水温が4℃に下がらないことから水深方向の循環がない．このため，下層は嫌気的になりやすく栄養塩の溶出を生じ，人為的汚染がなくても自然状態での富栄養湖が多く存在する．

完全循環湖とは異なり，急傾斜な湖底をもつという

構造上の理由などで常に成層を形成している湖もあり，**部分循環湖**とよばれる．上層と下層の境界では**化学躍層**[*10]が形成されており，光合成細菌などの微生物が密生して肉眼的にもわかる層が存在している場合がある．上層と下層では異なる生物相が形成され，また境界の密生層は下層からの硫化水素を酸化する生物フィルターの役目を果たしている．

9・4 水の利用・維持と環境基準

9・4・1 水の利用

人類は水をいろいろな用途に利用している．**水の利用**[*11]は，水が存在する場，水のもつ位置エネルギーおよび圧力による仕事，水の質，水そのものの利用に分けることができる．水が存在する場の利用としては，海洋や湖沼で生育する生物を食料やその他の用途として利用することがあげられる．また，多量の物資を輸送する手段として船が使われて，飛行機や鉄道がない時代には船がおもな輸送や移動手段であった（§15・2・4参照）．現在でも大量かつ安価に輸送できるため，資源や製品の輸出入の大部分は海上輸送に頼っており，大陸では大河が重要な輸送手段である．水の位置エネルギーの利用としては，水力発電がわかりやすい例である．また，山から平地への筏での材木の輸送も，高いところから低いところへ流れるエネルギーを利用した輸送である．農業用水も自然流下により農地に分配されていた（今はポンプを用いて圧力をかけて配水する場合もある）．**水道水**も圧力をかけて配水しているため，2階や3階でも蛇口をひねれば水が出るし，トイレの洗浄，洗車などは水のもつ圧力を利用している．水の質の利用としては，体の洗浄，食べ物や衣類の洗浄がある．水はすぐれた溶媒であり，不純物を水に溶かし込むことができる．水そのものの利用は飲用水として生命の維持に用いられる水であり，成人が1日当たり直接摂取しなければならない水の量は約1.2 Lである（§9・2・1参照）．

"水の惑星"とよばれる地球であるが，地球上における水の分布（表9・1）からもわかるように，われわれヒトが利用できる水はごく一部であり，淡水は貴重な

---

*11 **水の利用**：水は利用したいときに必ずしもその場所に存在しないことから，人類はいろいろな工夫をしてきた．古代ローマ帝国では水道として都市内に水を引き入れていたし，蒸発を防いで輸送するためのイランのカナートのような地下水路も存在する．日本でもため池や用水が全国に存在するし，最近ではダムとして貯留されている．地表の水が利用できないところでは，地下水を利用するか，遠い河川まで水を汲みに行く必要が生じる．

水資源である．一方で，現代社会は大量の水を必要としている．たとえば，日本における水利用は年間約800億トンであり，そのうち3分の2が農業用水である．畜産を例にとれば，牛肉1kgを生産するのに6～20kgの穀物が必要であり，その穀物生産に約1.5トンの水が必要である．世界の農業で使われる水は，この100年間に8倍に増加しており，将来的にみれば人間活動に必要な水は確実に不足する．2050年には世界の7割の地域で地下水が枯渇すると予測されており，水の確保は食料・エネルギー資源とともに重要な課題である．

従来，陸水（淡水）のみが飲用水として利用可能とされてきたが，海水の**淡水化技術**の進歩により，海水から飲用水の製造ができるようになっている．市販されている海洋深層水は塩分を取除いたものであり，渇水時に海水を淡水化して水道として供給する施設がすでに稼動している．しかし，コストの面や省エネルギーの観点からは，そのまま飲用できる水（すなわち陸水）が存在することが重要である．

9・4・2　環　境　基　準

わが国では高度成長期に**公害**[*12]を経験し，水質が悪化するとともに健康被害も出た．その対策のために**環境基本法**に基づいて環境基準が制定された．環境基本法は，それまで公害対策基本法および自然環境保全法でそれぞれ公害対策，自然環境対策を行っていたものを，より複雑化・グローバル化する環境問題に対応する目的に変える形で，1993年に制定された．その結果，公害対策基本法は廃止され，自然環境保全法も環境基本法に沿う内容で改正された．

水質環境基準は，人の健康の保護に関する基準（健康項目）と，生活環境の保全に関する基準（生活環境項目）に分けられている．健康項目は，人の健康への影響がない濃度を基準値とするため，すべての水域で同じ基準値が定められている．一方，生活環境項目は，

河川の上流と下流では，その河川の利用方法も異なり，求める水質も異なることから類型別の基準値が設定されている．類型は，河川ではAA，A，B，C，D，Eの6類型，湖沼はAA，A，B，Cの4類型，海域はA，B，Cの3類型に区分されている．一つの県のみに位置する河川や湖沼は都道府県が，二つ以上の県にまたがる河川などは環境省が類型を指定している．

河川における生活環境項目の環境基準を表9・4に示す．水質項目の数は，河川，湖沼，海域とも5項目であるが，その項目内容が少しずつ異なっている．水素イオン濃度（pH），溶存酸素（DO）量，**大腸菌群**[*13]数の3項目は共通である．有機汚濁物質の指標として，河川では**BOD**が用いられているのに対して，湖沼と海域では**COD**が用いられている（§8・4・2参照）．また，河川と湖沼では**浮遊物質量**（SS）が項目になっているが，海域ではこの項目はなく，n-ヘキサン抽出物質（油分など）が項目となっている．これらの5項目のうち，BODおよびCODが環境基準の達成度などを評価する重要な水質項目であり，他の項目は付随的に用いられている．

本来のわが国の河川を考えると，すべての区間で悪くてもC類型，できればB類型以上に指定し，その水質を維持することが望ましいと考えられるが，高度処理を行えば工業用水や農業用水として利用可能という観点から，D，E類型も定められている．湖沼では，水道として利用でき，水浴も楽しめるA類型以上に指定して維持していくことが望ましいと考えられる．海域については，海水は水道水に利用しないために水道の利用目的は指定されていない．

1982年には湖沼の窒素とリンの環境基準が設定され，I～Vの5類型に区分されている．この基準には，植物プランクトンの増殖の要因となる湖沼について適用するとの条件が付けられている．1993年には海域においても窒素とリンの環境基準値が決められ，I～

[*12]　環境基本法による公害の定義では“環境の保全上の支障のうち，事業活動その他の人の活動に伴って生ずる相当範囲にわたる大気の汚染，水質の汚濁，土壌の汚染，騒音，振動，地盤の沈下および悪臭によって，人の健康または生活環境にかかわる被害が生ずること”となっている（いわゆる典型7公害）．被害の実例として，**イタイイタイ病，水俣病，新潟水俣病，四日市ぜんそく**の四大公害病がある．2011年の東日本大震災時の福島第一原子力発電所の放射能汚染事故を受けて，2012年に環境基本法が改正施行され，放射性物質が公害物質として位置づけられた．

[*13]　ラクトースを発酵的に分解して酸とガスを産生する特定の通性嫌気性細菌群の総称．通性嫌気性とは好気・嫌気条件の両方で生育できる性質をいう．大腸菌群は温血動物の腸管内に生息していることから，ふん便汚染指標として使われているが，自然界で増殖する菌種も含まれるため大腸菌群の存在が必ずしも直近でふん便汚染があったことを示すわけではない．大腸菌群のなかには大腸菌 *Escherichia coli* も含まれるが，大腸菌は自然界での生残性が弱いので，単独でより正確なふん便汚染指標として用いられている．大腸菌群も含めた微生物の生菌数は，一般に寒天平板培地で培養した際に出現した集落（コロニー形成単位＝CFU）の数で表される．一方，検体を複数の段階に希釈してどの希釈段階までに菌が生えてきたかでその検体中の生菌数を統計学的に推定する最確数（most probable number, MPN）法がある．水域の環境基準としての大腸菌群数はMPNで表されている（表9・4a参照）．

表9・4(a)　公共水域の環境基準［生活環境の保全に関する環境基準（河川）］

類型	類型の内容	pH	BOD〔mg/L〕	SS〔mg/L〕	DO〔mg/L〕	大腸菌群数〔MPN/100 mL〕
AA	水道1級，自然環境保全およびA以下の欄に掲げるもの	6.5~8.5	≦1	≦25	≧7.5	≦50
A	水道2級，水産1級，水浴およびB以下の欄に掲げるもの		≦2	≦25	≧7.5	≦1000
B	水道3級，水産2級およびC以下の欄に掲げるもの		≦3	≦25	≧5	≦5000
C	水産3級，工業用水1級およびD以下の欄に掲げるもの		≦5	≦50	≧5	—
D	工業用水2級，農業用水およびEの欄に掲げるもの		≦8	≦100	≧2	—
E	工業用水3級，環境保全	6.0~8.5	≦10	ごみ等の浮遊が認められないこと	≧2	—

表9・4(b)　水質基準類型の内容の説明

類　型	具体的内容
自然環境保全	自然探勝などの環境保全
水道　　1級 　　　　2級 　　　　3級	ろ過などの簡単な浄水操作を行うもの 沈殿ろ過などによる通常の浄水操作を行うもの 前処理などを伴う高度の浄水操作を行うもの
水産　　1級 　　　　2級 　　　　3級	ヤマメ・イワナなど**貧腐水性水域**[*14]の水産生物用 サケ科魚類およびアユなど貧腐水性水域の水産生物用 コイ・フナなど**β−中腐水性水域**[*14]の水産生物用
工業用水　1級 　　　　　2級 　　　　　3級	沈殿などによる通常浄水操作を行うもの 薬品注入などによる高度の浄水操作を行うもの 特殊な浄水操作を行うもの
環境保全	国民の日常生活（沿岸の遊歩などを含む）において不快感を生じない限度

Ⅳの4類型に区分されているが，同様に植物プランクトンの増殖の要因となる海域に適用するとの条件が付けられている．

さらに，2003年に生活環境の保全に関する環境基準のなかに，水生生物の生息状況の適応性に関する環境基準が設定され，2021年現在，全亜鉛，ノニルフェノール，直鎖アルキルベンゼンスルホン酸およびその塩の3項目について，河川，湖沼，海域の基準値が定められている．海域においては，2016年に水生生物が生息・再生産する場の適応性に関する環境基準値が追加され，底層溶存酸素量の基準値が定められている．

9・4・3　総 量 規 制

　環境基準以下の水質にするために，排水基準値を設けて，工場などの排水の規制が行われてきた．しかし，閉鎖性水域の環境基準を達成させるためには，流入する総量を削減する必要があると考えられるようになった．そのため，代表的な閉鎖性水域である東京湾，伊勢湾，瀬戸内海において，CODを対象とする一次総量規制が1980年から始まった．その後，5年ごとに更新し，第5次総量規制からはCODに加えて，正式に窒素，リンも削減対象になった．

　総量規制では，流域に存在する工場や下水処理場の

---

*14　水質の階級を分類する汚濁指数の一基準．きれいな水（**貧腐水性水域**）→少しきたない水（**β−中腐水性水域**）→きたない水（α−中腐水性水域）→大変きたない水（強腐水性水域）の4段階に分類し，それぞれの指標となる生物が決められている．

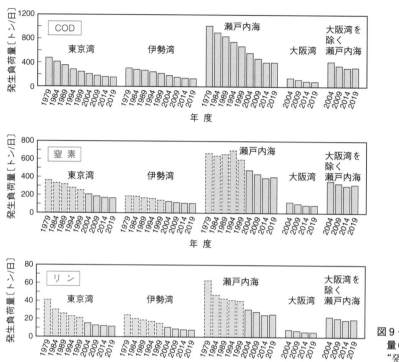

図 9・5　総量規制実施地域の発生負荷量の推移　2019 年度の値は目標量. "発生負荷量管理等調査"（環境省）および関係都府県による推計結果.

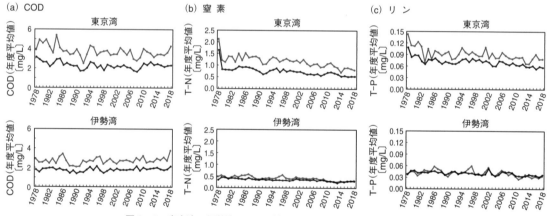

図 9・6　東京湾・伊勢湾の COD(a)，窒素(b)，リン(c) 濃度の変化
ピンクは上層，黒は下層．"広域総合水質調査"（環境省）より．

ような特定汚染源（点源）と，森林，農地，市街地の非特定汚染源（面源）ごとに，流域で発生する発生負荷量の総量を集計し，目標年度には各種対策により現状より削減する計画を立て，実施するものである．図 9・5 に第 7 次までの発生負荷量の結果と第 8 次（2019 年度）の目標値を示す．東京湾では，1979 年と比較して 2014 年にはそれぞれ半分以下に削減されている．伊勢湾や瀬戸内海においてもそれぞれ発生負荷量は着実

に減少していることになっている．図 9・6 に東京湾と伊勢湾について示したが，東京湾の窒素は濃度低下が明確にみられるものの，東京湾のリンや伊勢湾の窒素・リンは総量の削減に見合った濃度の低下にはなっておらず，COD は，ほぼ横ばいである．瀬戸内海では，流入負荷量の減少により水産業に影響が生じているともいわれており，新しい水域環境管理も求められている．

⑩ 環境メディアとしての土

　土壌は，地球の長い歴史のなかで生成した貴重な資源である．地表の平均 18 cm に存在し，人でいうと皮膚に例えられる．陸上生態系の一次生産を支え，大気や水との調整役を果たしている．そのため，土壌がひとたび汚染，劣化，侵食などを受けると，環境破壊へとつながり，人類の生存を脅かしかねない．地球に固有の貴重な財産である土壌資源を適切に保全・管理していくことが，人類の生存のために必須である．本章では環境メディアとしての土壌の特性を紹介し，併せて農業や文明との関係も述べる．

10・1　土 の 役 割

10・1・1　土，土壌とはなにか

　“土”と“土壌”は同じ意味で使われていることが多い（英訳はどちらも soil である）が，区別して用いられることもある．土は，広義には土地および土壌などの総称であり，狭義には粘土や砂など土壌の材料や無機的な物質を表している．一方，土壌の“壌”は長時間かけて醸し出された物理的・化学的・生物的性質の集合体を意味し，土壌は新たな生命体を育むものと解釈される．土壌の存在は，地球上の生物すべてに影響を与え，人類が食料やエネルギーを獲得し，文化や文明をつくり上げる土台となってきた．土壌は地球の長い歴史のなかでつくられた貴重な資源であり，未来永劫その重要性に変わりはない．

10・1・2　土 壌 の 役 割

　土壌は地球の表面を薄く覆っている．その厚さは 10 cm 程度から，1 m 以上に及ぶ場合もあり，世界の平均は 18 cm と見積もられている．植物に代表される光合成生物の一次生産を支え，大気圏，水圏との物質循環の調整役を果たしている．そして，生物圏がそれらをまたぐ領域として存在している．

　土壌の役割はさまざまである（図 10・1）．このなかで，最も重要かつわれわれの生活に身近なものは，一次生産者である植物に水と養分を供給し，植物を育て

ることである．“肥えた土壌，痩せた土壌”といわれるように，土壌によって水分や養分を供給する能力が異なる．次に重要なのは分解者としての役割である．“万物は土から生まれて土に還る”といわれるように，落葉落枝，動植物の遺体などの有機物は土壌中で分解され，養分となって再び植物に吸収される．このような分解作用は，具体的には**土壌微生物や土壌動物**[*1]（表 10・1）が担っている．

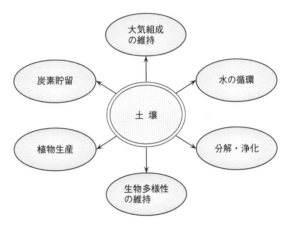

図 10・1　土壌のさまざまな機能

　土壌は生物地球化学的循環の点でも重要で，大気圏および水圏との間の水や物質循環の要（かなめ）として機能している．また，炭素の貯留や生態系の生物多様性の維持などにおいても中心的な役割を担っている．

[*1]　**土壌微生物**: 土壌中に生息する微小な生物の総称で，多くは単細胞生物である．細菌やアーキアなどの原核生物，カビなどの真核微生物を含む．放線菌とよばれる糸状性の細菌の仲間は典型的な土壌微生物であり，“土臭い”においのもとになっている．土壌動物とは，土壌に依存して生活する動物の総称である．落ち葉などの植物遺体の分解など，物質循環において重要な役割を担っている．土壌動物はサイズ別に大型（macrofauna），中型（mesofauna），小型（microfauna）に分けられる．大型のものではモグラやミミズなど，中型のものはダンゴムシ，ササラダニ，線虫など，小型のものでは鞭毛虫や繊毛虫といった原生動物，ワムシなどが含まれる．

表10・1　主要な土壌微生物・土壌動物の個体数とバイオマス量

	個体数		重　量
	（1 m² 当たり）	（1 g 土壌当たり）	〔wet kg/ha〕
細　菌	10^{13}～10^{14}	10^8～10^9	300～3000
放線菌	10^{12}～10^{13}	10^7～10^8	300～3000
糸状菌	10^{10}～10^{11}	10^5～10^6	500～5000
微小藻類	10^9～10^{10}	10^3～10^6	10～1500
原生動物	10^9～10^{10}	10^3～10^5	5～2000
線　虫	10^6～10^7	10～100	1～100
ミミズ	30～300		10～1000
節足動物	10^3～10^5		1～200

Alexander (1977), Brady (1974), Lynch (1986) をもとに作表.

10・2　土壌と物質循環

　地球上の炭素や窒素は，大気中ではそのほとんど全量が無機態の CO_2 や N_2 の形態で存在し，海洋中でも無機態の炭素，窒素が大部分を占める．一方，陸域では有機態の炭素や窒素が主要な存在形態である．特に，土壌中では，炭素や窒素の大部分が植物遺体，腐植[*2]および微生物バイオマスとして存在している（図10・2）．また，陸上では植物，特に樹木のバイオマスが最も大きい有機態炭素プールになっている．

10・2・1　土壌生物の働き

　土壌1g中には数千種類，数億～数十億個にも達する細菌が生息し，10～100mの長さの糸状菌の菌糸がみられる．さらに，数万～数十万の原生動物，1～100

頭の線虫も生息する．土壌はまさに生物の宝庫である．土壌微生物の大半，ならびに，すべての土壌動物はその生育に有機物を必要とする従属栄養生物であり，これらが共同して落ち葉などの植物残渣や動物の遺体・排泄物を分解する．土壌にもともと存在する腐植も土壌生物により分解される．有機物の分解に伴って，有機物に含まれる窒素やリン，硫黄なども無機化され，植物に利用可能な形態となる．こうして生物が生きていくうえでの必須な元素の多くが土壌と植物との間を循環する．土壌微生物のなかには，無機化合物の酸化によりエネルギーを得る独立栄養生物が存在し，これらはアンモニア態窒素，硫化水素や硫黄，鉄やマンガンなどを酸化し，元素循環の一部を担う．

10・2・2　炭素の循環

　地球上の炭素循環（図10・2）において，温室効果ガス削減の観点から土壌のもつ炭素貯留機能に注目が集まっている．腐植は，大気中から二酸化炭素を吸収して生育した植物由来の落葉落枝などが分解されて生成したものであり，重要な炭素貯蔵庫である．土壌中に腐植として蓄えられた炭素は徐々に分解されて二酸化炭素となり，再び大気に戻るため，この炭素貯蔵を増やせば，その分大気中の二酸化炭素を減らすことができる．この循環を担っているのが土壌生物である．土壌に含まれる炭素の総量は表層1mの範囲だけでも1兆5000億トンもあり，これは陸上のあらゆる植物のなかに存在する炭素の約3倍，大気中の二酸化炭素に含

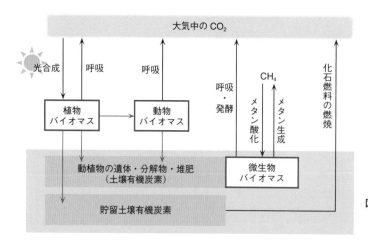

図10・2　土壌と大気間における炭素循環
黒矢印は無機炭素，赤矢印は有機炭素の流れを示す．

---

*2　腐　植：土壌有機物のうち微生物体と新鮮植物遺体を除くすべての有機物を意味し，土壌有機物と同じ意味で用いられることもある．腐植の実体は暗色，無定形の高分子有機物であり，腐植を多く含むほど土壌は暗黒色を呈する．土壌肥沃度の指標となるほか，団粒構造の形成に土壌粒子間の接着剤として欠かせない．

まれる炭素の約2～3倍に及ぶ.

　亜寒帯や寒帯に分布する**泥炭土**は，大量の有機物を貯留する貯蔵所としての役割を果たす.泥炭土は低地にあって，10 m以上の層をもつこともあり，大量に有機物をため込んでいる.寒冷地域にあることや水につかった貧酸素条件下にあることで微生物の分解活性が抑制され，その結果，有機物に富む泥炭土が生成する.ツンドラの下には**永久凍土**が存在し，低温のため微生物による活動が抑えられ，有機物が蓄積している.地球温暖化によって，泥炭土やツンドラの有機物の分解

が進むことが危惧されている.また，自然発火による火災や森林伐採により森林が消失すると，表層土壌の地温が高まり永久凍土の一部が融解し（図10・3），湿地帯や沼地が生成しメタン発生源となる.

10・2・3　窒素の循環

　農耕地土壌の窒素循環（図10・4）では，まず，大気中の分子状窒素が**根粒菌**やその他の**窒素固定菌**によりアンモニアに還元され，有機態となった窒素が土壌に加わる（生物学的窒素固定）.そして，植物体がすき込まれると土壌微生物により分解を受け，有機態窒素やアンモニア態窒素に変化する.降雨とともに少量のアンモニア態窒素，硝酸態窒素が大気圏から土壌に加えられる.くわえて，人類は**ハーバー・ボッシュ法**[*3]とよばれる工業的窒素固定により，空気中の窒素を窒素肥料（尿素，硫酸アンモニウム，硝酸アンモニウムなど）に変換し，化学肥料として農耕地へ多量の窒素を投与してきた.植物はアンモニア態窒素や硝酸態窒素を吸収・同化し，有機態窒素に変換する.微生物もまたアンモニア態窒素や硝酸態窒素を窒素源として吸収・利用する.植物や微生物に同化されなかったアンモニア態窒素は，**硝酸化成菌（硝化菌）**によって硝酸態窒素へと変換される.硝酸態窒素は土壌中の嫌気的環境で脱窒菌による脱窒作用により，亜硝酸態窒素NO_2^- → 一酸化窒素NO → 亜酸化窒素N_2O → 分子状窒素N_2へと順に還元され，分子状窒素は土壌から大気へと揮散する.中間代謝産物の亜酸化窒素（常温常圧では気体）は，比較的水にも溶けるため土壌中に

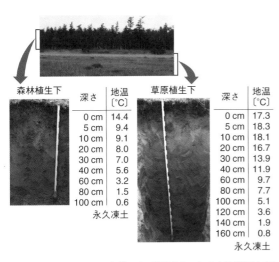

森林植生下		草原植生下	
深さ	地温[℃]	深さ	地温[℃]
0 cm	14.4	0 cm	17.3
5 cm	9.4	5 cm	18.3
10 cm	9.1	10 cm	18.1
20 cm	8.0	20 cm	16.7
30 cm	7.0	30 cm	13.9
40 cm	5.6	40 cm	11.9
60 cm	3.2	60 cm	9.7
80 cm	1.5	80 cm	7.7
100 cm	0.6	100 cm	5.1
永久凍土		120 cm	3.6
		140 cm	1.9
		160 cm	0.8
		永久凍土	

図10・3　シベリアの森林および草原下にある土壌断面と深さごとの地温　森林に比べ草原下では地温が高く，永久凍土が出現する深さが深くなっている.また，草原下の土壌の方が色が淡いため，有機物分解が進んでいることが読み取れる.地温は7月の日中の例.

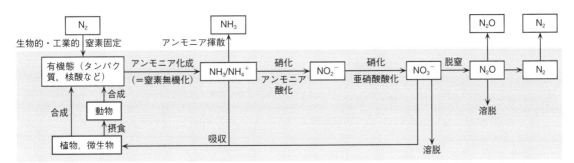

図10・4　農耕地土壌と大気間における窒素循環［西尾道徳著，"農業と環境汚染"，農文協(2005)をもとに一部改変］

---

*3　ハーバー・ボッシュ法: 大気中の分子状窒素および天然ガスを改質して得られる水素を原料とする窒素の工業的固定法である.鉄を触媒として窒素と水素を高温高圧下で直接反応させ，アンモニアを合成するこの方法の開発によって，窒素肥料を世界中の農地に供給できるようになり，食料増産に大きく貢献した.その結果，生態系の食物連鎖に依存する本来のヒトのバイオマス生産をはるかに上回る速度で世界の人口は急速に増加した.工業的窒素固定は，地球生態系における最大の窒素固定源であると同時に，多量の温室効果ガス発生の要因の一つになっている.なお，ドイツが第一次世界大戦を開始した背景に，この開発により爆薬の原料の大量生産が可能となったことがあるという説がある.

留まり，さらに分子状窒素へと還元されることもあれば，亜酸化窒素として大気中に放出されたり，ごく一部であるが浸透水とともに下方へと溶脱する．

10・3　世界の土壌と食料生産
——食べ物をつくる土

10・3・1　土壌の成り立ち

　土壌はいったいどのようにして形成されるのであろうか．土壌科学の祖といわれるロシアの V. Dokuchaev は，**土壌の生成**は岩石や堆積物というその母材だけでなく，気候，植生，地形，時間などによって大きく異なることを明らかにした．その後，H. Jenny は，土壌の生成（S）が気候（cl），ヒトを含む生物（o），母材（p），地形（r），時間（t）の五つの要因の総合として生成されるとして，$S=F(cl,o,p,r,t)$ と表現した．これらの要因のうち一つでも異なれば，土壌の性質は同じにはならない．

　岩石や火山灰などの母材が地表で水，空気，生物と接すると**風化**が始まる．風化は，物理的，化学的，生物的作用が組合わさって進行し，長い年月を経て土壌を生成する（図 10・5）．

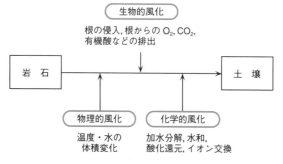

図 10・5　岩石の風化と土壌の生成

　物理的風化作用とは，岩石が機械的に崩壊することで，おもな要因は温度変化と，それに伴う水の体積変化（凍結と融解）である．

　化学的風化作用では，太陽の熱，雨，風，波による風化を受けて母岩が崩壊する．崩壊してできた破片が堆積して，水溶性成分が溶出し，溶出した成分が水，

酸素，二酸化炭素と反応して，新しい鉱物が生成される．たとえば，ケイ酸塩鉱物は弱酸の塩であるため，水と接触すると少しずつ溶解する．土壌中の二酸化炭素濃度は，微生物や植物の根の呼吸によって大気中より高くなっているが，水に溶けると弱酸性の炭酸水素イオン HCO_3^- を生成し，鉱物と反応する．そのほか，水和，キレート化，酸化還元，イオン交換などの作用によって岩石の性質が変化し，構造が不安定化する．

　生物的風化作用は，動物，植物，微生物が要因となるものである．岩石の上に植物がすみつくと，植物の根は岩石の割れ目に入り，岩石を少しずつ破壊していく．動物による撹乱によって岩石の中に酸素が入りやすくなり，水の侵入も容易になり風化が促進される．植物や微生物の呼吸により生じる二酸化炭素を含んだ水は，岩石をしだいに溶かして細かくする．植物の根から分泌される有機酸や酵素も化学反応を促進する．植物の遺体は微生物によって分解され，その一部が腐植となって蓄積する．

　岩石の破片や粒子から溶け出した無機物が反応し合って，微小な粘土鉱物とよばれる粒子が生成される．やがて，粘土鉱物，溶け出した無機物，有機物などの量が増え，植物が吸収できる養分が増加するとともに，これらの物質が互いに反応し合って**団粒構造**[*4] が発達する（図 10・6）．このような土壌の構造的な発達とともに，生育できる植物の種類や量も変化し，供給される有機物量が増加して土壌の生成が加速される．

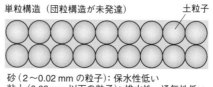

単粒構造（団粒構造が未発達）　　　　　　土粒子

砂（2〜0.02 mm の粒子）：保水性低い
粘土（0.02 mm 以下の粒子）：排水性・通気性低い

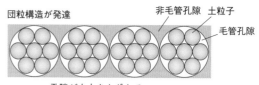

団粒構造が発達　　　　非毛管孔隙　土粒子
　　　　　　　　　　　　　　　　毛管孔隙

孔隙が大小さまざまで
保水性，排水性，通気性良好

図 10・6　単粒構造と団粒構造

---

*4　**団粒構造**: 土壌粒子が互いにくっつき合って小さな塊を形成している状態をいう．団粒の内部には保水性のある微細な毛管孔隙が形成され，外部には排水性や通気性を高める非毛管孔隙が形成される．そのため，作物の生育にとって，保水性，透水性のバランスのとれた状態がつくり出される．また，団粒の内部には嫌気的な微小環境がつくられ，畑土壌といえども嫌気的微生物が生育する要因となる．

10・3・2　成帯性土壌

　土壌の生成は気候と植生の影響を強く受ける．降水量は土壌中の水の移動に伴う無機成分の溶脱や集積に影響し，植生も土壌中の有機物やその他の物質の溶脱や集積に強く影響する．植生帯の変化と関連して帯状に存在する土壌を**成帯性土壌**といい，以下の例がある．

　1）ドイツからロシアにかけての北ヨーロッパの土壌は冷涼で降水量の少ない気候条件下で生成し，化学的な風化が進んでいないために養分の含有量が多い．団粒構造が発達し，保水性・透水性も良好であり，“土壌の皇帝”とよばれるチェルノーゼが代表例である．これと同様な土は北米中西部のプレーリー，アルゼンチンのパンパの草原にみられる．

　2）寒冷・湿潤な針葉樹林地帯では，落葉落枝は分解されにくく，地表に堆積し，堆積した有機物は強い酸性になる．この有機物の一部は下方へ浸透する水に溶けて移動し，その過程で鉄やアルミニウムを溶かし，下層にそれらを沈殿集積させる．ポドゾルとよばれるこのような土は強酸性で無機養分が少なく，生産力が低い．ポドソルは森林，放牧地として利用されている場合が多い．

　3）熱帯地方では一次生産が高い一方，土壌微生物の活動が活発なため植物遺体は速やかに分解される．そのため腐植の蓄積が少ない．高温，多湿条件下で長期にわたってさらされてきたため，塩基類が溶脱し，溶解しにくい鉱物（鉄やアルミニウムの水酸化物や酸化物）や粗い砂粒子が多く存在する土壌となっている．

10・3・3　運積性土壌と残積性土壌

　岩石の風化生成物が風・水などによって，他の場所に運ばれて積もった土壌を**運積性土壌**という．風に運ばれて積もった土壌は風積土壌といい，火山灰土壌の多くがこの分類に入る．水によって運ばれた土砂が堆積してできた土壌を水積土壌といい，沖積世（約1万年前から現在まで）に運ばれた**沖積土壌**はその代表例である．長い河川の河口付近で河川の流速が減少すると，運搬されてきたシルトや粘土が三角形に広がって堆積し，平坦な低地である**三角州**を形成する．三角州地域では洪水のたびに土砂が絶えず供給されるので，

肥沃な土壌が生成する．長い河川の下流に生成した肥沃な三角州は，チグリス川とユーフラテス川の下流のメソポタミア文明，ナイル川下流のエジプト文明，インダス川下流のインダス文明，黄河下流の黄河文明という古代文明発祥の地となっている．このような三角州では，無肥料栽培でも高い収量が得られた．

　運積性土壌とは異なり，岩石の風化生成物がその場所に残って生成した土壌を**残積性土壌**という．岩石の性質を強く反映した土壌であり，洪積世（約200万年前〜1万年前）に材料が運ばれ，そこで土壌の生成が行われた**洪積土壌**がその代表例である．

　火山灰土壌は火山放出物を母材とした土壌で，日本では“黒くてホクホクした土”の意味で**黒ボク土**ともよばれる．火山山麓，台地および沖積地の一部などに広く分布し，わが国の畑の約半分を占める．この土壌は火山放出物が高温多湿の条件下で急激に風化し，ケイ酸や無機成分が溶脱するとともに粘土鉱物が生成し，草本植物が盛んに繁茂して多量の有機物が集積してできたものである．黒ボク土は腐植含量が高く，仮比重が小さい．仮比量とは，単位容積当たりの土壌の重量〔g〕を通常乾燥土 100 mL 当たりで表したもので，膨軟な土壌ほど値が小さい．また，黒ボク土はリン酸を吸着しやすいという特性がある．

　農業利用の面では，黒ボク土は団粒構造が発達し，保水性，透水性が良好で，耕しやすい．一方，土壌 pH が低く植物に酸性害が出ることが多い．また，植物の生育に最も重要な要素の一つであるリン酸が黒ボク土では特異的に吸着されるので，リン酸の肥効が著しく劣ることが耕作上の大きな問題であった．しかし現在は，石灰やリン酸資材の施用によってこれらの問題が克服され，逆に生産性の高い土壌となっている．むしろリン酸が過剰に蓄積している土壌も散見される．

10・3・4　土壌の有機物と作物の生産性

　作物生産における有機物の重要性は従来からよく認識されている（図10・7）．有機物は土壌の肥沃度の重要な構成要素であり，農耕地に**堆肥**[*5]（図10・8）などの有機物を施すことが昔から農法の基本とされてきた．また，**緑肥**[*6]（図10・9）による有機物供給も推

---

*5　**堆　肥**：稲ワラなどの作物残渣，家畜ふん尿，生ごみなどを堆積し，微生物の作用で腐熟させた資材．コンポストともよばれる．堆肥化の際に発熱するため，有害微生物や雑草種子が死滅したり，悪臭成分が分解され，水分が低下するため，取扱いやすくなる．

*6　**緑　肥**：後作物への肥料的効果を目的として利用される作物で，緑肥自体は収穫せず，植物体はすべて土壌にすき込まれる．土壌有機物含量を増やすほか，硝酸イオンなどの溶脱防止，下層土の改善，特に窒素固定能をもつマメ科の緑肥は土壌の窒素肥沃度を向上させる．さらに，土壌伝染性病原菌や植物寄生性線虫に対して防除効果をもつ緑肥もある．

奨される．土壌有機物は植物や土壌生物の栄養源として働くだけでなく，土壌の柔らかさ，水分保持力など，土壌のさまざまな性質を改善する．土壌は有機物含有量が多いほど柔らかくなる．有機物はその重量の20倍もの水分を保持するため，土壌の保水力を増大させる．さらに，土壌の粒子を結合させて，団粒構造を発達させ，土壌の浸食を防止し根の生育を促進する．土壌有機物は負に荷電した官能基を多く含むため，アンモニウム，カルシウム，マグネシウム，カリウムなどの陽イオンの保持に貢献している．有機物中の負電荷の

官能基は弱酸としての性質を示すことから，土壌のpHに対する緩衝力をもたらしている．

土壌有機物はさまざまな有機成分を含有し，土壌微生物や土壌動物の多様性を支えている．多様な生物相は健全な土壌の機能を維持するために重要である．土壌微生物は，農薬やそのほかの人為起源化学物質の分解，無毒化にもかかわっている．土壌有機物の保全と利用は，環境保全と持続的な農業生産にとって不可欠である．

10・3・5　土壌と食料生産

土壌は作物を育てるうえで，さまざまな役割を担っている．1）植物の根を伸長させて作物体を支える（作物体の支持），2）根が必要とする水分と酸素を同時にほどよく供給する（水と酸素の同時供給），3）気温に比べて変化の幅が小さい地温を保ち，pHもある幅の範囲で調節する（物理・化学的緩衝能），4）粘土や土壌有機物が養分を吸着するとともに，土壌微生物が養分を一時的に貯蔵し，降水で養分が溶脱するのを防ぎ，作物への養分供給を調節する（養分供給の調節），5）多様な生物を育むことによって病原菌の増殖をある程度抑制する（病原菌の抑制）．

農業にとって良い土壌とは，作物がよく育ち，生産が持続する土壌である．すなわち，柔らかい土壌が厚く堆積し，養分を多く含み，pHが適切な範囲にあり，適度な排水性・保水性・通気性をもつ．養分に関しては，化学肥料を施用することで作物の生産性が大いに向上するが，土壌自体の養分供給能力も非常に重要となる．それは，多くの作物が化学肥料に留まらず土壌からも多くの養分を吸収して生育するからである（図10・10）．

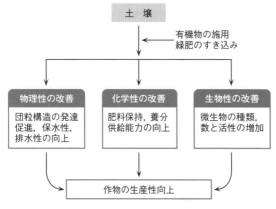

図 10・7　有機物の施用による土壌改良効果

図 10・8　堆肥製造の様子　家畜ふんなどを堆積して，適宜，切り返しを行う．真ん中に見える白い煙は，内部が高温になり生じた水蒸気．

図 10・9　緑肥の例　緑肥は栽培した植物をすき込み，次作の肥料とするもので，写真はマメ科のクロタラリア（sunn hemp，コブトリソウ）．

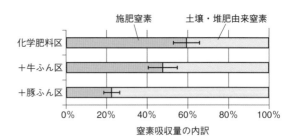

図 10・10　作物が吸収する窒素の由来　トウモロコシの例．3種類の土壌にそれぞれ硫酸アンモニウムと牛ふん堆肥あるいは豚ふん堆肥を合わせて 15 kg-N/10 a となるように施用し，トウモロコシを栽培 ［西尾隆，三浦憲蔵，土肥誌，**75**, 445-451(2004)より］

農耕地は畑と水田に大別される．2019年の農林水産統計によれば，わが国の全農耕地面積440万 ha のうち46％が畑で，54％が水田となっている．両者の特徴を図10・11に示す．

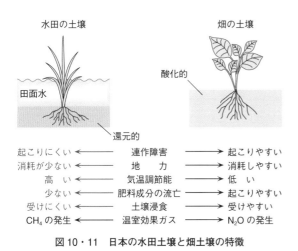

図10・11 日本の水田土壌と畑土壌の特徴

a. 畑の特徴

日本の畑土壌の特徴には，次のようなものがある．

1) 降水量が蒸散量を上回る湿潤気候条件下にあるため，塩基類が溶脱しやすく，土壌が酸性化しやすい．畑は水田と違って常に表層土壌が大気にさらされているので，土層全体が酸化的な状態にある．土壌中の有機物は好気的微生物による生分解のほか，紫外線などによる化学的分解も受ける．このため，気温が同じであれば，畑に添加された有機物の分解速度は水田よりも速い．

2) 活性アルミニウムは，反応性の高い粘土鉱物中や腐植複合体などのアルミニウムのことであり，これを多く含む黒ボク土の分布面積が畑の約5割を占める．活性アルミニウムはリンを難溶性にするため，黒ボク土のリン酸の肥効は低い．また，多孔質であるため，透水性，保水性などの物理的性質は良いが，乾燥時には過乾になりやすく，風による土壌の侵食（風食）を受けやすい（図10・12）．

3) 地形的に傾斜のある所では，台風期など降水量の多いときに水の浸食を受けやすい．

4) 集約的農業が営まれ，化学肥料の多用による土壌の酸性化，リン酸の過剰蓄積などの問題が起こりやすい．野菜産地では土壌病害など**連作障害**が発生しやすい．連作障害とは，毎年同じ作物を同じ場所で育てる過程でしだいに生育不良となる現象のことをいう．原因は，**土壌伝染性病原菌**や**植物寄生性線虫**（ネマトーダ[*7]）といった土壌の生物性に関するもの，あるいは，養分の不均衡や酸性化といった土壌の化学性である．

図10・12 風による土壌の浸食 作付けされていない畑では，乾燥条件が続くと，強風により表層土壌が失われやすい．

b. 水田の特徴

わが国では弥生時代から米を中心とした農業が行われている．作付け期間中に湛水する（水を張る）ことから水稲とよばれ，水稲を栽培する水田は灌漑水を自由に得ることができ，水はけがあまり良くない場所に分布する．畑と比較した水田の特徴は，

1) 畑作で最も深刻である連作障害が水田では起こりにくい．水稲栽培は湛水状態で行われるので，無機成分の過剰な蓄積や有害物などの蓄積が起こりにくい．酸素が不足し，還元状態が発達するため，土壌伝染性病原菌や植物寄生性線虫を駆除できる．なお，イネを畑状態で栽培する陸稲では，連作障害が問題となる．

2) 灌漑水からの養分供給量が多い．

3) 地力の減耗が少ない．酸化的な畑に比べて，有機物の分解が緩やかで，徐々に無機化した窒素は水稲に有効利用される．

4) 気温調整能が高く気象災害に強い．

5) 畑作では水が制限となり，収量の年次変動が大きいが，水稲では水が制限とならず，収量が安定している．

6) 水田は表面が平らであり，水による侵食が少なく，

[*7] **線　虫**：線形動物門に属する動物の総称．寄生性の回虫なども含まれるが，大半の種は土壌や海洋中で非寄生性生活を営んでいる．土壌中の線虫は，植物に寄生し農作物に被害を起こす植物寄生性線虫と自由生活性線虫（自活性線虫）の二つに大別される．後者は，細菌やカビなどを餌とし，物質循環において生態的に重要な位置を占め，有用線虫ともよばれる．線虫の一種 *Caenorhabditis elegans*（シー・エレガンスとよばれることが多い）は，多細胞生物のモデル生物としてよく研究されており，多細胞生物としては最初に全ゲノムが解読された．

土壌表面が湿潤である期間が長いため，土壌浸食が問題とならない.

7）水田は雨水の貯蔵および地下水の涵養（かんよう）の役割をもつ.

8）灌漑水中の窒素やリン酸を吸着，除去するなどの環境浄化能をもつ．また，還元層では無機態窒素がアンモニア態として存在するので，窒素の流亡が少ない.

水田の欠点としては，湛水に伴って水稲の生育に対して還元障害が起こること，農作業として圃場（ほじょう）を平らにすることが必要なこと，温室効果ガスが発生すること（後述）などがあげられる.

10・4　土壌と環境問題

10・4・1　温室効果ガスの発生

水田は環境保全的な役割が高く評価されているが，同時に温室効果ガスの一種である**メタン CH_4** の発生源の一つになっている（図 10・13）．メタン 1 g の**地球温暖化係数**（GWP, Global Warming Potential）は二酸化炭素 1 g の 28 倍であり，少量でも地球温暖化に大きく影響する．地球規模でのメタンの発生量のうち，水田に由来する部分は約 10% で，農業にかかわる発生源としては畜産についで多い．酸化状態にある作土の酸化還元電位 E_h は 400〜700 mV であり，還元されると -200〜-300 mV になるが，メタンは還元が最も進行したときに発生する．メタンは絶対嫌気性微生物である**メタン生成菌**[*8] のエネルギー代謝の最終生成物である.

亜酸化窒素 N_2O（一酸化二窒素）は，通常の大気中濃度が 0.3 ppm と二酸化炭素の 1000 分の 1 程度にすぎないが，その GWP は二酸化炭素の 265 倍であり，オゾン層破壊物質でもある．前述したように，窒素肥料の多くはアンモニア態窒素として農耕地に施用されるが，これが土壌中で硝化菌の作用により硝酸イオンに変換され，硝酸イオンはさらに脱窒菌によって分子状窒素まで還元される．この硝化と脱窒活性の過程で，副産物および中間代謝産物として亜酸化窒素が生成し，大気への放出が起こる．施肥した窒素肥料のうち大気に放出される亜酸化窒素の割合を示す排出係数は，水稲で 0.46% なのに対し，畑作物では 0.97%，施肥量の多い茶では 4.6% となっている．世界の農耕地約 15 億 ha の 90% は畑状態にあるため，硝化・脱窒過程からの亜酸化窒素の生成は大きな問題である.

10・4・2　土壌汚染

土壌汚染とは，土壌に重金属や難分解性の油類などの汚染物質が蓄積し，土壌の生産性が損なわれたり，安全な農産物が収穫できなくなったり，場合によってはヒトの健康被害にかかわる現象をいう.

a. 重金属汚染　　土壌を汚染する重金属としては，銅 Cu，カドミウム Cd，亜鉛 Zn，水銀 Hg，鉛 Pb，ヒ素 As，ニッケル Ni，クロム Cr などがあげられる.

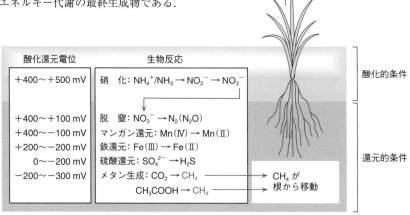

図 10・13　水田からの温室効果ガスの発生　土壌中の酸化還元電位と生物反応との関係.

[*8]　**メタン生成菌**：メタンを生成する嫌気微生物の総称で，アーキアに属する原核生物である．水素を電子供与体として二酸化炭素を還元してメタンを生成するほか，酢酸，ギ酸，メタノールなどをメタン生成に利用できるものが存在する．水田，沼地，水界堆積物，ウシの腸内（ルーメン）などの動物消化管，地殻内などに広く存在し，地球上で放出されるメタンの大部分を生成している．メタン発酵（嫌気消化）とよばれる水分の多い有機性廃棄物の処理にも応用され，発生するメタンはバイオガスとよばれ，再生可能エネルギー源として注目されている（§8・4・2参照）.

重金属類のなかには植物の必須元素もあり，すべての重金属は低濃度で自然界に広く存在している．一方，汚染の原因となる重金属は，鉱山や工場からの廃水が流入した灌漑水，工業廃棄物や下水汚泥などの直接投棄，肥料・農薬の散布などから土壌に混入する．わが国には小さな鉱山が数多く分布し，以前は鉱山廃水，精錬工場廃水，排煙などに含まれたこれらの元素が，空気や水を通して農地や土壌を汚染し，公害として重大な社会問題をひき起こした．特に，カドミウム，銅，ヒ素に汚染された水田が多く，これらは法律で**特定有害物質**に指定されている．基準値を超える濃度が検出された農耕地は，カドミウム 7050 ha，銅 1405 ha，ヒ素 391 ha となっている（2014 年）．

重金属類で高濃度に汚染された土壌の修復には，土壌の交換（客土）が行われる．カドミウム汚染の場合は，溶出を抑えるための湛水栽培や有機物の施用による還元の促進，硫黄を含んだ資材の投入，pH を上昇させる石灰質資材の投入などの対策がとられる．逆に，ヒ素の場合，高うね栽培や間断灌漑による還元的条件の防止，鉄資材の投入によるヒ素の難溶化などの対策がとられる．下水汚泥を原料とする肥料は多量の重金属類を含む可能性があるため，土壌汚染防止の観点から，最大含有量が肥料取締法により定められている．

重金属類によって汚染された土壌の修復において，微生物を利用した**バイオレメディエーション**[*9]や植物を利用した**ファイトレメディエーション**技術が注目されている．重金属類を含めて特定の物質を特異的に多量に集積する植物は超集積植物とよばれ，通常の非集積植物よりも 100 倍以上の蓄積能力をもつものも見つかっている．

b. 農薬を含む人工化学物質の汚染　農薬の多くは自然界に存在しない人為起源化学物質である．かつては，分解がきわめて遅いため残留しやすく，生態系に大きな影響を及ぼす農薬が使用されていた．現在，土壌中での半減期が 1 年を超える残留性の高い農薬は禁止され，農地に散布しても環境中から速やかに分解消失する低毒性農薬が開発されるようになった．そのため，多くの農薬の半減期が数日から数十日程度である．

現在使用禁止の農薬も含めた**残留性有機汚染物質**は**POPs**と総称され，DDT，PCB，ダイオキシン類などが含まれる（§12・3・1参照）．POPs は生分解されにく

く，油脂に溶けやすい性質をもっているため，生物の体内に取込まれると排泄されずに脂肪に蓄積する．そのため，食物連鎖を通じた**生物濃縮**が起こりやすく，高次捕食者の体内に移行していく．これらは，長期間の曝露により生体内に蓄積し，内分泌撹乱作用，生殖器異常，奇形の発生などをもたらす可能性がある．

10・4・3　土壌劣化

農地の不適切な土壌管理により，土壌が本来もつ生産力が発揮できなくなった状態を**土壌劣化**という（図10・14）．そのため，土壌劣化は食料の安定的な供給を不安定にする．土壌劣化の原因は，土壌そのものの喪失と土壌の特性変化の二つに分けられる．前者は水食や風食とよばれる風雨などにより土壌が失われる現象であり，後者は土壌の作物生産力や再生可能性が低下する現象である．土壌劣化は自然的要因だけではなく，人為的要因によって急速に広がっている．

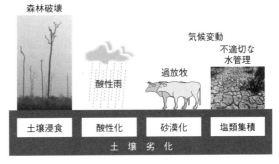

図 10・14　土壌劣化とその要因

a. 砂漠化　**砂漠化**とは，乾燥地（年間降水量250 mm 以下），半乾燥地（250〜500 mm），および乾燥半湿潤地帯（500〜750 mm）において，気候変化，人類の活動などに起因して起こる土壌の劣化である．砂漠化は陸域の生態系を破壊するだけでなく，飢餓をはじめとする人的な被害が甚大である．砂漠化には，気候的要因が 13 %，人為的要因が 87 % 寄与しているとされる．砂漠化の気候的要因は，地球規模の大気循環の変動に起因する乾燥地域の拡大である．人為的要因には，過放牧，薪炭材の過剰採取，過開墾，不適切な水管理による塩類集積などがあり，人口増加が背景となって人為的にひき起こされた土壌劣化によるところが大

---

*9　バイオレメディエーション：汚染地域にもともと生育している微生物を刺激して汚染物質の分解を促進するバイオスティミュレーションと，あらかじめ培養しておいた分解菌を汚染部位に添加するバイオオーグメンテーションの二つの手法からなる．

きい（図10・15）．これらは，植生の減少，土壌侵食の増大にもつながり，土壌の生産性を大きく損なう．

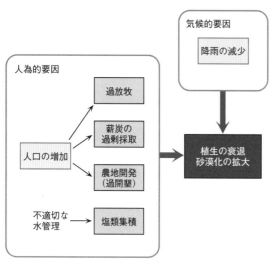

図10・15 砂漠化拡大の要因

b. 酸性雨と土壌 **酸性雨**が地上に降り注ぐと，最も大きな影響を受けるのが，淡水湖や酸性岩に由来する酸性土壌である．前者は緩衝作用を示す物質が少ないため，少量の酸性物質が加わっても湖水が酸性化し，湖水生物に大きな影響を与える．後者は植物の必須成分であるカルシウムやマグネシウムなどの土壌からの溶脱を早めるばかりでなく，植物の阻害物質となるアルミニウムの活性を高め，土壌酸性障害をますます助長する．その結果，酸性雨が降下した酸性土壌における植物の生育は降下以前に比べて悪化する．

また，土壌や地下水の酸性化は，窒素肥料の過剰投与により硝酸イオンが蓄積し溶脱することでも起こる．

c. 土壌浸食 **土壌浸食**とは雨，風，融雪などにより，土壌が地表面から失われてゆく現象で，乾燥地においては砂漠化を進行させ，農耕地でも世界規模で広がっている．世界の耕地から流出する土壌は，年間240億トンに及ぶといわれており，土壌の生成作用との均衡が失われている．土壌浸食によって表層土が失われると（図10・16），作物の生産力が低下する．流

出した土壌は河川によって土砂として流され，河口域に堆積して洪水の原因となる．

d. 土壌塩類化 土壌の無機イオンは，雨が多いところでは地下に溶脱し失われるが，乾燥気候のもとではその多くが土壌に残っている．たとえば，世界四大文明[*10]は大河川の下流域の肥沃な三角州で発祥したが，これらの地域の多くは乾燥した気候条件にあり，灌漑に使う水や河川水の塩類含量が日本の水に比べてはるかに高い．蒸発散量が非常に大きい乾燥地では，灌水しているときは水の動きは上から下へ向いているが，灌水を止めると地表からの蒸発によって水は下から上へ向かって動き始める．この際，水に溶け込んだ塩分も地表へ向かって引き上げられ水のみが蒸発するため，塩類は表土にたまっていく．水が土壌の塩類を下層から地表へと運ぶ（図10・17）．灌漑は場合によっては地下水位を高める．これらの地域の浅層地下水は，塩類濃度が非常に高いので毛細管が地下水から地表面までつながってしまうと，水が土壌の表面から連続的に蒸発して，表土の塩類集積を加速させる．塩類集積は乾燥地帯でのみ起こるわけではなく，日本でもハウス栽培でみられることがある．

図10・16 豪雨により水食を受けたニンジン畑

図10・17 中国北西部の乾燥地帯に広がる塩類集積土壌
地表面に塩類が析出し，そこには植生がみられない．

---

*10 **世界四大文明の衰退と土壌塩類化**：四大文明が栄えた地域における乾燥気候下での灌漑農業は，太陽エネルギーを十分に利用できる，湿度が低く病虫害の発生が少ないなどの利点もあったが，これらの文明は滅びてしまった．豊穣な三日月地帯といわれたメソポタミア文明は，灌漑の結果，土壌が塩類化して作物が生産できなくなり滅びたといわれる．インダス河流域のモヘンジョダロやハラッパーの文明も周辺の森林の伐採による氾濫の増加と土壌の塩類化によって滅びたとされる．エジプトのナイル川流域では，毎年のナイル川の氾濫による自然の養分供給と塩分洗浄作用によって安定した状態が保たれていた．しかし，アスワンハイダムの建設で氾濫がなくなった結果，農地の塩類化が激化しているといわれている．

⓫ 環境メディアとしての大気

　19世紀以降，大量の化石燃料使用を基礎にして，われわれは今日の生活の利便性を築いてきた．しかし，この燃料使用に伴って，温室効果ガスを含む多くの大気汚染物質を排出している．これらは，大気を通じて地球規模に広がり，温暖化をはじめ，種々の環境問題をひき起こす．本章では，大気メディアの特性と大気環境問題の結びつきについて述べる．

11・1　地球大気の物理的・化学的特性

11・1・1　物質循環からみた"地球の許容量"

　われわれは生産活動に伴ってさまざまな化学物質を大気中に放出している．燃料の燃焼を起源とする化学物質は過去200年間で増え続け，特に，20世紀以降の100年間で飛躍的に増えた．その最たるものが，**温室効果ガス**[*1] の代表である**二酸化炭素 CO_2** である．石炭，石油，天然ガスなどの**化石燃料**の燃焼に伴う CO_2 排出量は，1860年に年間2.5億トンであったのに対して，2018年では335億トンと推定されている．約134倍の増加である．世界人口は，1800年で約10億人，2019年で77億人と推定されているので，大まかに言えば，人口が7.7倍，1人当たりの化石燃料使用量が世界平均で17倍になったことを意味する．これに合わせて，大気中の CO_2 濃度は1800年の約280 ppmから，2018年の407 ppmに増加し（図11・1），**地球温暖化・気候変動**の原因になっている．2015年の第21回地球温暖化防止締約国会議（COP21）で採択された"パリ協定"では，2100年での気温上昇を産業革命以前に比べて1.5～2℃以下に抑えることがうたわれており，この実現に向けて，2050年までに CO_2 の年当たり実質排出量を0とするシナリオがIPCCで検討されている．これにより，図11・1にみられる CO_2 濃度の増加率も減速し，また燃焼起源の他の化学物質排出量も削減の方向に進むことが期待される（温室効果ガスと地球温暖化については§14・2参照）．

　化石燃料の燃焼に伴って，二酸化炭素だけでなく，**窒素酸化物**（nitrogen oxide, NO_x）や**硫黄酸化物**（特に sulfur dioxide, SO_2）が排出されている．窒素酸化物は，主として，燃料の高温燃焼に伴い，空気中の酸素 O_2 と窒素 N_2 が分解・再結合することによって一酸化窒素 NO として生成する．硫黄酸化物は燃料に含まれる硫黄 S の燃焼に伴って生まれる．これらの化学物

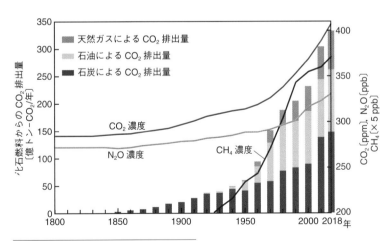

図11・1　化石燃料使用に伴う二酸化炭素（CO_2）排出量の変化および CO_2，亜酸化窒素（N_2O），メタン（CH_4）濃度の変化

[*1]　**温室効果ガス**: 平均温度300 K程度の物体とみなせる地球は，波長12 μm程度にピークをもって，5～50 μmの波長域の赤外線を放射している（§14・2・2参照）．一方，大気中にはこの波長域の赤外線を吸収する H_2O, CO_2, CH_4, N_2O, CFC などの化学成分が存在し，温室効果ガスとよばれる．[*3]で述べる放射平衡モデルは，大気の運動による効果は無視し，この赤外放射と太陽放射を含めて放射の収支のみから気温の概略の鉛直分布を決める．

質は，大気中で硫酸（H_2SO_4，SO_4^{2-}）や硝酸（HNO_3，NO_3^-）に酸化され，**酸性雨**（§11・4参照）の原因にもなり，また粒子状物質の生成を通じて放射に影響を与える．ブラックカーボン（BC）粒子は，温室効果を促進するが，粒子状物質全体としては，その雲生成による放射への間接効果を含めて温暖化の抑制に寄与すると考えられている（IPCC, 2007）．

　現在，人類の排出する化学物質が"地球の許容量"を越えており，"より速く，より強く，より便利に"を最優先してきた従来の技術開発の価値観を転換することが求められている．IPCC（§15・3・4参照）の2001年報告のデータから，CO_2排出を例にとって地球の許容量を考えてみよう．1980年代の化石燃料燃焼によるCO_2排出速度は約5.4 Pg-C/y（すなわち約198億トン-CO_2/年．なお1 Pg-Cは10^{15} gの炭素を表す），植生などによる実質吸収と森林破壊による放出を相殺して陸地生態系[*2]による実質吸収速度は約0.2 Pg-C/y，海洋による実質吸収速度は約1.9 Pg-C/yと推定されている．この結果，大気圏には毎年3.3 Pg-C/yという速度でCO_2が蓄積していくことになる．すなわち，1980年代には，化石燃料燃焼などで人為的に排出されるCO_2の50%強が大気に蓄積していたと推定される．すなわち，化石燃料起源のCO_2排出量を半減すれば，この時点での大気への蓄積が止まっていたと推測できる．このことから，1980年代では化石燃料起源CO_2の年間排出量の半分が大気圏へのCO_2の許容排出速度であったとみなせる．現実には，図11・1に示すとおり排出量は増え続け，2018年時点で化石燃料燃焼に伴うCO_2の排出量は約335億トン-CO_2に達し，1990年時点の1.5倍を超えている．これにより，**大気圏へのCO_2蓄積速度**は1990年から2019年時点までより加速してきた．

　地球の許容量や地球システムの動特性を知るためには，主要なサブ・システムである大気圏における物質循環の理解は欠かせない．本章では，炭素，窒素，硫黄などの元素を含む気相化合物（一部，液相・固相化合物）の大気圏における動態を紹介し，これらの元素循環に環境メディアとしての大気が果たす役割を述べる．

11・1・2　地球大気の鉛直構造
——気温とオゾン濃度

　地球の大気は，気温の変化を指標にして地表面に近い方から**対流圏，成層圏，中間圏，熱圏**に分けられる（図11・2）．人為起源の大気環境汚染が懸念されるのは**オゾン層破壊**が生じる成層圏までだが，図に示すように，このオゾン濃度最大の層は地表面からたかだか30 kmの高さしかない．つまり，地球の平均半径6371 kmのわずか0.5%程度の厚みしかない薄い大気層内でわれわれは暮らし，その汚染を問題にしている．

　図11・2の赤い破線は平均的な気温の変化を表す．対流圏（平均厚さ約10 km）では，地表面から上空にいくに従って温度が低下し，逆に成層圏では高度とともに（50 kmまで）気温が上昇する．この気温分布は，基本的には，大気化学成分による太陽放射の吸収と大気放射（大気自身による長波放射）の射出とのバランス（**放射平衡モデル**[*3]）で決まっている．対流圏では，

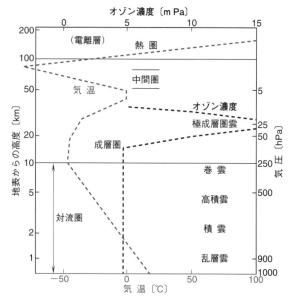

図11・2　地球大気の鉛直構造　気温（---），オゾン分圧（---）．---にみられる高濃度層は成層圏オゾン層を示す．乱層雲，積雲，高積雲，巻雲は図に示した高度で特徴的にみることができる積雲系の雲や層状の雲を表す．

---

*2 陸地生態系: 陸地，海洋でのCO_2の吸収/放出速度は，生態系のあり方と密接にかかわっている．生態系を通じての炭素循環については§8・2・2参照．

*3 放射平衡モデル: 簡単な気候モデルの一種．短波や長波の放射を吸収するO_3，O_2，H_2O，CO_2，その他の物質の濃度の鉛直分布を仮定した地球大気を鉛直方向に多くの層に分け，各層ごとに出入りする太陽放射フラックスと大気放射フラックス（大気からの長波放射）の和が0になっていると仮定して気温の鉛直方向分布を決めるモデル．図11・2に示す地球大気の平均気温の鉛直分布は，このモデルによりそのおおよそが説明される．

さらに太陽光による地表面の加熱によって生じる暖かい湿った空気の対流運動が，気温の高度分布を変化させる．この対流運動から，対流圏を特徴づける積雲や層状雲（§11・3・2参照）といった各種の雲が生まれ，それに伴って地表面で放出された化学物質は上方へ輸送され，化学的な変質を受ける．このような雲生成に伴う輸送と雲水（雨水）中での化学反応が，気相での化学反応とともに，化学物質の大気中での寿命を決める重要な要素になっている．

成層圏では，対流圏とは対照的に，高度とともに気温が上昇する温度分布を示す．成層圏に届く**紫外線**の作用によって酸素の**光分解**と**オゾン**（O_3）の生成が起こり，**オゾン層**が形成されている．このオゾンによる太陽放射の吸収が，成層圏中層・上層における気温上昇の原因である．また，この成層圏の安定成層（高度とともに気温が上昇する状態を表す．§11・2・1参照）が，対流圏と成層圏間の物質交換の速度を大きく制限する．すなわち，地表面に源をもつ多くの化学物質は，対流圏で比較的高い濃度の一様な高度分布を示し，成層圏に入ると急に濃度が小さくなるという分布の特徴をもつ．

11・1・3 地球大気の化学組成
——清浄な空気と汚染された空気

人里はなれた場所での，いわゆる "清浄な大気" と人為的に汚染された空気とは化学組成において何が違うのだろうか．表11・1は，大気中に普遍的に存在すると考えられている化学物質の体積基準濃度の概略値（単位 ppm）を，乾燥空気について示したものである．水蒸気を除いて総和が百万 ppm（100%）になるべきだが，超微量成分も表示しており，厳密には 100% になっていない．また，水蒸気はおおよそこのような範囲で変動しうるものという意味で数字を示している．水蒸気の場合は，湿潤空気中での割合を表すことになる．表11・1のうち，CO_2，N_2O，CH_4 は，現在，人為的な原因で増加を続ける途上にあり，これらの値は現時点での平均濃度を示している（図11・1参照）．

清浄大気に対して，人為的な影響を受けた大気の汚染物質はどのようなレベルにあるのだろうか．例として，日本で環境基準値の定められている大気汚染物質について，愛知県における最近の年平均値を表11・2に示す．また，図11・3には，これらの年平均値の過去45年の推移を示す．SO_2 は，石炭や石油の燃焼から生じ，かつて 1960 年代の**四日市ぜんそく**[*4]を代表とする大気汚染公害の主たる原因であったが，排ガスからの脱硫技術の開発・適用，燃料転換により，目覚ましい濃度削減が図られた．また SO_2 濃度が，1973 年から 2018 年にかけて，1/24 になったことがわかる．同じく，CO は 1/6，**浮遊粒子状物質**[*5]（suspended particulate matter, SPM）は 3/10，NO_2 は 1/2 と，いずれもこの

表 11・1　自然大気の化学組成
（水蒸気は参考）

気体	濃度〔ppm〕
窒素（N_2）	780,840
酸素（O_2）	209,460
アルゴン（Ar）	9,340
二酸化炭素（CO_2）	407
ネオン（Ne）	18
ヘリウム（He）	5.2
メタン（CH_4）	1.86
クリプトン（Kr）	1.1
亜酸化窒素（N_2O）	0.33
水素（H_2）	0.5
キセノン（Xe）	0.08
水蒸気（H_2O）	0〜70,000

表 11・2　大気汚染物質の環境基準値と都市大気中での平均的濃度　2018 年度の愛知県下の観測点群での年平均値範囲（愛知県環境白書，2019 年より）

対象物質	環境基準	年平均濃度の範囲
一酸化炭素（CO）	1 時間値の 1 日平均値が 10 ppm 以下，かつ，1 時間値の 8 時間平均値が 20 ppm 以下	約 0.3 ppm
二酸化窒素（NO_2）	1 時間値の 1 日平均値が 0.04 ppm から 0.06 ppm までのゾーン内，またはそれ以下	0.006〜0.026 ppm
二酸化硫黄（SO_2）	1 時間値の 1 日平均値が 0.04 ppm 以下，かつ 1 時間値が 0.1 ppm 以下	0.001〜0.003 ppm
浮遊粒子状物質（SPM または PM10）	1 時間値の 1 日平均値が 0.10 mg/m³ 以下，かつ，1 時間値が 0.2 mg/m³ 以下	0.013〜0.023 mg/m³
光化学オキシダント（O_x）	1 時間値が 0.06 ppm 以下であること	0.024〜0.038 ppm[†]
微小粒子状物質（PM2.5）	1 年平均値が 15 µg/m³ 以下，かつ，1 日平均値が 35 µg/m³ 以下	7.8〜15.0 µg/m³

† 昼間（定義：5〜20 時）の年平均値

[*4]　**四日市ぜんそく**：1960 年代，三重県四日市のコンビナートから発生した大気汚染を象徴する公害．喘息（ぜんそく）．

45年間で大幅に濃度が減ったが，唯一，**光化学オキシダント**[*6]については，ほとんど変化せず，近年は微増の傾向にある．

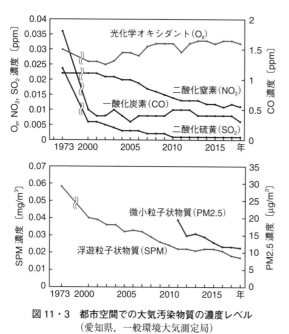

図 11・3　都市空間での大気汚染物質の濃度レベル
（愛知県，一般環境大気測定局）

図 11・3 はいずれも年平均値であって，この図からは表 11・2 に示す各種化学物質の環境基準適合率はわからない．2018 年度の環境基準値適合率は，SO$_2$ や CO はほぼ完全に，NO$_2$ も**一般環境大気測定局**[*7] および自動車排出ガス測定局ともにほぼ 100% 達成されているが，**光化学オキシダント**（O$_x$）は逆に 100% 未達成という状態にある．光化学オキシダント（中身の 95% がオゾン）はいわゆる**光化学スモッグ**[*8] の生成物であ

り，光化学スモッグ反応の原因物質である窒素酸化物（NO$_x$）と炭化水素類の世界的な排出量増加傾向のため，対流圏でのバックグラウンドのオゾン濃度の増加も認められている．人為の影響を受ける都市大気には，これらの汚染物質が含まれているが，表 11・1 の物質と比べると CO 以外はさらに 1～2 桁小さい濃度であることがわかる．大気汚染物質は極微量なのである．

11・2　大気流れと時空間スケール

11・2・1　大気最下層—大気境界層のもつ意味

われわれが出す化学物質は，まず，**接地層**とよばれる大気の最下層（～100 m）に排出される（図 11・4）．接地層は，地表面の摩擦効果による風速の急激な減少（図 11・5a, b）と大気乱れの生成，太陽光による地表面加熱，赤外放射による地表面冷却など地表面の熱的変化の影響（図 11・5b）を直接受ける大気層である．地表面の強い加熱に伴う大気の**不安定成層**[*9] の形成，冷却に伴う**安定成層**[*9] の形成によって，放出された化学物質の上空への移動速度も大きく変わる．たとえば，**接地逆転**[*9] の下では，汚染物質は高さ方向に拡散せず，地表面近くで高濃度が継続することになる．

この接地層の上には，**大気境界層**が 1～2 km の高度まで広がっている（図 11・4）．大気境界層は，地表面加熱に基づく対流運動により，地表付近での気温の日変化が 1 日で伝播する高さと定義できる．たとえば，図 11・5(c) は，地表面から高度 2000 m までの各高度での気温の日変化を表すが，地表面での日最高気温が，出現時間の遅れを伴いながら，高さ 1000 m 程度までは，伝わっていく様子を示している．つまり，このとき

---

*5　**浮遊粒子状物質**：大気中に浮遊する粒径 10 μm 以下の微粒子をさす．PM10 ともよばれる．日本の環境基準値は，mg/m^3 という単位で表されている．土壌粒子，海塩粒子，化学反応で生成する硫酸塩粒子，硝酸塩粒子，有機炭素粒子，無機炭素粒子（ブラックカーボン）などを含む．

*6　**光化学オキシダント**：中性ヨウ化カリウム溶液からヨウ素を遊離するすべての酸化性物質のうち，NO$_2$ を除く物質をいう．通常の環境大気では，O$_3$，PAN（パーオキシアセチルナイトレート；peroxyacetyl-nitrate CH$_3$·CO$_3$·NO$_2$）など光化学スモッグ反応により生成する物質が該当するが，95% 以上が O$_3$ である．

*7　**一般環境大気測定局**：自治体の環境行政部局は，環境基準値が定められている五つの大気汚染物質（CO，SO$_2$，NO$_2$，O$_x$，SPM，PM2.5）について常時監視を行っている．測定局は二つに分類され，一つが特に自動車排出ガスの影響を見るための“自動車排出ガス測定局”，もう一つがそれ以外の大気汚染状況監視のための“一般環境大気測定局”である．

*8　**光化学スモッグ**：大気中の NO$_x$（NO，NO$_2$）と炭化水素類の混合物に太陽光が当たり，光分解反応 NO$_2$+hv → NO+O を期にして始まる OH，HO$_2$ などのラジカル連鎖反応により，反応生成物として O$_3$，PAN，SO$_4^{2-}$，NO$_3^-$，H$_2$O$_2$，有機炭素微粒子などを生じる現象．炭化水素類としてはエタン，プロパン，ブタンなどの飽和炭化水素，エチレン，プロピレンなどの不飽和炭化水素，ベンゼン，トルエン，キシレンなどの芳香族炭化水素，さらにピネン，テルペンの植物起源不飽和炭化水素がある．1940 年代後半～1950 年代初頭に米国ロサンゼルスで顕在化した．（ロサンゼルス型スモッグ）

*9　**不安定層と安定層**：気温がある限界の減率（**断熱減率**）を超えて高度とともに減少するとき，大気は，**浮力**が対流運動を促進・活発化する不安定（成）層となり，上下方向の大気混合が盛んに生じる．一方，高さ方向の気温の減少が断熱減率を超えない，あるいは，むしろ高度とともに気温が上昇するとき，大気は，浮力が鉛直方向の大気運動を抑える復元力として作用する安定（成）層となり，大気の鉛直混合が妨げられる．安定（成）層の例として，地表面で温度が低く，高度とともに気温が上昇する“接地逆転層”がある．また，成層圏の基本の気温鉛直分布は安定成層である．

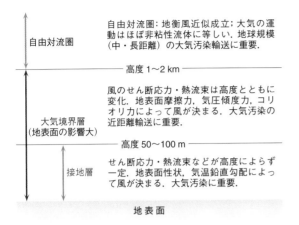

自由対流圏：地衡風近似成立；大気の運動はほぼ非粘性流体に等しい. 地球規模（中・長距離）の大気汚染輸送に重要.

高度 1～2 km

風のせん断応力・熱流束は高度とともに変化. 地表面摩擦力, 気圧傾度力, コリオリ力によって風が決まる. 大気汚染の近距離輸送に重要.

高度 50～100 m

せん断応力・熱流束などが高度によらず一定. 地表面性状, 気温鉛直勾配によって風が決まる. 大気汚染に重要.

地　表　面

図 11・4　大気境界層, 接地層の厚さの概略と各層を特徴づける力学的事項

の大気境界層は 1 km 程度の厚みがあったことを示唆する.

　地球規模で化学物質が広がるには, まず, この大気境界層を通り抜けて**自由対流圏**に到達する必要がある.

11・2・2　さまざまなスケールの大気流れの共存と特有の大気環境現象

　大気中にはさまざまなスケールの気象現象がある. 小は建物やフェンスなど地表面に置かれた構造物の周

りにつくられる**渦流れ**から, 大は地球を取巻く**ジェット気流**の蛇行まで, さまざまな空間・時間スケールの流れ現象が共存している. 図 11・6 は, 空間と時間の座標面上にこれらの気象現象をプロットしたものである. 人為的に排出された化学物質は一次汚染物質とよばれ, 異なるスケールの流れの間を受渡されて地球規模に広がっていく. その間に, 化学反応によって自身が変質し, 二次汚染物質を生み出す. 受渡される "流れ" には, 積雲, 積乱雲, 熱帯低気圧, 温帯低気圧のように, 雨や雪を降らせる気象現象もある. 水への溶解性の大きな化学物質は, 雲, 雨, 雪の粒子に取込まれた後, 降雨や降雪に伴って地表面に戻る. つまり, 化学活性が高く大気中で速やかに変質する物質（光化学スモッグ原因物質）, 降水に取込まれやすい化学物質（酸性雨原因物質）など, その性質に応じて密接に関係する気象現象が定まり, 大気中での寿命や空間的な広がり（時間・空間スケール）が決まる.

　典型的な大気汚染現象について, 時間・空間スケール, 関与する物理・化学過程を表 11・3 にまとめる. また, これらの大気汚染現象をそれぞれの代表スケールに応じて図 11・6 に示す. たとえば, 都市域から排出された窒素酸化物と炭化水素類を出発物質とする光化学スモッグの進行は速く, おもな化学反応は 1 日（太陽光の存在する半日）で終了し, 生成物である光化学

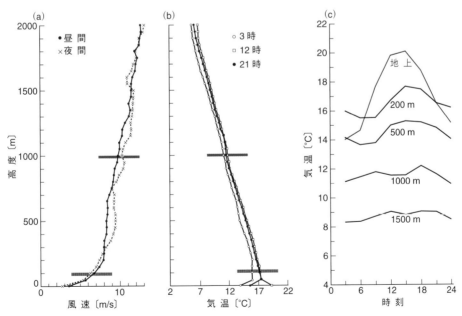

図 11・5　大気境界層内の風速, 気温, 気温の日変化　(a) 風速, (b) 気温, (c) 気温. 図(a), (b) の赤線は接地層, グレー線は大気境界層のそれぞれ上端を示す.

表11・3　大気汚染の空間・時間スケール

大気汚染現象	空間スケール	時間スケール	物理・化学過程
大気汚染（沿道での自動車排気による）	道路周辺, ストリートキャニオン[†], 接地層：〜100 m	＜1時間	主として移流, 拡散
光化学スモッグ	都市規模〜地域規模：〜1000 km, 大気境界層：〜2 km	1日〜数日	移流, 拡散, 化学反応, 乾性沈着
酸性雨（雪）	地域規模〜多国間規模：〜数千 km, 大気境界層〜対流圏下部	数日〜数週間	移流, 拡散, 化学反応, 液相化学反応, 乾性沈着, 湿性沈着
成層圏オゾン層の破壊, 地球温暖化	地球規模：数万 km, 対流圏〜成層圏	数カ月〜数十年	移流, 拡散, 化学反応, 地表面過程（生物圏, 海洋との相互作用）, 成層圏オゾンの破壊：$O_3+Cl \rightarrow O_2+ClO$, $O_3+ClO \rightarrow 2O_2+Cl$

† 両側を高い建物で囲まれた道路空間を, 両側を高い崖(山)に囲まれた峡谷になぞらえてストリートキャニオンという.

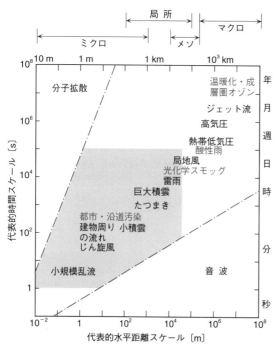

図11・6　気象と大気汚染の時間・空間スケール
グレー部分は大気境界層に密接に関係した領域.

オキシダント濃度は日周期性を示す. したがって, 晴天時に1日を周期として発達する海陸風・山谷風と光化学スモッグは密接に結びついている. 後述する酸性雨（§11・3・3参照）は, SO_2 が SO_4^{2-} に酸化されて微粒子化し, 雲が生まれるときの凝結核として作用して, さらに降水にまで至って初めて発生する. この間, 国境を越えて汚染物質が輸送されて影響を与える場合もあるため**越境汚染**と称されることもある. さらに, CO_2, N_2O, CH_4, CFC などの大多数の温室効果ガス（§14・2・3参照）は, 不活性で寿命が長いため, 地球規模で広がり, 数十年〜百年にわたって大気中に蓄積していく.

11・2・3　異なる大気流れを受渡される大気化学物質

われわれが放出した大気汚染物質が実際にどのように対流圏全体に広がっていくか, コンピュータシミュレーションの結果を用いて可視化してみよう. まず, 図11・7(a)は, 都市空間で放出された化学物質が, 建物やフェンスの存在によってつくり出される渦流れに巻込まれて接地層（図11・4, 11・5）を広がっていくことを表す. この化学物質は, 次に都市空間を吹き抜ける海陸風や山谷風など, 100 km〜数百 kmスケールで吹く風（局地風, 図11・6参照）に乗って水平方向に輸送され, 同時に鉛直方向には大気境界層全体に拡散する（図11・7b）. 局地風は, 複雑な海岸線で縁どられる海陸の分布や山岳地形・谷地形の存在によってひき起こされる. すなわち, 太陽光による地表面加熱が水平方向に異なることによってつくられる流れである. たとえば, 海面は陸地の道路や建物, 土壌に比べて比熱が大きく, 同じ太陽光エネルギーの入射に対して温度の上がり方は小さい. さらに, 動けない陸地表面に比べて海水は海表面と海面下で交換の速度が速く, 深さ方向の熱伝達が大きいことも, 海表面の温度が陸地面に比べて1日中一定を保つ原因になっている. このことから, 日中, 陸地面上と海面上の気温差が生まれ, それにより, 地表面近くで海から陸へ向かって気圧の低下を生じ, 海風が吹く. 夜間は放射冷却による

陸地表面の相対的な温度低下から，逆の現象である陸風（海風に比べて弱い）が吹く．この日周期性が，おのずから海陸風の時空間スケールを決める．図 11・7(b)は，この局地風と都市起源の大気汚染の輸送過程を示す実例である．名古屋を通る南北断面（左側が太平洋，右側が日本海）について，午前 0 時〜午後 6 時まで 1 日弱のオゾン濃度分布の時間変化を表している．海陸風・山谷風など大気境界層内を吹く局地風により汚染物質が南北方向に往復運動する間に，化学反応で生成したオゾンが大気境界層内に蓄積されていく．

　高気圧支配の晴天下で発達する海陸風・山谷風などの 1 日周期の局地風が吹く間に，地域の大気境界層内に生成・蓄積した人為起源の大気化学物質は，高気圧の次に来る低気圧に伴うマクロ・スケール風（図 11・6）と広範囲にわたる上昇流により自由対流圏に広がる．たとえば図 11・7(c)は，東アジアで放出された大気汚染物質が 8 日間に地球規模で輸送された様子を表す．この間，極東アジアでは 2 度の低気圧の通過があり，これにより太平洋上に運び出された物質を "1"，"2" の数字で表しているが，自由対流圏の上部にまで上昇した汚染物質は，ジェット気流などの速い流れに乗って 1 週間程度で地球をほぼ半周することがわかる．

　以上のように，地表面から排出された化学物質は，移流・拡散・化学反応の作用を受けながら対流圏全体に広がっていく．これらの化学物質は，変質しながら，最終的には，地表面に降下することになる．大気中の化学物質は，水面，植物の葉面，建物などのさまざまなタイプの地表面と直接触れて地物に取込まれる．これを**乾性沈着**という．また，雲や雨，雪の生成に伴って，これらに取込まれ，降雨，降雪とともに地表面に降下する．この現象を**湿性沈着**とよぶ．次節では，この湿性沈着について述べる．

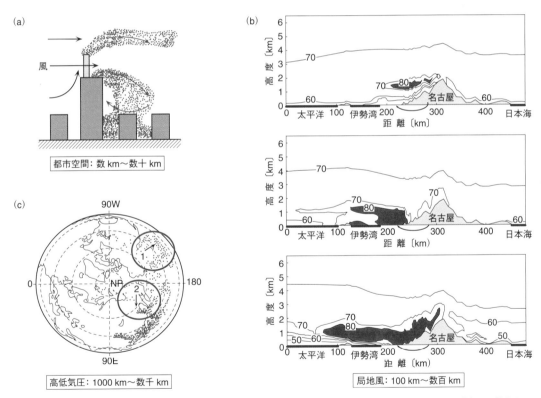

図 11・7　都市空間から地球規模へ受渡される大気汚染物質　数 km 〜数十 km 規模で広がる都市空間(a)から排出された大気汚染物質は，海陸風(b)によって 1 日の間に百 km 〜数百 km の規模で移動し，やがて，高低気圧(c)に伴う流れに乗り，1 週間程度の間に千 km 〜数千 km の空間スケールで広がる．図(c)の赤枠内は，1986 年 4 月 26 日〜5 月 2 日の間に東アジアを通過した 2 度の低気圧により太平洋上に運び出された東アジア諸都市排出の大気汚染物質を表す．(a)は都市空間内の煙源近傍の拡散，(b)は大都市域で光化学スモッグ反応により生成したオゾン（濃度，ppb）の数日にわたる輸送現象，(c)は東アジア（中国など）排出の硫黄酸化物（$SO_2-SO_4^{2-}$）の地球規模拡散を表す．

11・3　降水現象と酸性雨

11・3・1　雲や雨はどのようにできるか

　雲や霧は水の微粒子である．"水"は液体であったり固体であったりする．雲の粒子や雨，雪がどのようにしてできるか，簡単にみてみよう．

　地表面（陸地面および水面）からの水の**蒸発**および植物からの**蒸散**（§9・1・2参照）によって，対流圏に水蒸気が供給される．飽和水蒸気圧は気温によって決まるので，断熱的な運動によって気塊の温度が下がると，余分な水蒸気が液体の水（雲水）あるいは固体の氷（雲氷）に変わる．この雲水や雲氷がさらに成長すると，雨，雪，あられなどの大きな粒子となり，重力の作用で地面に向かって落下を始め，途中で蒸発せずに地表面まで到達すると，われわれは"雨が降った"，"雪が降った"と認識することになる．

　図11・8は，水蒸気の**凝結**によって雲粒子ができ，それがさらに雨や雪の粒子にまで成長する，あるいは蒸発してまた水蒸気に戻る，などの相互の関係を示す．四角の枠で囲んだ水蒸気，雲水，雲氷，雨，雪は，大気中での"水"の状態を表し，矢印は，各"状態"間の水の移動の方向を示す．また，この移動に関係する作用が線に添えられている．それぞれの"作用（移動速度）"は，数式で表現できる．このような水の状態は，水分布，気温分布，風の空間分布に従って動的に変化し，生まれた雲粒子は，降水として地表面に降下するか，あるいは蒸発して消えてしまう．

　雲も雨も水の粒子であって，粒子の直径（粒径）によって，おおまかに区別される．重力の作用が勝って

沈降する大きさか，大気中の乱れ（流速変動）が勝って浮遊を続ける大きさかで分かれている．雲粒子は粒径数 μm～100 μm 程度，雨粒子は 100 μm～数 mm 程度までの大きさである．雲の生成なくして雨や雪は生まれないが，約8割の雲は雨（雪）を地上に降らせることなく，蒸発により消えると考えられている．

　ここで，雲が生まれる力学的な背景を考えてみよう．熱力学で理想気体の**断熱変化**を習うが，雲の生成には**気塊の断熱膨張**が深くかかわっている．断熱変化の場合，その前後の気温と体積の間には次の関係がある．

$$\frac{T}{T_0} = \left(\frac{V_0}{V}\right)^{\gamma-1} \qquad (11・1)$$

T は温度（K），V は体積であり，添え字0は，断熱変化の起こる前の状態を表す．γ は比熱比（＝定圧比熱/定積比熱）であって，理想気体とみなせる環境大気の場合 $\gamma = 1.4$ である．われわれは上空にいくほど気圧が低くなることを知っている．おおよそ，地面から5 km くらいまでの高さでは，1 km 高度が上がるごとに100 hPa だけ気圧が下がる．したがって，5 km の高さでは，気圧は地上（約1000 hPa）の半分くらいになっている．いま，伸縮自在の風船に空気をつめて，いきなり高度5 km にもっていったとして，この風船の体積がほぼ2倍になると仮定する．そのときの地上での気温が 300 K（27℃）だとすると，高度5 km までもち上げられた風船の空気の温度は式11・1を使って，227 K（−46℃）と推定できる．このとき，風船内の空気に含まれていた水蒸気はほとんどすべてが凝結して水（この場合は，氷）になっているだろう．すなわち，"いきなり体積を増減させる（周囲の環境大気と

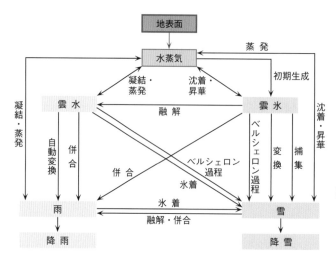

図11・8　水蒸気から雲，雨，雪がどのように生まれるか　ベルシェロン過程は，水面上と水面上の飽和水蒸気圧の違いにより，水滴と氷粒子が共存する状態で，蒸発した水滴の水蒸気が氷粒子面に移動し，氷粒子が成長する現象．

熱交換する暇を与えない)"という断熱変化に従って気塊が上空にもち上げられる(断熱膨張する)と,水蒸気が凝結して液体ないし固体の水になり,雲が生まれることがわかる.

11・3・2　大気流れと雲・降水生成

前述したように,雲や雨は大気が断熱膨張してできる[*10].つまり,空気塊の上昇運動が生じるところに雲ができる.では,どのようにして上昇流ができるのだろうか.一番身近にみられるのは,山の斜面に沿って吹く風である.高い山を遠くから眺めると,この風に伴い頂上付近が雲に隠れているのをよくみかける.水平方向に吹く風が山の斜面にぶつかってつくられる上昇流に基づく雲生成であるが,これらは"水平風の収束"による上昇流の形成とまとめられる.夏季の晴天時に,飛行機に乗って上空から眺めると,海岸線を縁どるように雲が浮かんでいるのをみかける.これも同様の原因による雲生成である.

もう一つは,熱的な不安定[*9]が原因となってつくられる上昇流である.大気が局所的に加熱される,水蒸気が供給される,などの原因により,密度が相対的に小さくなり浮力が生じて上昇流が生まれる.この上昇運動が始まれば,それに応じて水平風の収束も生じ,それがさらに継続的に水蒸気を供給し,上昇運動が維持,発達する場合もある.つまり,供給された水蒸気が凝結することで蒸発潜熱が放出されて周辺大気が暖められ,さらに浮力を増して上昇流が継続する.熱的な不安定に基づいて急速に発達する対流運動は,雲の生成から,さらに進んで降水に至る場合が多く,対流圏の最上層にも届く積乱雲はその典型といえる.また,同じ熱的不安定に基づく対流運動でも,冬の日本海のように,シベリア生まれの寒気が,相対的に暖かい海表面から熱と水蒸気の供給を受けて広範囲に,しかし,それほど背は高くなく鉛直方向の対流運動を生じる場合もある.

さらに,広域的に上昇流が形成され,不安定な状態がつくり出される場合として,温帯低気圧に伴う**温暖**前線や寒冷前線がある.暖気が冷気に追いつき,その上に乗り上げるとき,暖気塊と冷気塊の界面を前面といい,その面が地表面と交わる線を温暖前線という.同様に冷気が進んで暖気の下にもぐり込むことで寒冷前線がつくられる.いずれも,前面に沿って暖気が冷気の上を這い上がるか,冷気によって暖気が押し上げられるかで上昇流が生じ,さまざまな雲が生まれ,降水が起こる.

11・3・3　雲・降水と化学物質

雲や雨が,大気汚染物質とどのような相互作用をもつかみてみよう.降水粒子(雨,雪など)や雲粒子は大気中に存在する化学物質を取込むことによって,大気中の気体および微粒子状の大気汚染物質を除去・浄化するが,同時に水相に移ったそれらの物質は雨水のpHを下げて酸性化し,いわゆる**酸性雨**となって地上の生態系に影響する.

典型的な大気汚染物質である二酸化硫黄 SO_2 を例にして,雲,雨,雪の粒子間の移動および地表面への降下を図11・9に示す.大気中の水蒸気量がそのときの飽和水蒸気圧を超えると凝結が始まるが,この凝結は大気中の微粒子を核(凝結核)として生じる.水との親和性の強い物質,たとえば,$NaCl$,$(NH_4)_2SO_4$ などの微粒子(粒径 0.1~2 μm)は凝結核になりやすく,硫酸イオン SO_4^{2-} は,この過程でも雲粒子に取込まれる(図11・9,粒子状 SO_4^{2-} から雲水 SO_4^{2-} へのプロセス).また,雨粒子にまで成長して落下を始めると,地上に届くまでの間に大気中の硫酸塩粒子がさらに捕集される(粒子状 SO_4^{2-} から雨 SO_4^{2-} へのプロセス).そのほか,SO_2 ガスは雲水,雨水に溶けて解離(水相でS(IV)と表示.すなわち,SO_2 ガスが水に溶解した $SO_2 \cdot H_2O$,およびそれが解離した HSO_3^-,SO_3^{2-})した後,液相で酸化されて SO_4^{2-} を生成する過程もある(雲水 S(IV)から雲水 SO_4^{2-} へ).雲粒子が蒸発して消え,雲水 SO_4^{2-} から粒子状 SO_4^{2-} に戻る場合もある.

図11・9は硫黄酸化物を例にした雲・降水生成の関係であるが,NO_x,HNO_3 を含む窒素酸化物について

[*10]　雲は,温暖前線のように寒気団の上面に沿って暖湿気が徐々に上昇してできる層状雲と,寒冷前線のように寒気が暖気を急速に押し上げることによって不安定になったときなどにしばしば発生する対流雲とに大別される.多くの雲は,複合的な原因で生成することが多く,層状雲(stratus),対流雲・積雲(cumulus),大気上層で現れる巻雲(cirrus),雨雲(nimbus),の英語頭文字を組合わせて表現される.雲は,高さと形によって国際的に10種類に分類されているが,このうち層状雲として巻雲,巻積雲(Cc, Cirro-cumulus),巻層雲(Cs, Cirro-stratus),高積雲,高層雲,乱層雲(Ns, Nimbro-stratus),層積雲(Strato-cumulus),層雲の8種類,対流雲として積雲,積乱雲(Cb, Cumulo-nimbus)の2種類が含まれている.乱層雲はいわゆる雨雲であり,連続した雨や雲を伴う.また,積乱雲は雷を伴った降水をもたらす.

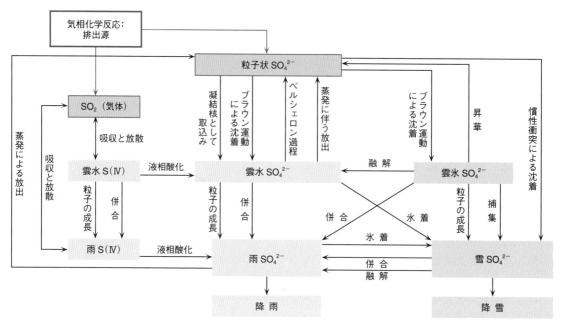

図11・9　化学物質（二酸化硫黄，硫酸イオン）が降水に取込まれる過程

も同様の気相−大気水相（雲水，雲氷，雨，雪など）間の物質移動の図が描ける．

11・3・4　冬季日本海の雪雲と酸性物質生成

　本州の日本海沿岸は，冬季に硫黄酸化物の湿性沈着が多いことで知られている．冬期，シベリア地表面の放射冷却によりつくられた冷気が，中国，ロシアなどの大陸諸国を通過するときに大量の大気汚染物質を供給され，日本海上に流出する．日本海上に出た"汚染"冷気は，相対的に暖かい日本海から熱と水蒸気の供給を受けて，冷気層の下部に鉛直方向の対流運動を生じる．一般風がない状態では，この対流運動はいわゆる**ベナールセル**[*11]とよばれる組織渦になるが，一般風がある状態では，このベナールセルは変形し，主風向に軸をもついわゆるロール渦に組織化される．西高東低の気圧配置に基づく北寄りの一般風が吹くなかで，日本海上ではこのロール渦が形成され，それに伴って筋状の雲が生成する．日本海をわたる間に発達した雲は，日本の脊梁山脈にぶつかり，日本海側に強い降雪をもたらす．

　図11・10は硫酸イオン SO_4^{2-} の年間沈着量の空間分布を表す．局所的に強い排出源をもたない日本海沿岸で大きな沈着量を示す．冬季の大陸諸国での石炭使用

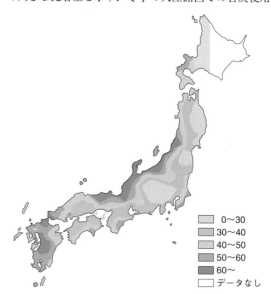

⬜	0〜30
	30〜40
	40〜50
	50〜60
	60〜
⬜	データなし

図11・10　**日本における降水による非海塩起源の硫酸イオン沈着量分布**〔meq/m²/年〕（環境庁，平成8年度）

―――――――――――――――――――――
[*11]　ベナールセル：水平方向の流れのない静止した薄い流体層（今の場合，大気層）を下層から継続的に加熱してつくられる不安定な状態が，ある条件（臨界レイリー数）を越えたところで，準定常な細胞状の鉛直方向の対流が生じる．研究者 Benard の名前をとり"ベナール"セルとよばれるこの"細胞"の水平断面は六角形，それが集まった形状は蜂の巣状となる．

に伴う硫黄酸化物の排出が，日本海上での独特の気象場によって，SO_4^{2-}を多く含む雪の生成につながり，日本海沿岸で降下するためと考えられる．すなわち，SO_2を豊富に含む大陸起源の汚染大気が，日本海上の筋状雲生成に伴う流れ場により雲粒子に取込まれて液相で酸化される過程を繰返しながら，最後に日本海沿岸で酸性雪として降下すると考えられる．近年，東アジア大陸諸国の環境対策により，このような状況が変化しつつある（図11・12参照）．

11・4　酸性雨の原因物質とその発生源

11・4・1　日本の酸性雨

地球大気には現在，平均407 ppm程度のCO_2が存在している（2018年のデータより）．CO_2は環境大気の条件下で，雲水，雨水に溶けて炭酸を生じ，pH 5.6程度になりうると計算できる．したがって，これを上回る酸性度（低いpH値）の降水は，人為起源の化学物質（SO_2，NO_xなど）ないし火山噴出ガス（SO_2など）による影響と考えられる．

さて，最近の日本の酸性雨の実態はどうであろうか．図11・11は，2018年の日本各地の降水の平均pHを表す．日本の多くの場所で，今なお，pH 4台の雨（雪）が降っており，概して本州の日本海沿岸および九州で酸性度が強い．一方，本州太平洋岸および小笠原，沖縄などの遠隔地ではpH 5を超える傾向にある．2018年の酸性雨分布を，1996年（図11・10，当時の硫酸イオン沈着量分布）と比べると，本州日本海沿岸で酸性度が強いという相対的な傾向は変わらないが，前述の大陸諸国のSO_2排出削減などの環境対策により，変化の兆しがみえる．図11・12は，1989年〜2018年の，新潟，佐渡，越前岬（福井県）などでの平均pHの経年変化である．これらの地点では，2005年付近から継続的なpH値の増加，すなわち酸性度の緩和がみられ，東アジア大陸での環境対策を反映すると考えられる．また，降水の酸性度は，SO_2，NO_xなど酸性物質を排出する工業地帯近傍での酸性化（低pH），セメント産業立地付近での酸性化緩和（高pH）など，日本の局所的な排出源の影響を強く受ける．図11・3が示すように日本の人為的なSO_2排出量は大幅に減っており，図11・11，図11・12でも，東京，尼崎での酸性度低下がこれを反映する．なお，九州の降水のpHが相対的に低いのは火山噴出ガスの影響もある．

酸性度（水素イオン濃度$[H^+]$）は，降水中の陰・陽のイオンバランスで決まる．名古屋近郊における2003年4〜9月の観測データから，降水酸性化の原因として（降水中の陰イオン当量濃度に対する）寄与率の順に硫酸イオン（約56%），硝酸イオン（約34%），非海塩起源塩素イオン（約10%）が示されている．

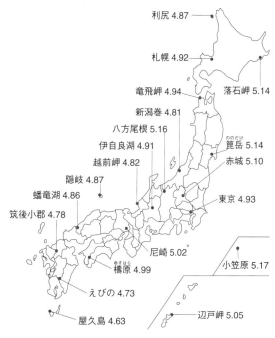

図11・11　日本の酸性雨分布図（環境省環境白書2020年版）

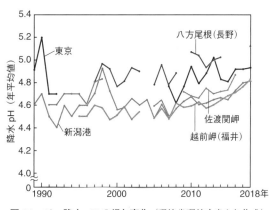

図11・12　降水pHの経年変化（環境省環境白書より作成）

11・4・2　酸性雨に寄与する化学物質

ここで，降水酸性化の最大の原因物質である硫酸イオンのもととなる硫黄酸化物の排出源が何か，人為の寄与率はどの程度か，をみてみよう．硫酸イオンは二酸

表 11・4　硫黄化合物の排出量〔Tg-S/y〕

排出源	H$_2$S	DMS	CS$_2$	COS	SO$_2$	SO$_4^{2-}$	総　量[†]
化石燃料燃焼＋産業	2.2　(H$_2$S, DMS, CS$_2$, COS の合計)				70	2.2	71〜77 (1980 年代中期) (68/6)
バイオマス燃焼	<0.01 ?	—	<0.01	0.075	2.8	0.1	2.2〜3.0 (1.1/1.1)
						人為総量	73〜80
海　洋	<0.3	15〜25	0.08	0.08	—	40〜320	15〜25 (8.4/11.6)
湿　地	0.006〜1.1	0.00〜0.68	0.0003 〜0.06	—	—	—	0.010〜2 (0.8/0.2)
植物＋土壌	0.17〜0.53	0.05〜0.16				2〜4	0.25〜0.78 (0.3/0.2)
火　山	0.5〜1.5	—	—	0.01	7〜8	2〜4	9.3〜11.8 (7.6/3.0)
						自然総量 （海塩と土壌粒子を除く）	25〜40
						総　量	98〜120

†　（　）内の数字は半球規模での年間排出量（北半球/南半球）を表す.

化硫黄 SO$_2$ の酸化によって生成する．SO$_2$ は硫黄を含む燃料の燃焼により生まれ，火山ガスの成分としても含まれている．さらに，硫化ジメチル（dimethyl sulfide, DMS），硫化水素 H$_2$S，二硫化炭素 CS$_2$，硫化カルボニル COS などの大気中での酸化によっても生成する．これら硫黄化合物の地球規模の排出量を表 11・4 に示す．海塩起源の硫酸イオンの量が多くみえるが，海塩は粒子が大きく，大気に放出されても重力沈降により速やかに海表面に戻るため，雲生成などへの影響は小さいと考えられる．むしろ，海洋表層のプランクトン（§9・2・2 参照）の活動により生成する DMS が，大気中で酸化され SO$_2$ を経てさらに SO$_4^{2-}$ となる道筋が，硫酸塩粒子の海洋における発生源として重要と考えられている．いずれにしても，化石燃料起源の SO$_2$ が，地球規模の全硫黄排出量の 70% 程度を占めており，地球規模でみても降水酸性化に最大の影響を与えているとみなせる．

12 環境と化学物質

　科学技術の進歩と産業活動の広がりにより，化学物質は人々の生活を豊かにすることに貢献してきた．一方，化学物質の負の側面として，それらが環境汚染をもたらし，ときには人々に健康被害を与え，生態系に悪影響を及ぼしてきた．これらの教訓を活かし，現在では化学物質による環境影響をなくすための取組みが世界的に行われている．本章では，化学物質の汚染に関する過去の歴史と現状を知るとともに，化学物質の管理に関する国内外の取組みについて理解してみよう．

12・1　化学物質の定義

　化学物質とは，特に化学分野において研究対象となるような物質をいい，元素または化合物に化学反応を起こさせることにより得られる化合物をいう．地球上に存在する化学物質の数は，天然物と人工物を合わせて約 3000 万種といわれている．うち工業的に生産され，日常的に使われているものは約 10 万種といわれている．

　広く一般に化学物質という言葉が使われているが，法律上はその定義が異なっている．環境科学に関係する法律の一つである『化学物質の審査及び製造等の規制に関する法律』（**化審法**）では，"化学物質は，元素または化合物に化学反応を起こさせることにより得られる化合物（放射性物質及び次に掲げる物を除く）"と定義されている．これは，元来自然界に存在している元素などは対象とせず，新たに製造される化学物質の環境影響を審査することを目的とした法律であるためである．一方，『特定化学物質の環境への排出量の把握等及び管理の改善の促進に関する法律』（**PRTR**〔Pollutant Release and Transfer Register〕**法**）では，"元素および化合物（それぞれ放射性物質を除く）"として定義されている．すなわち，環境に影響を与える可能性のある元素および化合物を，広く化学物質として定義している．過去に公害をひき起こした**水銀**や**カドミウム**は元素であるため，化学物質として化審法では含まれず，PRTR では含まれることになる．なお，メチル水銀になると元素ではなく，元素に化学反応を起こさせることにより得られる化合物になるため，どちらの法律でも化学物質となる．本章では，特に断らないかぎり，PRTR 法の化学物質の定義を用いる．

12・2　化学物質による環境汚染

12・2・1　環境汚染の概要

　人為起源の化学物質による環境汚染の特徴は，広範囲かつ長期間に影響を及ぼすことである．そのおもな理由として，生態学的に循環しにくい難分解物質のなかに使用目的に対して効果的なものが多いこと，また，環境影響が明らかになる前に利便性・経済性だけで広範囲に使われてしまうことがあるからである．

　たとえば，**フロン類**（§14・2・3 参照）によるオゾン層の破壊では，それが多く使用された先進国の上空ではなく，南極付近でのオゾンホールの発生の原因となっており，使用を禁止した後でもその影響は長期間継続している．過去に先進国で使用された農薬（§12・3・1 参照）は，北極地方に移動し，そこに暮らすイヌイットの母親の母乳や，北極の氷からも検出されている．また，かって"夢の油"といわれ，電気絶縁体などとして重宝されていた**ポリ塩化ビフェニル**（**PCB**, polychlorinated biphenyl）は，生体毒性が明らかになったことで製造・使用が禁止されたが（国内では 1975 年），その後，地球規模で環境を汚染していることがわかっている．さらに，1990 年代後半に一時期，大々的にマスコミで騒がれたように，ある種の化学物質は**内分泌攪乱化学物質**[*1] として働き，動物の内分泌系，免疫系，生殖機能などに影響を与えることもわかってきた．このように，化学物質はその開発時や使用当時には予期できなかったような環境影響をひき起こしているが，今後新たに開発される化学物質や現在使用されているなかにも，現時点では想像もできないような影響をもたらす可能性があることは否定できない．

12・2・2　海洋汚染

　広く**海洋汚染**をもたらしている化学物質としては，**有機水銀**，**PCB**，殺虫剤**BHC**（benzene hexachloride）などがある．PCB の場合には大気中に揮発し，大気循環によって遠く離れた場所で海中に降下するものもあり，地球規模の汚染になっている．これらは，海へ流出した時点では低濃度であっても，海洋プランクトンなどの体内に取込まれて**生物濃縮**が起こり，食物連鎖の頂点にいるマグロやクジラなどにはより高濃度に蓄積するような，いわゆる**生物拡大**が起こる（§8・3・1参照）．ヒトがこのような生物を多量に食べると健康への影響も懸念されるため，魚介類の摂取量が多いわが国では，特に水銀に対する注意が喚起されている（§12・2・5参照）．

　プラスチックはわれわれの生活にはなくてはならない固形の高分子化合物であり，石油から合成された多くの製品が世界中で広く使用されてきた．しかし，その結果として，大量のプラスチックごみによる海洋汚染をもたらしている．大洋の旋廻海流は浮遊するプラスチックを捉え，ゴミ集積帯ともいわれるほどの多量のプラスチック廃棄物を集めている．日本の海浜でも，多量のプラスチックごみが山積みになっている光景はよくみられる．これらの廃棄物は，特に食物連鎖（§8・2・1参照）の高次捕食者である海鳥や海洋動物が餌と間違えて捕食し，その結果として消化管の障害を起こし，海洋生物の生態に多大な影響を与えている．また，プラスチックは疎水性化合物であり，その表面に PCB などの疎水性の汚染化学物質を吸着し，それを輸送し拡散させる．

　海洋の局所的な汚染としてはタンカー事故などによる**原油汚染**がある．事例として，1989 年のエクソン・バルディーズ号の座礁によるアラスカ沖の原油流出事故，1997 年の島根県隠岐島沖でのナホトカ号の座礁に伴う重油流出がある．2010 年にはメキシコ湾沖合で操業していた石油掘削施設ディープウォーター・ホライズンが爆発し，海底油田から大量の原油がメキシコ湾全体へと流出した事故が起きた．2020 年 7 月には，インド洋の島国モーリシャス沖で日本船籍貨物船の座礁事故により燃料の重油流出が起きている．このような海洋汚染は，貯蔵所（§8・3・1参照）起源の物質に原因があるため生態系への影響が大きく，もとの生態系に修復されるまでに長い期間を要する．

12・2・3　ダイオキシン類と底質汚染

　ダイオキシンは**ポリ塩化ジベンゾ-*p*-ジオキシン**（**PCDD**）および**ポリ塩化ジベンゾフラン**（**PCDF**）を併せた**有機塩素化合物**の総称で，dioxin の英語読みによる名称である．これらに**コプラナー PCB**[*2]（Co-PCB）を加えて，**ダイオキシン類**[*2]とよばれている（図 12・1）．PCB は工業的に製造されていたが，ダイ

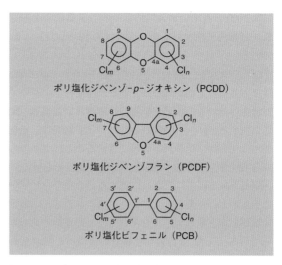

ポリ塩化ジベンゾ-*p*-ジオキシン（PCDD）

ポリ塩化ジベンゾフラン（PCDF）

ポリ塩化ビフェニル（PCB）

図 12・1　ダイオキシン類の化学構造　PCB の同族体のなかで，二つのベンゼン環が共平面構造をもつものをコプラナー PCB（Co-PCB）という．

＊1　内分泌撹乱化学物質: 内分泌系に影響を及ぼすことにより，生体に障害や有害な影響をひき起こす外因性の化学物質をいう．**環境ホルモン**という呼称でも知られる．人為起源の化学物質としては，界面活性剤の原料である**ノニルフェノール**，プラスチックの原料，可塑剤である**ビスフェノール A** などが知られている．また，**女性ホルモン**（エストロゲン）や合成女性ホルモン（経口避妊薬，更年期障害の治療薬など）も，環境に放出されれば野生生物へ作用を及ぼす可能性がある．さらに，大豆に含まれるイソフラボノイド類は植物エストロゲンとよばれ，ホルモン様作用をもつ物質である．環境ホルモンが生体や環境に与える影響は，科学的に解明されていない点が多いが，その汚染状況の把握やメカニズムの解明は予防的措置として重要である．
＊2　ダイオキシン類: 塩素の置換位置などで PCDD は 75 種類，PCDF は 135 種類，Co-PCB は 29 種類（毒性があるもの）の同族体が存在する．PCB の二つのベンゼン環は回転可能であるが，置換する塩素の位置によっては共平面構造をとるものがあり，これをCo-PCB とよぶ．塩素の置換位置によって毒性が異なるため，環境から検出される総ダイオキシン濃度と毒性の強さは必ずしも比例しない．そこで，実際は毒性を表す濃度として **TEQ**（toxic equivalent）値を用いる．これは，最も毒性の高い 2,3,7,8-四塩化ベンゾ-*p*-ジオキシン（2,3,7,8-TCDD）の毒性の強さを 1 として各同族体の相対毒性係数（toxic equivalency factor, TEF）値を決め，各同族体の実測濃度に TEF を乗じ，その総和としての値である．

オキシンは人類が恩恵を得る化学物質ではなく，製造する意図がないにもかかわらず，環境中に放出されてきた物質である．たとえば，ある種の農薬製造過程の不純物質として生成し，農薬散布とともに環境を汚染する場合や，塩素を含む有機物質の燃焼過程で非意図的に生成し，大気中に放出する場合がある．ダイオキシン類は，発がん性や催奇性を有することが知られている．また，内分泌攪乱化学物質の一つとして疑われている．国内での健康被害の例としては，1968年のカネミ油症事件があり，PCDFやCo-PCBが混入した食用油を摂取した人々に，色素沈着などの肌の異常，頭痛，肝機能障害などの甚大な被害が出た．

底質汚染とは，海域，港湾，河川，湖沼などの水界の底にある泥，土砂，ヘドロなどの底質が，化学物質で汚染されることをいう．底質は，水に溶けにくい疎水性の化学物質が粒子などに付着して沈殿する場であるため，さまざまな化学物質で汚染されており，これらの代表的汚染物質としてPCBやダイオキシンがある．底質の汚染源としては，農地からの農薬流入，工場からの廃液，焼却に伴う沈降などさまざまであるが，ダイオキシン類については農薬起源が最も多いともいわれている．1999年に施行されたダイオキシン類対策特別措置法に基づいて，底質の環境基準は150 pg-TEQ/gと定められているが，環境基準を超える底質が多く存在する．

ダイオキシン類対策特別措置法において，ヒトの**耐容一日摂取量**[*3]（**TDI**）は4 pg-TEQ/kg体重/日と定められている．現在，日本人が1日に摂取するダイオキシン類の平均量はTDIを下回っており，また，環境汚染の平均的レベルはヒトの健康に直接害を及ぼすほどではない．

12・2・4 土壌・地下水汚染

土壌汚染，**地下水汚染**とは，それぞれ土壌および地下水中に，化学物質がヒトの健康・生活および生態系への影響を危惧される程度に含まれている状態をいう．土壌汚染物質は浸透しながら**帯水層**（§9・1・2参照）へと到達するので，地下水汚染と土壌汚染とは重複する点が多い．帯水層の汚染物質は拡散が非常に遅く，長い距離を移動するので，地下水汚染は長期にわたる環境問題となる．

土壌・地下水汚染に関して注目すべき化学物質としては，重金属（§10・4・2参照）とともに**クロロエテン（クロロエチレン）類**や石油化学工業の主要物質である**ベンゼン，トルエン，エチルベンゼン，キシレン**などがある．これら四つの**芳香族化合物**は，頭文字をとって**BTEX**（ビーテックス）と称されることがある．クロロエテン類のなかで，**トリクロロエテン（トリクロロエチレン，TCE）**や**テトラクロロエテン（テトラクロロエチレン，PCE）**は半導体産業での洗浄用やクリーニング剤として広く用いられてきたが，発がん性をもつことがわかり，現在では代替物質への移行が行われている．産業との関係が強い化学物質であるため，その活動の場所での土壌汚染や地下水汚染をひき起こす原因ともなっており，各国で水質汚濁および土壌汚染に係る環境基準が定められている．

土壌・地下水汚染の原因となる化学物質の由来については，**点汚染源**（ポイントソース）と**非特定汚染源（広域的汚染源，ノンポイントソース）**とに分けられる．点汚染源は工場のような特定の場所から汚染物質が排出されるような汚染源で，前述のTCE，PCE，BTEXなどは点汚染源により排出されることが多い．一方，非特定汚染源というのは，広い地域で汚染の原因になる化学物質が使われている場合である．わが国の地下水（井戸水）においては，硝酸性窒素・亜硝酸性窒素濃度が環境基準（10 mg/L）をしばしば超えることがあるが，地下水を汚染している硝酸性窒素は，おもに農畜産業が起源であると考えられている．すなわち，過剰投与された窒素肥料や家畜ふん尿などに含まれる窒素化合物の帯水層への浸透が主因である．このように地域全域が地下水の汚染源となっている場合は，非特定汚染源に当てはまる．

12・2・5 水銀による環境汚染

地球上の地殻には水銀が比較的豊富に存在する．また，石炭燃焼やアマゾン・インドネシアにおける金採

---

*3 **耐容一日摂取量（TDI）と一日摂取許容量（ADI）**：TDIもADIも，健康影響の観点から，一生涯摂り続けても，1日当たりこの量までの摂取が耐容されると判断される量を表す．TDI (tolerable daily intake) は，本来混入することが望ましくない環境汚染物質（例：ダイオキシン類）などの場合に用いられる．対象となる物質は摂取する利益がないことから，一般に，曝露は最小限に抑えられることが望ましいとされている．一方，ADI (acceptable daily intake) は，それを使用することによる利益があり，意図的に使用される物質（例：食品添加物，農薬など）の場合に用いられる．いずれも，ヒトの体重1 kg当たりの1日摂取量で表す．ADIの代わりにRfD (reference dose, 参照用量) が使われることもある．

掘に伴う精錬時の使用により，環境中に排出されている．環境中の水銀は，水系環境において非酵素的な反応や微生物の作用によって，毒性の高い**メチル水銀**などの有機水銀に変化しやすい．そして，食物連鎖を通じて魚類や大型海洋動物に蓄積される．マグロやブリの肝臓内でも無機水銀のメチル化が起こることがわかっており，魚類に蓄積している総水銀量のうち，メチル水銀は80〜100%を占めている．このメチル水銀は**水俣病**の原因物質として知られる[*4]．

　国際連合環境計画（UNEP）では，2001年以来，地球規模での水銀対策について議論が行われてきた．そして，水銀によるヒトの健康や環境に対するリスクを低減するための国・地域・地球規模での緊急対応と長期対策を早期に考えるべきであるとし，2003年から**UNEP水銀プログラム**が開始されている．2010年10月に熊本市および水俣市で水銀に関する水俣条約の外交会議などで国際的な水銀条約に関する条約文が合意され，『**水銀に関する水俣条約**』が2017年8月16日に発効された．水銀対策の優先分野として，人為的な大気への水銀排出の削減，水銀を含む廃棄物の処理対策，製品および生産プロセスへの水銀需要の削減，水銀の一次生産の削減の検討を含む水銀供給の削減，環境影響の少ない水銀の長期保管，汚染された場所の修復があり，知識の増進を列挙して先進国と途上国が協力して水銀の人為的な排出を削減し，越境汚染をはじめとする地球規模の水銀汚染の防止を目指すものである．

　日本人は魚の摂食量が多いため，水銀の摂取量も多くなっており，高濃度の魚を食べ続けると，最も影響を受けやすい胎児に健康障害が出る可能性も否定できない状況である．このため，厚生労働省は『**妊婦への魚介類の摂食と水銀に関する注意事項**』を公表し，妊娠中かその可能性のある女性は，魚介類の摂取量・回数を制限するようにとしている．とはいえ，このなかでも指摘されているように，魚は生活習慣病の予防や脳の発育などに効果があるといわれており，高度不飽和脂肪酸（EPA, DHAなど）を多く含み，カルシウムをはじめとする各種の微量栄養素の摂取源であるなど，健康的な食生活にとって不可欠で優れた栄養特性をもっている．したがって，けっして食べないことを推奨しているわけではないことを理解しておく必要がある．

12・3　化学物質の管理

12・3・1　POPs とは

　農薬とは，農業における農作物の収量増加，効率化，および農作物の保存に使用される薬剤の総称である．その用途によって，殺菌剤，防カビ剤，殺虫剤，除草剤，殺鼠剤，植物成長調整剤などがあり，多くは合成された化学物質である．前述したように，過去に先進国で使用された農薬を含む化学物質は地球上で長距離を移動し，極地方に移動し滞留する現象が明らかになっている．このような化学物質は，環境中での残留性，生物蓄積性，ヒトや生物への毒性が高く，長距離移動性が懸念される有機化合物であるため**残留性有機汚染物質**（persistent organic pollutants，略称**POPs**）とよばれている．

　1990年代から国際連合などを中心にPOPs対策に取組むための話し合いが始められ，2001年にストックホルムで開催された会議において，『**残留性有機汚染物質に関するストックホルム条約**』が採択された．この条約は2004年に発効し，150カ国以上の国が締結している．条約の目的は，1992年の**地球サミット**（§8・3・4参照）において採択された**リオ宣言第15原則**[*5]に掲げられた予防的アプローチに基づいて，12のPOPsからヒトの健康の保護および環境の保全を図ることである．

　POPsの対象とする化学物質を表12・1に示す．2019年5月現在，製造・使用，輸出入の原則禁止が28物質，製造・使用，輸出入の原則制限が3物質，非意図的生成物質の排出の削減および廃絶が7物質である

[*4] **水俣病**：代表的な公害病の一つ．メチル水銀の摂取により起こる中枢神経疾患で，知覚・運動・聴覚・言語の障害や四肢末端のふるえなどの症状が現れる．1950年代当時，化学肥料工場でアセチレンからアセトアルデヒドを合成する触媒として無機水銀化合物が用いられており，反応過程で生成した有機水銀化合物のメチル水銀が工場廃水に含まれ，水俣湾へ排出された結果，魚類への生物濃縮が起こり，その魚を食べた漁民を中心に発症した．

[*5] **リオ宣言第15原則**：リオ宣言は環境と開発に関する27の原則からなる（§15・3・2参照）．その第15原則は，環境を保護するための予防的方策は，各国ごとに適用されるべきであり，重大な被害のおそれがある場合には，たとえ科学的根拠が完全でないとしても，環境悪化を効果的に防止する対策を延期してはならない，としている．環境に影響が出た場合，その修復には長い時間がかかったり，完全にもとに戻すことができなかったりする．また，環境中ではさまざまな要因によって事象が起こっているため，ある化学物質の影響のみを抽出して因果関係を証明することは非常に難しい．このため，完全に因果関係が証明されていない場合でも予防的措置として，費用対効果の大きい対策をとる必要があるとしている．

表 12・1 **POPs 対象化学物質**（2019 年 5 月現在）

	化学物質	過去の用途例・発生源・備考など
廃　絶	アルドリン，ディルドリン，エンドリン，ジコホル	殺虫剤
	クロルデン，ヘプタクロル	白アリ駆除剤など
	クロルデコン，リンデン	農薬，殺虫剤
	α-ヘキサクロロシクロヘキサン，β-ヘキサクロロシクロヘキサン	リンデンの副生成物
	エンドスルファン，ペンタクロロフェノール，その塩およびエステル類	農薬
	ペンタクロロベンゼン（PeCB）	農薬・非意図的生成
	ヘキサブロモビフェニル，ヘキサブロモシクロドデカン，ヘキサブロモジフェニルエーテル，ヘプタブロモジフェニルエーテル，テトラブロモジフェニルエーテル，ペンタブロモジフェニルエーテル，デカブロモジフェニルエーテル，短鎖塩素化パラフィン（SCCP）	難燃剤
	ヘキサクロロベンゼン（HCB）	殺虫剤などの原料・非意図的生成
	ヘキサクロロブタジエン	溶媒・非意図的生成
	マイレックス	難燃剤，殺虫剤
	ポリ塩化ビフェニル（PCB）	絶縁油など・非意図的生成
	ポリ塩化ナフタレン（塩素数 2〜8 のものを含む）	機械油など・非意図的生成
	トキサフェン	殺虫剤，殺ダニ剤
	ペルフルオロオクタン酸（PFOA）とその塩および PFOA 関連物質	フッ素ポリマー加工助剤，界面活性剤など
制　限	DDT	殺虫剤
	PFOS とその塩	はっ水はつ油剤，界面活性剤
	PFOSF	PFOS の原料
非意図的生成物	ポリ塩化ジベンゾ-p-ジオキシン（PCDD）	ダイオキシン類
	ポリ塩化ジベンゾフラン（PCDF）	ダイオキシン類

が，このうち 5 物質が重複しているため，対象とする化学物質は合計 35 種類である．それぞれの物質の使用目的も示したが，多くは殺虫剤である．長期間有効である強力な殺虫剤が開発されたおかげで，単位面積当たりの農業生産量は飛躍的に増加したが，その一方で環境汚染ももたらした．農薬の効果が長期間持続することとは，環境中で分解されずに長期間存在することを意味し，環境影響が大きいことをその使用によって結果的に証明したことになる．

POPs のなかで，製造・使用が原則制限とされている DDT（dichlorodiphenyltrichloroethane）は，マラリア対策で唯一有効な殺虫剤である．マラリアに感染してヒトが死亡するリスクと，DDT が環境中に放出されて人類や環境へ影響を及ぼすリスクを考えた場合，マラリア蚊の発生を防止することがより重要であることから，その使用が認められている．

ストックホルム条約では，その他，POPs を含むストックパイル（貯蔵）・廃棄物の適正管理および処理，これらの対策に関する国内実施計画の策定，新規 POPs の製造・使用を予防するための措置，POPs に関する調査研究，モニタリング，情報公開，教育，途上国に対する技術・資金援助の実施が求められている．なお，2019 年の第 9 回締約国会議（COP9）においてジコホル，PFOA とその塩および PFOA 関連物質を追加することが決められた．

12・3・2　化学物質と化審法

わが国では，**化審法**（§12・1 参照）によって，化学物質の製造や輸入について，一定の制限を設けている．自然の作用による**分解性**，**生物蓄積**（§8・3・1 参照）の性質とともに，**毒性**が評価され，ヒトへの長期毒性と生態影響によって表 12・2 のように分類・指定される．たとえば，難分解性で高蓄積性があり，継続的に摂取される場合のヒトの健康への影響（長期毒性）や**高次捕食動物**への影響があるものは，**第一種特定化学物質**に指定され，製造・輸入が禁止される．ストックホルム条約で指定されている製造・使用が原則禁止，原則制限されている物質は，第一種特定化学物質である．また，**第二種特定化学物質**は，製造・輸入予定や実績数量の届出が義務づけられる．

化学物質の生物蓄積性は，その親油性と比例関係がある．ある物質をオクタノール（o）と水（w）の混合液に溶かしたときに前者と後者に溶ける濃度の比を K_{ow} といい，その常用対数値 $\log K_{ow}$ で親油性の程度を表す．この値が大きい物質ほど油脂に溶けやすく，水に溶けにくい（体内に蓄積しやすい）．実際の生物への蓄積（濃縮）の程度については**生物濃縮係数**（bioconcentration factor, BCF）で表される．たとえば，ある化学物質の BCF が 5000 であれば生物体内における濃度が環境よりも 5000 倍に高くなっている（濃縮されている）ことを意味する．

表 12・2　化審法で指定される化学物質の類型

指定類型	難分解性	高蓄積性	長期毒性	生態毒性
特定化学物質				
第一種	＋	＋	＋ヒト	＋高次捕食動物[*6]
第二種	＋	－	＋ヒト	＋生活環境動植物[*6]
監視化学物質				
第一種	＋	＋	不明	不明
第二種	＋	－	＋ヒト疑いあり	
第三種	－	－		＋動植物
	＋	－		

12・3・3　農薬登録保留基準と毒性試験

農薬は直接農地に散布するために，他の化学物質に比べて環境中に放出されやすい．このため，農薬は使用する作物，散布する量を定めて登録が認められた場合のみ商品として出荷することができる．この登録時においては，ヒトの健康や環境中の動植物に対する影響の観点から審査されている．

農薬散布の影響に関しては，農薬の種類ごとに定められた量を散布した場合の環境水中の予測濃度が算定される．ヒトの健康は**慢性毒性**の観点から考慮されるため，150 日間の平均濃度を算定して，その濃度が登録保留基準値より低ければ，登録が認められ，高い場合には登録が認められない．

ヒトの健康への影響については，食品として摂取した場合の安全性の観点から，食品中に含まれる化学物質の**一日摂取許容量**（**ADI**）が決められている（p.141, *3 参照）．この ADI は，それぞれの**毒性試験**[*7]で影響が出ない無毒性量を求め，その最小値をさらに安全係数 100 で割って算出されている．この ADI のうち，飲用水などの水質経由からの摂取は 10% 以下になるように ADI の 1/10 を水質汚濁の登録保留基準として定めている．

環境中の動植物への影響は，**急性毒性**の観点から審査が行われ，コイなどの魚類，ミジンコなどの甲殻類，藻類を用いて毒性試験が実施されている．魚類の試験では 96 時間での**半数致死濃度**，甲殻類の試験では 48 時間の半数遊泳阻害濃度を求めて，それを**安全係数**[*8]で割ってそれぞれの急性影響濃度を求める．また，藻類については，72 時間の生育阻害試験から，生育速度が半分になる影響濃度を求める．これら三つの影響濃度の最も低い値を，水産動植物の登録保留基準として定めている．

このように，わが国では，特に食品や飲用水に含まれる可能性のある化学物質については，多数の毒性試験とヒトや環境への影響評価に基づいて製造・使用が認められることになっており，十分に管理がなされているといえる．しかし，複数の化学物質に同時にさらされた場合の影響は考慮されておらず，想定外の影響がある可能性も否定できない．したがって，常に影響評価のためのモニタリング試験と科学的知見の蓄積を続けながら，適宜新たな試験の実施や管理のための法律を改正していくことも重要である．**シックハウス症候群**[*9]が問題となり，建築材へのクロルピリホスとホルムアルデヒドに対する規制が 2003 年度より実施されているのがよい例である．

---

*6 **生活環境動植物と高次捕食動物**：生活環境動植物とは，それらの生息や生育に支障を生じる場合には，ヒトの生活環境の保全上においても支障を生じる可能性がある，とみなされる指標となる動植物をいう．現在は，魚類，ミジンコ，藻類の 3 種類が生活環境動植物として毒性の試験を実施することが決められている．高次捕食動物とは，生活環境動植物に該当する動物のうち，食物連鎖を通じて化学物質を最もその体内に蓄積しやすい状況にあるものをいう．

*7 **毒性試験**：亜急性毒性試験（イヌやラットを用いた 90 日間亜急性毒性試験など），慢性毒性試験および発がん性試験（ラットを用いた 2 年間慢性毒性/発がん性併合試験，イヌを用いた 1 年間慢性毒性試験など），生殖発生毒性試験（ラットを用いた 2 世代繁殖試験など），遺伝毒性試験が実施されている．

*8 **安全係数**：不確実係数ともいう．用量の決め方において個人差や動物実験データをヒトに当てはめることの不確実さの見積もり．

*9 **シックハウス症候群**：海外ではシックビルディング症候群とよばれる．建築材料にも防腐剤や接着剤としてさまざまな化学物質が含まれているが，これらの建材などから揮発性の化学物質が気散し，室内での濃度が高くなり人体に影響を及ぼすことがあり，この症候・体調不良をさしてよばれる．倦怠感，めまい，頭痛，湿疹，のどの痛み，呼吸器疾患などさまざまな症状があらわれる．新築の建物などで起こりやすい．

12・4 化学物質の排出と移動

12・4・1 PRTR 法 の 概 要

これまで多数の化学物質が使用されてきたが, それらがどこで, どのように用いられ, どこから環境中に放出されているかについては, よくわからなかった. このため, 市民も漠然とした不安をもつだけで, 正しい情報をなかなか入手できなかった. これらの状況を改善するために, 1999 年に PRTR 法が制定された. 現在, わが国においては, 本法に基づいて化学物質の環境中への排出量と移動量を毎年集計して公表している.

PRTR 法において届出の対象となる事業者は, 指定の化学物質の排出量と移動量を行政に届け出なければならない. また, 指定化学物質をある一定以上含有する製品を事業者間で譲渡・提供するときには, その化学物質の名称, 性状, 有害性, 取扱いの注意点などを記載した**化学物質安全性データシート** (material safety data sheet, MSDS) の添付が義務化されている. その他の発生源や届出対象以外の事業者からの排出・移動量は国が推計する. この仕組みの目的・意図は次のとおりである. 1) 排出・移動量の公表データに基づいて, 事業者は同業他社との比較により, 自社の排出・移動量を客観的に評価することができる. 2) 市民やNGO は排出・移動量の情報に基づいて, 事業者との対話や排出・移動量の少ない事業者の選択などに活用できる. 3) 公表することで, 自主的な排出量を削減することも期待される.

12・4・2 PRTR 法 の 仕組み

PRTR 法では, 排出・移動量を算定すべきものとして, 当初 354 種の化学物質が選定された. これは, ヒトの健康や生態系に悪影響を及ぼすおそれがあるか, 自然の状況で化学変化を起こし容易に有害な化学物質を生成するか, オゾン層破壊物質であるかのいずれかに該当し, かつ環境中に広く継続的に存在するということが選定基準になっている. 2010 年度からは対象が 462 物質に増えている. 排出量は, 人気, 公共用水域, 土壌, 事業所敷地内の埋立処分, 移動量は下水道と廃棄物に分け, かつ都道府県別に集計されている.

対象となる業種は, 従業員が 21 人以上で, 上記のいずれかの物質を 1 年間に 1 トン以上取扱う事業所の規模に相当するもので, 届出を義務づけられている. この基準は小さな事業者の負担軽減を考慮している. 一方, 対象業種で届出の対象とならない事業者, 農家などの届出対象外の業種, 自動車や飛行機などの移動体, 家庭などからの排出・移動量は国が推計することになっている.

12・4・3 化学物質の排出・移動の実際

化学物質の排出量を, たとえば, 2018 年度の集計結果でみると, 事業者からの届出は排出量が 148,000 トン/年, 移動量が 243,000 トン/年であり, 届出外の排出量が 221,000 トン/年となっている. 事業所からは排出量より移動量の方が多く, 排出量では, 届出より届出外の排出量の方が多くなっている. 全体として 1 年間に約 37 万トンの化学物質が排出されていることになる.

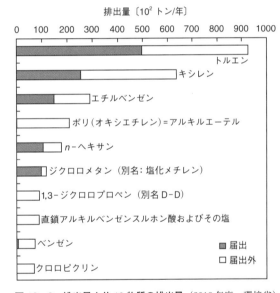

図 12・2 排出量上位 10 物質の排出量 (2018 年度, 環境省)

届出と届出外を合わせた総排出量の多い 10 物質について, 図 12・2 に示す. 最も排出量が多い物質は**トルエン**で 1 年間に約 93,000 トンであり, 全体の約 25% になる. 次に**キシレン**で約 64,000 トンである. トルエンとキシレンは, 油性塗料や接着剤の溶剤として使用されており, 事業所や車の排気ガスから排出され, ほとんどが大気中に排出されている. 3 番目の**エチルベンゼン**は油性塗料, 接着剤, インキなどの溶剤として広く使用されている混合キシレンの中の一成分であり, トルエン, キシレンほど多くはないもののガソリンにも含まれている.

表 12・3 には，家庭からの排出量の構成比を示す．家庭からは，ポリ（オキシエチレン）が 38% と最も多い．これは，おもに台所洗剤として使用されている界面活性剤の一種であり，そのほとんどが河川や湖沼などの公共用水域に排出されている．16% を占める **p-ジクロロベンゼン**は，衣類の防虫剤やトイレの防臭剤などに使用されており，ほとんどが大気中に排出されている．

14% を占める**直鎖アルキルベンゼンスルホン酸**およ

表 12・3　家庭からの化学物質の排出量の構成比
(2018 年度，環境省)

物質名	排出量(%)
ポリ(オキシエチレン) 　=アルキルエーテル	38
p-ジクロロベンゼン	16
直鎖アルキルベンゼンスルホン酸 　およびその塩	14
ポリ(オキシエチレン) 　=ドデシルエーテル硫酸エステル 　ナトリウム	7
2-アミノエタノール	6
ドデシル硫酸ナトリウム	5
その他	14

びその塩は，一般的には **LAS**（linear alkylbenzene sulfonate）として知られている物質で，合成洗剤の主成分である．この物質も大部分が公共用水域に排出されている．

12・4・4　リスクコミュニケーションと PRTR 活用の課題

化学物質などの**リスク分析**[*10] において，その情報を，行政，事業者，市民などのステークホルダー（利害関係者）の間で共有し，相互理解と意思疎通を図ることを**リスクコミュニケーション**という．リスクコミュニケーションは，科学的および客観的根拠に基づいて行政・事業者側から示される安全性の基準に対して，市民側がいかに安心という感情を得られるかという，安全・安心の形成プロセスにおいてきわめて重要である．

PRTR の目的の一つとしては，リスクコミュニケーションの推進がある．しかし，わが国ではリスクコミュニケーションが必ずしも一般市民に浸透しているとは言えない状況であり，PRTR の集計結果も十分利用されていないのが現状である．今後，これらの情報をうまく活用する方策を考える必要がある．

[*10] **リスク分析**: 環境，食事中，水中などに含まれるハザード（危険要素）にさらされたり，それを摂取することによってヒトの健康に悪影響を及ぼす可能性がある場合に，その発生を防いだり，リスクを最小限にするための枠組みをいう．リスク分析はリスク評価，リスク管理，リスクコミュニケーションの三つの要素からなる．

13 環境とプラスチック

　さまざまな形に容易に成形加工でき，安価であり，軽くて強いプラスチックは，われわれの日常生活を快適かつ便利にしている．高度経済成長期（1955～1970年ごろ）以降，プラスチック産業の成長に伴い，大量のプラスチックが生産・使用され，廃棄された．一方，量的には少ないが，種々の高性能あるいは機能性プラスチックが開発され使用されている．1990年代に使い捨てプラスチックによる環境汚染のため，生分解性プラスチックが注目されるようになったが，石油系プラスチックと比較して価格が高いために幅広く使用されることはなかった．しかし，昨今の海洋のマイクロプラスチック問題などの解決のために，再び生分解性プラスチックが注目を集めるようになっている．

13・1　石油系プラスチックの現状

　プラスチックは"熱を加えると流動化して成形加工が可能となる高分子"のことを示し，**高分子（ポリマー）**という分子量の高い物質の一種である．一般的なプラスチックは石油を原料とするものが多く，**石油系プラスチック**とよばれる．

　1900年代初頭に初めてベークライトが発明され，その後1950年代ごろから石油系プラスチックの大量生産が始まった．以降，**ポリエチレン（PE）**[*1]のように，種々の形状に成形が可能であり，軽く丈夫で安価な石油系プラスチックは，日常生活のありとあらゆるところで使用されている．現代人の便利で快適な生活の多くは，プラスチック材料により実現されている．図13・

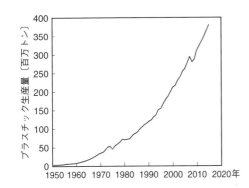

図13・1　世界のプラスチック生産量の推移［R. Geyer, J.R. Jambeck, K.L. Law, *Sci. Adv.*, **3**, e1700782（2017）より］

1に世界のプラスチック生産量の推移を示す．リーマンショックの2008年と次の年に小さな谷はあるものの，1950年の200万トンから，2015年の3.8億トンと200倍近くに増えている．添加物を含めると総量は4.1億トンに上る．

　プラスチックが便利な一方で，毎日大量に発生するプラスチックごみによる環境汚染や，生産に伴う環境負荷が大きな問題となっている．これらを低減するためには，1）プラスチック，特に石油系プラスチックの生産量（使用量）を減らし，2）リサイクルを推進することが必要である．石油系プラスチックの生産量を減らすためには，環境負荷の低い代替材料を使用したり，ペットボトルなどで行われているように，製品に使用されるプラスチックの量を性能や機能を損なわないように減らすといった工夫が必要である．

13・1・1　プラスチックの種類と特徴

　おもに使用されているプラスチックの分子構造を図13・2に示す．プラスチックは合成法により，**連鎖重合系プラスチック**と**逐次重合系プラスチック**に分けられる．表13・1に種類別一次生産量，一次廃棄量，廃棄割合を，図13・3に種類別一次生産内訳と廃棄内訳を示す．図からわかるように，**低密度ポリエチレン（LDPE）**，**高密度ポリエチレン（HDPE）**，**ポリプロピレン（PP）**，**ポリスチレン（PS）**，**ポリ塩化ビニル（PVC）**などの連鎖重合系プラスチックが種類別一次

[*1]　**PE**: polyethylene（ポリエチレン），**LDPE**: low-density polyethylene（低密度ポリエチレン），**HDPE**: high-density polyethylene（高密度ポリエチレン），**PP**: polypropylene（ポリプロピレン），**PS**: polystyrene（ポリスチレン），**PVC**: poly(vinyl chloride)（塩化ビニル），**PET**: poly(ethylene terephthalate)（ポリエチレンテレフタレート），**PU**: polyurethane（ポリウレタン）

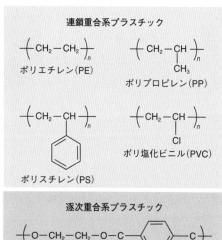

連鎖重合系プラスチック

$-(CH_2-CH_2)_n-$
ポリエチレン (PE)

$-(CH_2-CH)_n-$
　　　　｜
　　　　CH_3
ポリプロピレン (PP)

$-(CH_2-CH)_n-$
　　　　｜
ポリスチレン (PS)

$-(CH_2-CH)_n-$
　　　　｜
　　　　Cl
ポリ塩化ビニル (PVC)

逐次重合系プラスチック

$-(O-CH_2-CH_2-O-C-\bigcirc-C)_n-$
ポリエチレンテレフタレート (PET)

$-(NH-R-NH-C-O-R'-O-C)_n-$
ポリウレタン (PU)

図 13・2　石油系プラスチックの分子構造

表 13・1　世界のプラスチックの種類別一次生産量，一次廃棄量，および廃棄割合[a] (2015)

プラスチックの種類/添加物	一次生産量〔百万トン〕	一次廃棄量〔百万トン〕	各プラスチックの廃棄率〔%〕
低密度ポリエチレン（LDPE）	64	57	89
高密度ポリエチレン（HDPE）	52	40	77
ポリプロピレン（PP）	68	55	81
ポリ塩化ビニル（PVC）	38	15	39
ポリエチレンテレフタレート（PET）	33	32	97
ポリウレタン（PU）	27	16	59
ポリスチレン（PS）	25	17	68
ポリプロピレン（PP）/繊維	59	42	71
その他	16	11	69
添加物	25	17	68
総　量	407	302	74

a) R. Geyer, J.R. Jambeck, K.L. Law, *Sci. Adv.*, 3, e1700782 (2017).

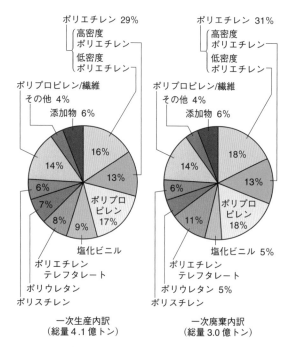

ポリエチレン 29%
高密度ポリエチレン
低密度ポリエチレン
ポリプロピレン/繊維
その他 4%
添加物 6%
16%
14%
6%
13%
7%
ポリプロピレン 17%
8%
9%
塩化ビニル
ポリエチレンテレフタレート
ポリウレタン
ポリスチレン
一次生産内訳
（総量 4.1 億トン）

ポリエチレン 31%
高密度ポリエチレン
低密度ポリエチレン
ポリプロピレン/繊維
その他 4%
添加物 6%
18%
14%
6%
13%
11%
ポリプロピレン 18%
塩化ビニル 5%
ポリエチレンテレフタレート
ポリウレタン 5%
ポリスチレン
一次廃棄内訳
（総量 3.0 億トン）

図 13・3　プラスチックの種類別一次生産内訳および一次廃棄内訳〔R.Geyer, J.R. Jambeck, K.L. Law, *Sci. Adv.*, 3, e1700782 (2017) より作成〕

生産内訳の約 6 割を占めており，**ポリエチレンテレフタレート（PET）**や**ポリウレタン（PU）**などの逐次重合系プラスチックは 15%にすぎない[*1]．低密度ポリエチレンと高密度ポリエチレンは，いずれもエチレンを**モノマー（単量体）**とするポリエチレンであるが，分子構造が前者は分岐型，後者は直鎖型と異なっている．

　使用量の多い石油系プラスチックの特徴と用途を以下に述べる．低密度ポリエチレンは分子構造中に枝分かれが多く柔らかいため，袋や包装材料として用いられ，一方，高密度ポリエチレンは分子構造中に枝分かれがほとんどなくて低密度ポリエチレンより固く，ボトルやその他の容器として用いられる．ポリプロピレンはポリエチレンより固くて丈夫であり，ボトル，包装材料，家具，カーペット，パイプなどとして用いられる．ポリスチレンは，透明で固くてもろいが，添加剤により丈夫な材料となり，食品容器，包装材料，器具のシャーシ（枠組み）などに用いられる．塩化ビニルは固くて加工が困難であるが，可塑剤により加工が可能となる．塩化ビニルは薬品耐性が高く，パイプ，電線被覆材，包装材料などに用いられる．ポリエチレンテレフタレートは丈夫であり衣料用の繊維として用いられているが，物質透過性が低いため，ペットボト

ルなどの容器材料として用いられている. ポリウレタンは, 図13・2ではRとR'を用いて一般化された直鎖状の構造を示したが, アルコール成分としてポリエーテルやポリエステルをベースとしたポリオールを用いて, ジイソシアネートと反応させることにより三次元的に架橋化される. ポリオールの構造の違いにより固い材料から柔軟な材料を製造することができ, 耐薬品性, 耐摩耗性, 耐衝撃性に優れている. 用途としては, タイヤのトレッド(接地部分), 衣料用繊維, 表面コーティング材などがある. 上下水道管や電線被覆など耐久材として用いられる塩化ビニルの廃棄率は39%と低いが, ペットボトルなど容器材料として使い捨て用途に用いられるポリエチレンテレフタレートの廃棄率は97%と非常に高い(表13・1).

13・1・2　プラスチックの生産および廃棄の現状

プラスチックの用途別一次生産量と廃棄量, 廃棄割合を表13・2に示す. 用途では, 包装が36%と最も多く, 建築・建設16%, 繊維15%と続く. 図13・4に2013年の使用後の包装用プラスチックの行き先を示す. 使用内訳で最も多い包装用プラスチックは, 40%が埋め立てられ, 32%は環境に放出され, 14%が焼却処理をされ(一部エネルギー回収), 14%がリサイクル目的で回収されている.

プラスチックのリサイクル方法には, 廃プラスチックを素材として再利用する際に性質の劣化・変化によりもとの用途とは別の低価値用途に変換される**カスケードリサイクル(オープンループリサイクル)**と, もとの用途と同じまたは同質の用途に変換される**クローズドループリサイクル**がある. 前者が直線的なリサイクルであるのに対し, 後者は環境負荷が低く, 廃棄物も削減できるため, 持続可能性の点で優れているといえる. しかし, 先に示した包装用プラスチックのリサイクル回収(14%)のうち, 8%がカスケードリサイクルされ, 4%は処理プロセスの間に失われるため, クローズドループリサイクルされるのはわずか2%にすぎないというのが現状である.

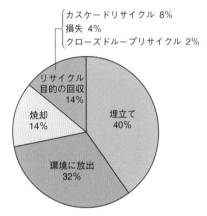

図13・4　使用後の包装用プラスチックの行き先[ʻThe New Plastics Economy Rethinking the future of plasticsʼ, WORLD ECONOMIC FORUM (2016) より引用]

13・2　環境のプラスチック汚染

13・2・1　プラスチックの環境分解と蓄積

環境中にプラスチック(高分子)が放出された場合, 図13・5のような環境分解が起こる. 石油系のプラスチックの多くは, **生分解性**がきわめて低いため, 紫外線の**光分解**により低分子量化されることが, **環境分解**のおもなルートである. 後述する生分解性プラスチックは, 微生物の放出する**分解酵素**の触媒作用により, 生分解されて低分子量化し, **モノマー**や**オリゴマー**になる(§13・3参照). ここで, モノマーとはプラスチックを構成する基本単位であり, オリゴマーはそれが数個から数十個つながったものである. 微生物の放出する分解酵素による低分子量化のほかに, 脂肪族ポリエステルなどの加水分解されやすい結合をもつプラスチックは, 分解酵素が存在しなくても加水分解され, 低分子量化される. また, cis-1,4-ポリイソプレンなどのポリエン系のプラスチックは二重結合の**酸化**

表13・2　世界のプラスチックの用途別一次生産量, 一次廃棄量, および廃棄割合[a] (2015)

用途	一次生産量〔百万トン〕	一次廃棄量〔百万トン〕	各用途における廃棄率〔%〕
包装	146	141	97
建築・建設	65	13	20
繊維	59	42	72
民生品・業務用品	42	37	88
輸送	27	17	63
電気・エレクトロニクス	18	13	72
産業機械	3	1	33
その他	47	38	81
総量	407	302	74

a) R. Geyer, J.R. Jambeck, K.L. Law, *Sci. Adv.*, **3**, e1700782 (2017).

により低分子量化される（図 13・6）．このように低分子量化されてモノマーやオリゴマーになると，微生物によって生分解され，最終的には水と二酸化炭素に無機化されるほか，一部は微生物の構成要素として同化される．環境中にプラスチックが放出される速度よりも環境分解により無機化される速度が低い場合，環境に蓄積される量は増加する．環境中におけるプラスチックの蓄積速度は下記の式で表される．

$$蓄積速度 ＝ 放出速度 － 無機化速度$$

石油系プラスチックの環境分解速度は著しく低いため，生分解が蓄積速度を低下させる効果はほとんどない．そのため，石油系プラスチックの多くは環境に放出される速度とほぼ同等の速度で蓄積される．

13・2・2　プラスチックの環境への放出

前述したように，製品寿命の短いプラスチック包装材料では 32% が環境に放出される．毎年，総量で 1000〜2000 万トンのプラスチックが海洋に流れ込んでおり，プラスチックが海洋に入る経路は，河川（長江，インダス川，黄河，海河，ナイル川，ガンジス川ほか）経由であると推測されている．海は一つに繋がっており深さがあるため，投棄されたプラスチックゴミは水平方向のみならず，垂直方向にも移動する．ある国で投棄されたプラスチックゴミが別の国にたどり着いたり，海底深く堆積したりする．

表 13・3 に日本の海岸で回収したペットボトルの国別割合と外国産の割合を示す．地理的に近い中国，韓国，ロシアなどの外国から日本の海岸に漂着した割合は，平均して 39% と高く，最大は奄美の 80%，最小は国東の 6% であった．2016 年の世界経済フォーラム（通称ダボス会議）では，年間 800 万トンのプラスチックが海洋に放出され，2050 年までに魚の重さを上回ると報告されている．

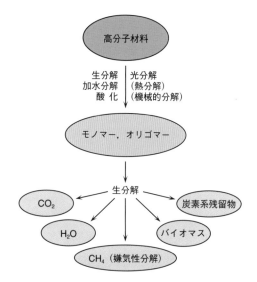

図 13・5　高分子の環境分解 ［辻 秀人，"生分解性高分子材料の科学"，コロナ社（2002）より］

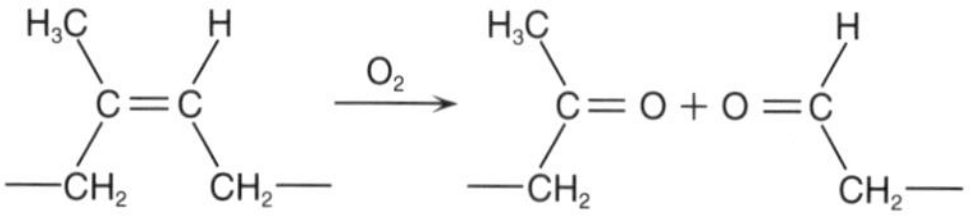

図 13・6　ポリイソプレンの酸化による切断

表 13・3　日本の海岸で回収したペットボトルの国別割合[a]

	日 本〔個〕	中 国〔個〕	韓 国〔個〕	ロシア〔個〕	その他〔個〕	不 明〔個〕	外国産の割合（不明を除く）〔%〕
稚内（18 個/50 m）	1	1	0	1	0	15	11
根室（35 個/50 m）	26	2	1	4	0	3	20
函館（243 個/50 m）	119	12	11	1	0	100	10
遊佐（132 個/50 m）	51	21	14	2	0	44	28
串本（51 個/50 m）	19	21	3	0	0	8	47
国東（66 個/50 m）	41	4	0	0	0	21	6
対馬（30 個/50 m）	4	5	12	0	0	9	57
五島（218 個/50 m）	50	38	55	0	0	75	43
種子島（224 個/50 m）	12	91	13	0	7	101	50
奄美（179 個/50 m）	2	122	21	0	0	34	80
総計（1196 個）	325	317	130	8	7	410	39

a）環境省，環境白書・循環型社会白書・生物多様性白書（令和元年版）より．

13・2・3　海洋マイクロプラスチック

　海洋に流れ込んだプラスチックのうち，サイズが5mm以下のものは**マイクロプラスチック**と定義される．サイズが大きい海洋プラスチックは，海洋生物の体に巻きついたり，刺さったり，餌と間違って誤飲して消化器官に詰まったりして，最悪の場合，海洋生物を死に至らしめるという問題がある．

　図13・7にマイクロプラスチックの形成機構を示す．マイクロプラスチックの大部分は，サイズの大きいプラスチックが，波や潮流による機械的な分解，紫外線による光分解，熱による熱分解などの作用でサイズが小さくなり，微粒子化したものである．もともとサイズの小さいスクラブ剤や研磨剤プラスチックの微粒子も含まれる．マイクロプラスチックは有機物質との親和性が高いため，あらゆる有害有機物質を収着（吸収および吸着）する．有害有機物質を収着したマイクロプラスチックを海洋生物，最終的には人間が摂取することになるため，その影響が懸念されている．

　生分解性プラスチックを使用すれば，環境中でサイズが大きい状態で存在する時間が短縮されるため，海洋生物の誤飲などによる悪影響は少なくなると思われる．しかしながら，"誤飲などによる悪影響のないプラスチック"とは"環境に出た瞬間に分解される"という不可能に近い条件を満たす必要があるため，その開発は現時点では実現していない．

13・3　生分解性プラスチックの現状

13・3・1　生分解性プラスチックの由来による分類

　自然界には天然のリサイクルシステムが存在し，多くの**生分解性**の高分子が存在し循環している．代表的なものとしては，セルロース，キチンといった多糖類，α-アミノ酸の重合体としてのタンパク質などがある．これらは，自然環境中で，微生物が分泌する菌体外分解酵素によって，低分子量化し，微生物に取込まれて二酸化炭素と水にまで代謝される（図13・5参照）．

　生分解性プラスチックは，由来あるいは合成法により，1) **化学合成系**，2) **微生物産生系**，3) **天然由来系**に分類することができる．天然由来のものは，微生物産生セルロースなどの例外を除き，化学合成や微生物産生が困難なものが多い．化学合成系の生分解性プラスチックのなかには，微生物により合成可能なものがあり，逆に，微生物産生系の生分解性プラスチックのなかには，化学合成可能なものがある．このように，生分解性プラスチックは，その化学構造により，三つのどれか一つに分類できるのではなく，複数の分類に当てはまるものもある．

13・3・2　生分解性プラスチックの結合

　図13・8に代表的な生分解性プラスチックの分子構

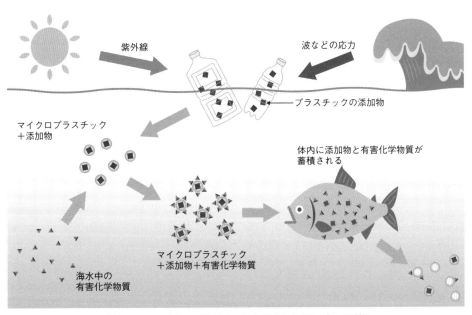

図13・7　マイクロプラスチックの形成と魚類などへの影響

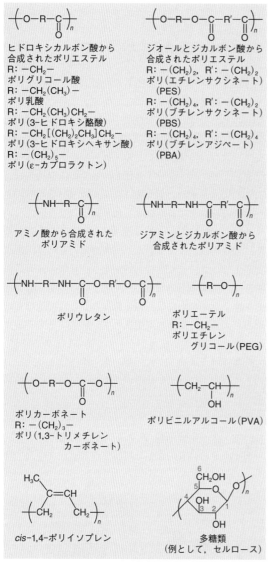

ヒドロキシカルボン酸から
合成されたポリエステル
R: −CH₂−
ポリグリコール酸
R: −CH₂(CH₃)−
ポリ乳酸
R: −CH₂(CH₃)CH₂−
ポリ(3-ヒドロキシ酪酸)
R: −CH₂[(CH₂)₂CH₃]CH₂−
ポリ(3-ヒドロキシヘキサン酸)
R: −(CH₂)₅−
ポリ(ε-カプロラクトン)

ジオールとジカルボン酸から
合成されたポリエステル
R: −(CH₂)₂−, R': −(CH₂)₂
ポリ(エチレンサクシネート)
(PES)
R: −(CH₂)₄−, R': −(CH₂)₂
ポリ(ブチレンサクシネート)
(PBS)
R: −(CH₂)₄−, R': −(CH₂)₄
ポリ(ブチレンアジペート)
(PBA)

アミノ酸から合成された
ポリアミド

ジアミンとジカルボン酸から
合成されたポリアミド

ポリウレタン

ポリエーテル
R: −CH₂−
ポリエチレン
グリコール(PEG)

ポリカーボネート
R: −(CH₂)₃−
ポリ(1,3-トリメチレン
カーボネート)

ポリビニルアルコール(PVA)

cis-1,4-ポリイソプレン

多糖類
(例として, セルロース)

図13・8　生分解性高分子の分子構造

造を示す. 生分解性をもつためには, 切断されやすい構造がプラスチック分子に周期的に含まれていることが必要である. **エステル結合**(−CO−O−), **アミド結合**(ペプチド結合, −NH−CO−), **ウレタン結合**(−NH−COO−), **エーテル結合**(−O−), **カーボネート結合**(−O−CO−O−), **酸無水物結合**(−CO−O−CO−)などがこれに相当する. これらの生分解性プラスチックは**逐次重合系**(§13・1・1参照)であり,

これらの多くのプラスチックは重合と逆の反応(分解反応)により, 低分子量化する. プラスチック分子中に一種類の結合が存在する単一結合系のほかに, 複数の結合が存在する**複合結合系**の生分解性プラスチックも存在する. 図13・8の分子構造中のRやR'は基本的に脂肪族であることが生分解のためには必須であり, 芳香族が入ると生分解性は著しく低下する. このほか, 生分解性を低下させる要因として, 1) 低すぎる分子量, 2) 側鎖, 3) 不飽和結合, 4) 環状構造(芳香族を含む)などが知られている.

エステル結合をもつ生分解性プラスチックとしては, ポリエチレンテレフタレートなど芳香族ポリエステルではなく, 脂肪族ポリエステルであるポリ乳酸が代表的なものである. **アミド結合**をもつプラスチックは, α-アミノ酸をベースとするタンパク質など微生物の体外分解酵素で容易に分解されるものは別として, ジアミン, ジカルボン酸より合成されるナイロン系プラスチックは生分解速度が低いため, 高い生分解性を必要とする用途では使用されない. **エーテル結合**をもつポリエーテルは, 親水性が高く, 吸水あるいは水に溶解するため, 通常の用途には適さず, 他の生分解性プラスチックの生分解性の可塑剤, 相溶化剤, 親水化剤[*2]などとして用いられる. **カーボネート結合**をもつ生分解性プラスチックとしては, 脂肪族のポリ(1,3-トリメチレンカーボネート)が代表的なものである. ポリ(1,3-トリメチレンカーボネート)はビスフェノールAとホスゲンから合成され, CDなどで使用される芳香族ポリカーボネートではなく, 環状の1,3-トリメチレンカーボネートの開環重合により合成される. なお, ポリ(1,3-トリメチレンカーボネート)は単独では分解速度が低すぎるため, ラクチド(乳酸の環状2量体)などとの共重合化により分解速度を高めて使用される. **酸無水物結合**は加水分解速度が高すぎるため, それをもつポリ酸無水物は通常の用途での使用は困難であり, 実験室における研究にとどまっている.

これらの結合をもつ逐次重合系プラスチック以外に, **連鎖重合系プラスチック**のなかで, 二重結合を多数もつポリエンは, 二重結合部分で酸化反応が起こり, 分子鎖が切断され低分子量化される. 天然ゴムの主成分であるcis-1,4-ポリイソプレンがその代表的な例であ

---

*2　**可塑剤**は, プラスチックを柔らかく変形しやすくする添加剤. **相溶化剤**は界面活性剤の一種であり, 本来混じり合わないプラスチックAとプラスチックBを混じり合うようにする添加剤で, 分子内にAとなじむ構造, Bとなじむ構造をもっていることが多い. **親水化剤**は, 水になじむ性質をプラスチックに与える添加剤.

る（図13・8）．連鎖重合系のポリビニルアルコールといったポリオールやポリエチレングリコールといったポリエーテルなどのプラスチックは，石油系プラスチックであるが，その親水性ゆえに，種々の微生物の作用で分解される．また，天然由来であるセルロースなどの多糖類は生分解されることが知られている．したがって，これらのプラスチックを生分解性プラスチックとして利用できるが，ポリエチレングリコール，ポリビニルアルコール，セルロースは親水性が高すぎるため，通常用途での単独使用は難しい．

13・3・3　ポリ乳酸

　使用されている生分解性プラスチックの多くは**脂肪族ポリエステル**であり，そのなかで最も使用されているのは**ポリ乳酸**（PLA）[*3]である．ポリ乳酸の合成，使用，分解あるいは処理などの循環を図13・9に示す．ポリ乳酸は光合成により生育したトウモロコシ，サトウキビ，ジャガイモ，テンサイなどから得られた糖の乳酸発酵で得られる乳酸をモノマー単位とする．ポリ乳酸は乳酸の縮合あるいはラクチドの開環重合により合成される．幅広い用途で使用が可能であり，ポリ乳酸

の炭素は大気中の二酸化炭素由来であるため，ポリ乳酸が使用されている間は，大気中の二酸化炭素量が減少していることになる（図13・9）．したがって，リサイクルをしてその状態を維持することが環境負荷低減の観点から望ましい．ポリ乳酸は石油系プラスチックと比べて，生産時の環境負荷も低く，石油系プラスチックの代わりに使えば使うほど，環境負荷を低減することができる．

　ポリ乳酸は乳酸のL体とD体により構成されているが，市販されているものの多くは乳酸のL体が90％以上のものである．L体の割合が減少すると結晶性をもたなくなり，加水分解速度は高くなるが，強度などの機械的特性が低下する．L体の乳酸のみからなるポリ（L-乳酸）（PLLA）とD体の乳酸のみからなるポリ（D-乳酸）（PDLA）の融点は170〜180 ℃であり，石油系芳香族ポリエステルであるポリエチレンテレフタレートの融点260 ℃より低いが，溶融成形などにより種々の形状に成形が可能であり，包装用途や3Dプリンター用の材料などとして幅広い汎用用途で使用されている．ポリ乳酸は通常の用途で使用が可能であるが，鏡像異性関係にあるPLLAとPDLAをブレンドすることによ

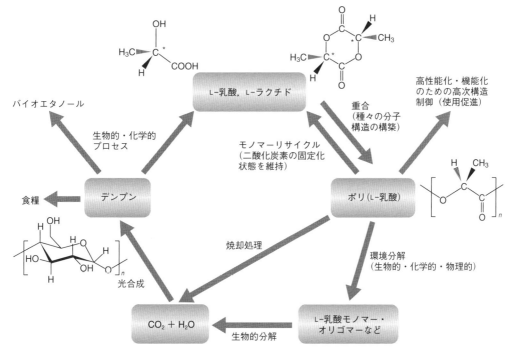

図13・9　ポリ乳酸の循環［辻 秀人，"ポリ乳酸-植物由来プラスチックの基礎と応用"米田出版（2008）より］

[*3]　**PLA**: poly（lactic acid），polylactide（ポリ乳酸）

り，**ステレオコンプレックス**[*4]結晶を形成させると融点が 220〜230 ℃ まで上昇し，強度，耐熱性，耐加水分解性が上昇するため，耐熱用途，高強度を要する用途での使用が可能となる．また，ポリ乳酸は抗菌性をもつため，それを活用した用途開発が行われている．

13・3・4 ポリグリコール酸

ポリグリコール酸（PGA）[*5]は脂肪族ポリエステルの一種であり，ポリ乳酸のメチル基が水素に置き換わった構造をしている．ポリグリコール酸のモノマーのグリコール酸は，再生可能な植物資源であるサトウキビ，テンサイ，パイナップルなどから抽出できる．しかし実際は，石油由来のホルムアルデヒドと合成ガス（一酸化炭素と水素の混合ガス）から生産される．ポリグリコール酸は，融点が 220〜230 ℃ と高く，親水性が高く，加水分解速度が高いため，常温の室内に放置すると短時間で加水分解による劣化が進む．ポリ乳酸のモノマーとポリグリコール酸のモノマーを共重合化した，ポリ乳酸-グリコール酸共重合体は，吸収性縫合糸や薬物除放システムのマトリックス材料としての医療・薬学的用途で用いられる．

13・3・5 ポリ(ε-カプロラクトン)

ポリ(ε-カプロラクトン)(PCL)[*5]は，石油由来の生分解性プラスチックである．ガラス転移温度[*6]が −60 ℃，融点が 60 ℃ と低くゴム状であり，夏場の倉庫で形状が維持できない可能性があるため，単独での使用は困難である．高分子の分野では，1970 年代から 1990 年代半ばまでは，結晶性高分子の代表例として単独あるいはブレンド中で結晶化挙動が盛んに研究された．生分解性プラスチックとして注目されたのは 1990 年代以降であり，ポリ(ε-カプロラクトン)やその共重合体は，高い生分解性と柔らかいゴム状であることを生かして，生分解促進，ソフト化，衝撃吸収を目的とする添加剤としての研究開発が進められている．

13・3・6 ポリ(3-ヒドロキシ酪酸)

ポリ(3-ヒドロキシ酪酸)のモノマーである 3-ヒド

ロキシ酪酸には，L 体と D 体が存在し，微生物が産生するポリ(3-ヒドロキシ酪酸)は D 体のモノマーからなる．市販されているポリ(3-ヒドロキシ酪酸)系プラスチックは，D-3-ヒドロキシ酪酸と D-3-ヒドロキシヘキサン酸との共重合体である．

13・3・7 生分解性プラスチックと　　　バイオベースプラスチック

表 13・4 に，市販されている生分解性プラスチックを示した．日本バイオプラスチック協会の資料によると，2017 年の日本における生分解性プラスチック生産能力は，88 万トンである．生分解性プラスチックには，再生可能植物原料などから生産される**バイオベースプラスチック**と石油系プラスチックがある．純粋なバイオベースプラスチックは，その炭素が大気中の二酸化炭素由来であるため，焼却処理されたり，環境で生分解されても，大気中の二酸化炭素を増やさない**カーボンニュートラル**の性質をもつ（§15・3・4 参照）．これに対して石油系プラスチックは，焼却処理される

表 13・4　生分解性プラスチックとバイオベースプラスチック[a]

	バイオベースプラスチック	石油系プラスチック
生分解性	ポリ乳酸 (PLA)，ポリ(3-ヒドロキシ酪酸-co-3-ヒドロキシヘキサン酸) (PHBH)	ポリグリコール酸 (PGA)，ポリ(ε-カプロラクトン) (PCL)，ポリブチレンサクシネート (PBS)，ポリブチレンサクシネート/アジペート (PBSA)，ポリブチレンアジペート/テレフタレート (PBAT)，ポリエチレンテレフタレート/サクシネート (PETS)
非生分解性	バイオポリエチレン，バイオポリアミド	ポリエチレン (PE)，ポリプロピレン (PP)，ポリスチレン (PS)，ポリ塩化ビニル (PVC)，ポリエチレンテレフタレート (PET)，ポリウレタン (PU)

a) 日本バイオプラスチック協会より．

[*4]　L 体のポリマーと D 体のポリマーの相互作用が L 体のポリマーどうし，あるいは D 体のポリマーどうしよりも強い場合，L 体のポリマーと D 体のポリマーの間で形成される複合体のこと．ポリ乳酸のステレオコンプレックス結晶では，L 体のポリマーと D 体のポリマーが交互に充填されている．
[*5]　**PGA**: poly(glycolic acid)（ポリグリコール酸），**PCL**: poly(ε-caprolactone)［ポリ(ε-カプロラクトン)］
[*6]　**ガラス転移温度**：プラスチックが，その温度を超えると固くてもろいガラス状から柔軟性のあるゴム状態になる温度．

と大気中の二酸化炭素が純増する．石油系プラスチックがすべて非生分解性とは限らず，また，バイオポリエチレンやバイオポリアミドのように，バイオベースプラスチックのなかにも非生分解性のものがあることに注意する必要がある．環境負荷を考慮すると，バイオベースである生分解性プラスチックを使用することが望ましい．バイオベースプラスチックと石油系プラスチックの中間的なものとして，プラスチックを構成する少なくとも一つのモノマーがバイオベースとなっている場合や，バイオベースプラスチックと石油系プラスチックのブレンド材料があり，表には示していないが，バイオベース/石油系プラスチックの複合プラスチックと分類されている．

バイオベースである生分解性プラスチックどうしの複合化が盛んに研究されている．複合化は，おもに強度，弾性率，耐衝撃性，耐熱性を高めることを目的として行われる．最近よく研究されているのは，バイオベースであり，かつ生分解性であるセルロースの結晶領域の高強度，高弾性率を利用した，ナノセルロース素材との複合化である．セルロースナノ素材には，木材由来のセルロースナノクリスタル（CNC），セルロースナノファイバー（CNF），セルロースナノウィスカー（CNW），微生物由来のCNF，および電界紡糸を用いて作製したCNFがある．また，ポリ乳酸のように硬くて耐衝撃性の低い生分解性プラスチックの場合には，ポリ(ε-カプロラクトン)のようにゴム状で柔らかく，衝撃を吸収できる材料を添加することによる，

耐衝撃化の研究が行われている．

また，日本バイオプラスチック協会では生分解性プラスチックの識別表示制度を設けて，環境適合性の審査基準を満たす製品に"生分解性プラ"のマーク付与と名称使用を促進している．

13・4 生分解性プラスチックの利用

13・4・1 生分解性プラスチックの用途による分類

生分解性プラスチックの用途は，次の三つに分類される．1) 使用時に生分解性が必要な用途，2) 使用後に生分解が必要な用途，3) 生分解性を必要としない用途である．表13・5に生分解性プラスチックの代表的な用途，製品例，形状，および使用する理由を示す．1) の代表的な用途として，再生足場材料，骨折固定ピンなどの生分解性医用材料，薬物除法システムのマトリックス材料がある．2) の用途としては，食品残渣回収袋，農業用マルチフィルムがある．嫌気消化処理施設（§10・4・1，§8・4・2参照）では，生分解性プラスチック回収袋で回収された食品残渣からエネルギー分子としてのメタンが得られる．生分解性プラスチック回収袋を用いることにより，食品残渣を資源化し，有用な堆肥を生産するとともに，食品残渣の廃棄量を減少させている．また，生分解性マルチフィルムを使用した場合，使用後に土壌にすき込み生分解させることができるため，回収・廃棄する必要がなくなり，

表13・5 生分解性プラスチックの代表的な用途，製品例，形状，および使用する理由[a]

用途	製品例	形状	使用する理由
食品	包装・容器	フィルム，その他成型品	—
化粧品	容器	成型品	—
医用材料	縫合糸，骨折固定プレート・ピン，DDS担体，癒着防止膜など	繊維，プレート，フィルム，チューブ，微粒子，その他成型品	使用時・後に生分解性が必要
衛生材料	紙オムツ，生理用品	フィルム，その他成型品	—
農業	マルチフィルム，肥料・土壌改良剤・農薬担体，苗ポット	フィルム，微粒子	使用時・後に生分解性が必要
漁業	網，釣糸，浮	繊維，糸，その他成型品	使用後に生分解性が必要
土木・建築	植生ネット，複合建材，土壌傾斜面保護材	繊維，糸，プレート	使用時に生分解性が必要
運輸	商品輸送用容器	成型品	—
スポーツ・レジャー	ゴルフティ，射撃標的	プレート，その他成型品	場合により生分解性が必要
情報記録カード	プリペイドカード	プレート	—
その他	食器，ナイフ，フォーク，スプーン，造花，玩具，洗剤，ゴミ袋（食品残渣回収袋）	成型品	用途による

a) 辻 秀人，"生分解性高分子材料の科学"，コロナ社（2002）．

その分の労力を減らすことができる．3）の用途であっても，プラスチックを使用した製品は使用後に環境に放出される可能性が考えられ，その際には速やかに分解した方が環境に蓄積せず，自然界の生物に与える悪影響を低減することができる．しかし，本来生分解性を必要としない製品を生分解性にすることにより，環境への不適切な投棄を促進することは，本末転倒であり，避けるべきである．

　代表的な生分解性プラスチックであるポリ乳酸は，繊維製品（土のう袋，3D プリンター用フィラメントなど），不織布製品（防草シート，ヘッドレストカバーなど），樹脂製品（ブローボトル，幼児用食器など）に用いられている．ポリ乳酸製品の場合，用途 1 は医療・薬学に限定されており，防草シートは用途 2 に，それ以外の製品は用途 3 で使用されている．また，ポリ乳酸製のボディータオルは，ポリ乳酸の抗菌性が有効に働く用途と考えられる．

13・4・2　生分解性プラスチックの生分解速度の制御

　図 13・10 にプラスチック材料の生分解性と力学的特性に与える材料作製法の影響を示す．プラスチック材料にとって力学的特性は最も重要な特性の一つである．一方，生分解性を要する用途においては，生分解速度を制御することは重要である．生分解速度を制御する代表的な方法には，生分解性プラスチックの**種類（分子構造），材料処理，ポリマーブレンド**などによる

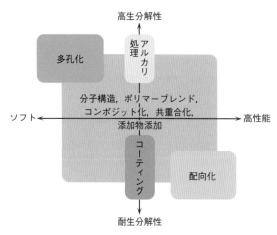

図 13・10　生分解性と力学的特性に与える材料作製法の影響〔辻 秀人，"ポリ乳酸–植物由来プラスチックの基礎と応用"，米田出版（2008）より改変〕

ものがある．生分解は**分子構造**の強い影響を受ける．たとえば，生分解性ポリエステルでは，ポリ(L-乳酸)，ポリ(D-3-ヒドロキシ酪酸)，ポリ(ε-カプロラクトン)の順に柔らかくなり生分解速度が高くなる．ソフトな材料においては，分子鎖間の相互作用が弱く，プラスチックの分子鎖と酵素などの外部の触媒分子と相互作用が容易になるため，生分解されやすくなると考えられる．図 13・11 にポリ(ε-カプロラクトン)フィルムの土壌中での分解挙動の例を示した．7 日目には微生物の作用によりフィルムに多くの穴が開き，14 日目にはフィルムの薄い中心部分は生分解されてなくなり，厚い外周部分のみが残っている．

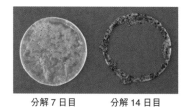

分解 7 日目　　　　　分解 14 日目

図 13・11　ポリ(ε-カプロラクトン)の土壌中での分解

　また，**ポリマーブレンド**により，生分解速度の高い生分解性プラスチックと低い生分解性プラスチックの割合を変えて複合化することで，望ましい生分解速度をもつプラスチック材料を製造することが可能になる．多孔化，親水化のような**材料処理**を行うと，生分解速度が高くなる．**多孔化**は，微生物が生分解性プラスチックに取りつくことのできる単位重量当たりの面積を増加させることで，生分解速度を上昇させる．**アルカリ処理**などにより**親水化**された材料では，表面の水分量が多くなるため，より多くの微生物を引き寄せて増殖を促進し，生分解を加速させる．また，**コーティング**は材料表面を保護することにより生分解速度を低下させる．親水化やコーティングなどの**表面処理**は，材料成形後に用いることができるうえ，力学的特性などの材料の塊としての特性を変えることなく，生分解速度のみを変えることができる．**配向化**は，熱延伸などの手法で行え，高性能化，耐加水分解化の有効な手段である．これら以外に，コンポジット化，共重合化，添加物により生分解性および力学的特性を制御でき，その方向性は追加される成分に依存する．それぞれの作製法の長所と短所を十分に把握したうえで，生分解性製品の製造に活用することが望ましい．

14 社会とエネルギー

　現代社会において，文明的な機能を維持し，人々が日常生活を送るために必要な諸設備をライフラインとよぶ．ライフラインとは，救命胴衣や救命浮き輪，また潜水夫につながれた紐や縄などの命綱のことであるが，日本においては"生活線"または"生命線"という意味で使われている．ライフラインには，エネルギー供給システム，交通システム，情報通信システムがある．災害時などにこれらが絶たれると，命にかかわる．このうち，エネルギー供給システムは，電気，ガス，水などの輸送システムをさし，公共公益的に施工・管理・運営されている．本章では，エネルギーに関する現状を理解し，環境調和・保全の観点から将来の持続的社会を構築するうえでの課題について考える．

14・1　エネルギー事情

14・1・1　エネルギーの形態

　生物学的に必須である食料エネルギーは別として，われわれの生活において直接的に必要なエネルギーのおもな形態は，電気（光を含む），熱，動力の3種類である．電気は，まさに身近にある電化製品，蛍光灯，携帯電話などに利用される．熱は，いわゆるエアコンなどの空調や調理に必要である．動力は，移動手段，つまり，自動車やバイクを思い浮かべればわかりやすいであろう．このようなエネルギーを発生するためには，もととなる燃料やその他のエネルギー源が必要である．自然界に存在するままの形でエネルギー源として利用されているおもなものは**化石燃料，核燃料，再生可能エネルギー**（自然エネルギーやバイオエネルギーなど）である（表14・1）．

表14・1　自然界に存在するエネルギー源

エネルギー源	具体的内容
化石燃料	石油，石炭，天然ガス（液化天然ガス）など
核燃料	ウラン
再生可能 　エネルギー	水力，太陽光・熱，風力，地熱など

　このような**エネルギー資源を一次エネルギー**とよぶ．この一次エネルギーを変換したり，加工したりして得られるエネルギーを**二次エネルギー**とよぶ．たとえば，電気，ガソリン，都市ガスである．環境との観点からみると，化石燃料および核燃料は地球上の**エネルギー流**（§8・1・2参照）にないものであり，再生可能エネルギーはエネルギー流にあるものとして区別できる．

14・1・2　エネルギーの供給と消費

　わが国の**一次エネルギー供給量**における各エネルギーの占める割合の推移を図14・1に示す．1950年代は，石油・石炭・水力の三つがおもなエネルギー源であり，年々水力の占める割合が減少し，石油の占める割合が増加した．1970年代には，天然ガスおよび原子力の占める割合が増加した．その後，1990年ごろから徐々に再生可能エネルギーの割合が増え始めた．2011年の東日本大震災の後，原子力が0となり，代替エネルギーとして太陽光を軸とした再生可能エネルギーが増加してきた．2017年からは原子力もわずかに戻って

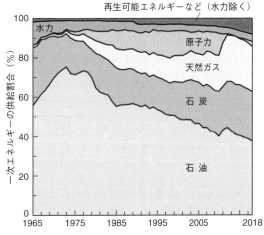

図14・1　日本における一次エネルギーの供給割合の推移

きている.

　各国の人口1人当たりの**エネルギー消費量**を図14・2に示す. 米国は, 他国と比べてとび抜けて高い. ドイツ, 英国, フランス, 日本は, ほぼ同じような値で推移している. 1960年代から徐々に増加したものの, 2005年ごろから減少に転じている. 中国は2000年台に急速な増加をみせ, 世界平均を超えたが, 最近は飽和の傾向にある. インドは緩やかな増加があるものの, 世界平均よりはるかに低く, 人口が多いことから一人一人には十分なエネルギーが供給されていないことがうかがえる.

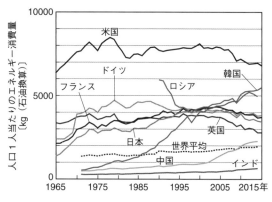

図14・2　各国の人口1人当たりのエネルギー消費量の推移

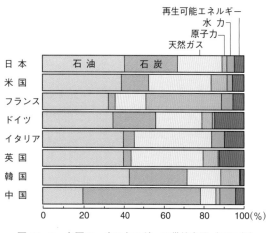

図14・3　各国の一次エネルギーの供給内訳（2020年）

　主要国の一次エネルギー供給源の内訳を図14・3に示す. ほとんどの国において, 一次エネルギーは火力発電の燃料である石油・石炭・天然ガスといった化石燃料に頼っていることがわかる. ただし, フランスだけは原子力への依存度がきわめて高い. また, 中国は石炭の埋蔵量が多いことから, 石炭を燃料にした発電の占める割合が高い.

　図14・4に, 全世界における埋蔵エネルギー資源の**可採年数**[*1]の予想推移を示す. 化石燃料およびウラン燃料は有限であり, 利用できる年数に限りがある. 資源をいかに有効に利用していくか, また, 新しいエネルギー源への乗り換えの重要性を認識しなければならない.

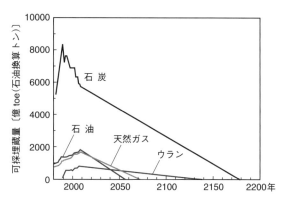

図14・4　化石燃料およびウランの可採埋蔵量

14・1・3　エネルギー自給率

　主要各国の**エネルギー自給率**[*2]を図14・5に示す. ノルウェー, オーストラリア, カナダは, 化石燃料の天然資源が豊富であるため, 自給率が100%を大きく超えている. すなわち, エネルギー資源の輸出大国であるということである. 特にノルウェーおよびオーストラリアは原子力発電が皆無であるにもかかわらず, このような状況にある. 米国は, 頁岩（シェール）層から採取される天然ガスであるシェールガスの採掘に成功し, 100%に近い自給率を確保している. 英国は, 北海油田およびガス油田の開発に成功し, 一時期100%を超える自給率を誇っていたが, その枯渇が響き, 自

＊1　**可採年数**: 現在の年間生産・消費ペースをベースにして, 確認されている埋蔵量から割り出したものである. もちろん, この年数は状況により変化する.
＊2　**エネルギー自給率**: 生活や経済活動に必要な一次エネルギーのうち, 自国内で確保できる比率. 原子力を含む場合と含まない場合とを併記してあるのは, 原子力燃料のウランを一度輸入すると数年間利用できることから, 原子力を自給エネルギーと考える場合があるためである.

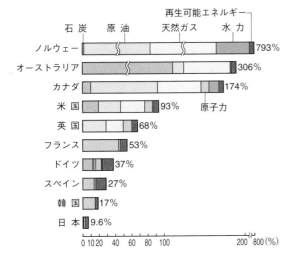

図14・5　各国のエネルギー自給率の比較（2017年）

給率が下がってきている．フランスは原子力先進国であるが，それでも自給率は50%を超える程度である．なお，原子力燃料は一度入手すると長期間にわたって利用できるため，自給エネルギーとして算入するのが一般的である．一方，フランスの隣国であるドイツおよびスペインは再生可能エネルギーの割合が多い．政治的戦略の差がうかがえる．これらに対し，日本は，もともと原子力があっても自給率が20%程度しかなく，原子力が減少した状況では10%程度しかない．

14・1・4　電力化率

エネルギーとしての使用において，電気自体はクリーンであり，手軽に利用しやすい．そのため，**電力化率**という指標が用いられることがある．電力化率の定義としては，一次エネルギー総供給量の中で発電に投入されるエネルギーの割合で表現する場合と，最終エネルギー消費量に占める電力消費量の割合で表現する場合とがある[*3]．日本の電力化率は，前者の定義で約45%，後者の定義で約25%弱である．後者の場合，いったん電気エネルギーの形態をとっていても，冷暖房のように最終形態が熱需要の場合には，電気にカウントされない．したがって，電気以外のエネルギーを用いていた製品が電化製品に置き換わっていくような点を考える場合には前者の定義の方がよい．図14・6に，

前者の定義に従ったわが国の電化率の推移を示す．いずれの定義にせよ，年々徐々に電気需要が増し，電化が進んでいることは明らかである．今後，自動車のEV（電気自動車）化やロボットの普及が進むにつれ，ますます電力化率が増加するであろう．

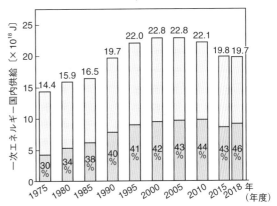

図14・6　日本における一次エネルギーの供給量と電力化率（%の数値）の推移

14・2　地球温暖化

　人類の活動にはエネルギーが必要であり，それは自然とは切り離せない．文明を発展させる過程で，自然環境を資本として利用してきた．重要なことは，貯蔵所起源（§8・3・1参照）の天然資源を利用することで，生態系で循環しない非生物学的要因を大量に発生させ，自然の自己修復能力を超えた負荷を与えて環境汚染・破壊を起こしていることである．産業革命以後，顕著になってきた地球規模の環境問題として，**地球温暖化**とそれに伴う気候変動がある．地球温暖化は，気温や海水面の上昇，異常気象の増加，生態系への影響，砂漠化や水資源への影響，消費エネルギーへの増加などをひき起こす．地球環境問題については国際的な議論や取組みがいくつか実行されているが，地球温暖化については対策が不十分とされている．ここでは，エネルギー問題と深くかかわりがある地球温暖化について考えてみよう．

---

*3　**一次エネルギー総供給量**: 化石燃料，原子力，水力，新エネルギー・地熱の総和．**発電に投入されるエネルギー**: 一次エネルギー総供給量のうち，発電に使われた量（すなわち，暖房・給湯，動力，製品に使われたものを省く）．**最終エネルギー消費量**: ガソリン，都市ガス，電気などの二次エネルギー総量．**電力消費量**: 熱・動力に使われたものを省く．

14・2・1　放射の物理

本項では，まず，地球の**温室効果**と温暖化に関して理解しておくべき，放射の物理の基礎を簡単に記す．

a. ステファン-ボルツマンの放射則　一般に，温度を有する物体は**熱放射**を行っている．熱放射は**輻射**ともよばれる．物体を加熱した場合には，熱放射によってエネルギーを放出し，物体のエネルギーバランスを保っている．このとき，温度 T（K）の物体の熱的エネルギーは，次式で表される**ステファン-ボルツマンの放射則**に従う．すなわち，熱的エネルギーは，温度の4乗に比例して物体表面から放出される．

$$J = \sigma T^4 \ (\text{W}\cdot\text{m}^{-2})$$

ここで，σ は，ステファン-ボルツマン定数であり，次式の関係がある．

$$\sigma = \frac{\pi^2 k_B^4}{60\,h^3 c^2} = 5.670\times10^{-8} \ (\text{W}\cdot\text{m}^{-2}\cdot\text{K}^{-4})$$

k_B, $h\,(= h/2\pi)$，および c は，それぞれ，ボルツマン定数，プランク定数，および光速である．

b. プランクの放射則　光には波長があり，物体からの放射には波長依存性がある．温度 T，波長 λ における単位波長当たりの放射エネルギー j_λ は，次式の**プランクの放射則**に従う．

$$j_\lambda = \frac{2\pi hc^2}{\lambda^5 \left\{\exp(hc/\lambda k_B T)-1\right\}}$$

ステファン-ボルツマンの放射則とは，次の関係にある．

$$J = \int_0^\infty j_\lambda \mathrm{d}\lambda$$

つまり，光の波長依存性を考慮したプランクの放射則について全波長を積分して全体のエネルギーとして捉えたのが，ステファン-ボルツマンの放射則ということである．

プランクの放射則から，地球の平均表面温度を290 Kとすれば，地表からは 10 μm にピークをもつ**赤外線**が放出されることがわかる．温度が増加すると，放射強度は増加し，かつ，ピークの位置が短波長側，すなわち**可視光線**領域へとシフトする．太陽の温度に近い約6000 Kでは，約500 nmにピークをもつ可視光線（可視光線領域約350～800 nm）が放射される．

c. ウィーンの変位則　ウィーンの変位則とは，熱放射のピーク波長 $\lambda_{\max}$ は温度 T に反比例するという法則である．次式で表される．プランクの放射則か

ら導くことができる．

$$\lambda_{\max}\times T = \text{const} = 2.898\times10^{-3} \ (\text{m}\cdot\text{K})$$

この関係式を用いれば，6000 Kの場合のピーク波長は約480 nmと求まる．ウィーンの変位則を覚えておくと，熱放射の温度特性の概観を思い出しやすい．

14・2・2　地球の温室効果

温室効果とは，農業で利用されるビニールハウスのような保温効果のことである．地球の場合，ビニールの代わりとなるのが大気である．大気は保温効果を有し，地球上の生物が生きていくのに適切な温度を保つ役割を果たしており，生物圏（§8・1参照）が成立している．

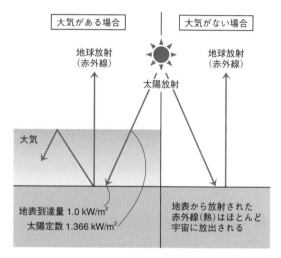

図 14・7　地球の温室効果

地球には，太陽から約6000 Kの熱放射に従った可視光線として太陽光エネルギーが到達する（図14・7）．大気圏外の大気表面の単位面積に垂直に入射するエネルギーは 1.366 kW/m² である．このエネルギーを**太陽定数**とよぶ．このうち，約30%が大気で反射されたり，吸収・散乱され，最終的に地表に垂直に到達する太陽光エネルギーは約 1 kW/m² となる．もちろん，大気表面から地表までの大気の厚さに依存して異なるが，おおむねこの値を覚えておけばよい．

地表は，到達する可視光線の太陽エネルギーによって温められ，地表温度に従った熱放射を起こす．これは，前述のように，赤外線領域の放射である．大気がなければ，入射した可視光の太陽光エネルギーのほと

んどは赤外線として宇宙へ放出される．その結果，地表は$-18\,°C$程度となる．大気がある場合にはどうなるのか．大気中には，おもな成分である窒素および酸素のほか，**水蒸気**H_2O，アルゴンなどの希ガスに加え，**二酸化炭素**CO_2やメタンCH_4が存在する．水蒸気やCO_2は赤外線を吸収するという特性をもつ．したがって，暖められた地表から放出される赤外線の一部が，大気によって吸収される．宇宙へ逃げようとするエネルギーの一部が地表近くに捕捉されるため，地表は約$15\,°C$程度に保温されることになる（図14・7）．

14・2・3 温暖化現象

大気中に存在し，地表から放射された赤外線の一部を吸収することで温室効果をもたらす気体の総称を**温室効果ガス**（§11・1・1参照）という．H_2O, CO_2, CH_4,**亜酸化窒素**N_2O（一酸化二窒素），オゾンO_3などである．1997年に議決された**京都議定書**では，CO_2, CH_4, N_2O，ハイドロフルオロカーボン類（HFCs），パーフルオロカーボン類（PFCs），六フッ化硫黄（SF_6）の6種類を排出量削減対象として定めた．水蒸気は，降雨などの水循環（§9・1・2参照）をもたらすものとして，生物の生活や地球環境に必要なものである．また，オゾンは有害紫外線を吸収する能力があることから，なくてはならないものである．いわゆる**フロン類**であるフルオロカーボンは冷媒として利用されている．温室効果ガスについて表14・2にまとめる．**地球温暖化係数**（GWP: global warming potential）とは，大気中に放出された単位質量物質が地球温暖化に与える100年間の効果の強さを，CO_2を1として相対的に表した指標である．温暖化への寄与率は大気中の濃度を考慮したものである．

表14・2に示したように，地球温暖化に最も関与すると考えられているのが，CO_2である．CO_2は，植物の光合成や無機独立栄養微生物の化学合成によって炭素源として取入れられ，生物の呼吸などで排出されるという生物地球化学的循環の主要物質である．炭素のこのようなサイクルを**炭素循環**（§8・2・2参照）という．炭素循環の領域としては，地球上の大気圏，水圏，土壌圏，岩石圏，およびこれらにまたがる生物圏がある（§8・1・1参照）．通常，この循環は平衡状態にあり，大気中のCO_2濃度は変化しない．しかしながら，人類がエネルギー源として非生物学的要因である化石燃料を消費し続けた結果，本来の循環以上にCO_2の放出速度を上げてしまい，大気中のCO_2濃度は，年々増加の一途をたどっている．CO_2濃度が一定であれば気温の変化はないが，増加すれば，地表から放出される赤外線量をより多く捕捉するようになり，地球が温暖化する．世界の至る箇所において，1980年代から気温が上昇している．

14・2・4 温室効果ガス排出

地球の温暖化を抑制するためには，温室効果ガスの排出量を減少すること，および温室効果ガスを固定することである．まず，温室効果ガスの排出量抑制に関しては，次のような対策や取組みがある．基本的には，各個人が温暖化の原因と影響を正しく認識し，できることから実行することが必要である．

a. 国際的・行政的取組み **生物多様性条約締約国会議**（COP, §8・3・4参照）などにおいて，温暖化現象が，多様な生物の生息環境の保全にかかわる重大

表14・2　地球温暖化に寄与する温室効果ガス

温室効果ガス	化学記号または称記[†]	地球温暖化係数（GWP）	温暖化への寄与率（%）	性　質	用途，排出源
二酸化炭素	CO_2	1	60	代表的な温室効果ガス	おもに化石燃料の燃焼
メタン	CH_4	21	20	天然ガスの主成分で，常温で気体	農業関連，廃棄物の埋め立て，燃料の燃焼
一酸化二窒素	N_2O	310	6	他の窒素酸化物などのような害がない	燃料の燃焼，工業プロセス
オゾン層を破壊しないフロン類	CFC類 HCFC類	数千〜1万 数百〜1万	14	塩素を含む	スプレー，エアコンや冷蔵庫などの冷媒，半導体洗浄
オゾン層を破壊するフロン類	HFC類 PFC類	数百〜数千 数千	0.5以下	塩素を含まない	冷媒，化学物質の製造工程 半導体の製造工程
六フッ化硫黄	SF_6	23900		常温常圧では無色・無臭	電気変圧器などの絶縁ガス

† CFC類: chlorofluorocarbon（CCl_3Fなどのほか，臭素Brを含むハロン類もある），HCFC類: hydrochlorofluorocarbon（$CHClF_2$など），HFC類: hydrofluorocarbon（CHF_3など），PFC類: perfluorocarbon（CF_4など）．

な世界的問題であることを認識し，現状の課題・将来への問題を明確にし，CO_2 の排出量などに関する調査や，規制・実行目標・国際協力・支援などの指針や方策を検討・提案し，条約として締結している．

　国際的な提示案に基づき，あるいは独自の判断に基づき，各国はそれぞれ具体的な対策を講じている．たとえば，わが国では，**省エネルギー法**[*4] が施行されている．省エネ法と略される場合も多い．

　b. 産業界の削減努力　　産業界では省エネ法に基づいて取組みを進めるほか，企業イメージやブランド力を上げるため，積極的に取組んでいる．電力会社では，化石燃料を使う火力発電を減少させ，原子力発電や自然エネルギー発電などを用い，電力の安定確保・環境への負荷・経済性の観点から，最適な組合わせで発電を行っている．これを**ベストミックス**という．資源・エネルギーを大量に使う鉄鋼業界では古くから省エネ・環境対策に取組んでおり，製造設備・工程の改善を始め，熱エネルギーの回収，リサイクル，リユースを進めている．家電業界や自動車業界では，低電力商品の開発や低燃費商品の開発に重点をおいている．

　c. 科学技術による取組み　　既存のエネルギー効率の高い技術の世界的普及を促進することに加え，高効率太陽電池，燃料電池，バイオマス発電，CO_2 回収・貯留・固定などの革新的技術の開発が望まれている．2009 年に閣議決定として提案された成長戦略の一つであるグリーン・イノベーションの推進においては，再生可能エネルギーの高効率化，次世代バッテリー，電気自動車，火力発電の高効率化，情報通信技術を用いた新しい電力ネットワーク，**スマートグリッド**[*5] の構築に関する科学技術的取組みが掲げられた．

　d. 個人の取組み　　各家庭やオフィスで実行できる各個人の取組みも CO_2 排出量削減にはきわめて有効である．節電・省エネ，節水，ごみの減量化，公共交通機関の利用などである．このほか，環境負荷の低い製品やサービスを選択する，省エネ効果の高い製品を利用するなどの取組みもできる．このような活動を**グリーン購入**（p.174，*9 参照）という．

　実際に，個々の製品やサービスを対象としてどの程度の二酸化炭素排出になるか，環境影響評価を行う手法としてライフサイクルアセスメント（LCA）がある．この方法では，個別の商品にかかわるすべてのプロセス（原料採取→製造→流通→使用→リサイクル・廃棄など）において，資源・エネルギーの消費，環境汚染物質・廃棄物の排出などを科学的に明らかにし，環境負荷を評価する．このような LCA に基づく環境負荷の少ない商品の開発や設計は，"環境配慮設計"とよばれている．また，個人の生活や企業活動などを通じて排出される二酸化炭素などの温室効果ガスの出所と流れ，つまり"炭素の足跡"を把握するすることを，カーボンフットプリント（CF）という．企業が自社の商品に表示するカーボンラベリング（CO_2 の可視化）も CF に含める．

14・3　持続社会におけるエネルギー

14・3・1　未来を支えるエネルギー

　現代は，経済成長（Economic efficiency），エネルギーセキュリティ[*6]（Energy security），環境への適合（Environment）が互いに対立し，せめぎ合い，同時に達成することが困難であろうという状態，いわゆる**トリレンマ**（trilemma，三者択一）の状態にある．われわれは，この困難な課題に対し，当面は既存技術を有効利用し，将来の**持続社会**（§15・1 参照）の構築に向け新しい技術・手段の開発を進め，徐々に解決を図る必要がある．東日本大震災以降は，安全性（Safety）が大前提にあることが改めて議論され，従来の"3E"の観点でなく，"3E＋S"の観点で調和を図る必要性が認識された．

　電気エネルギーを中心に，どのような資源から電気エネルギーを創製するのか，および電気エネルギーをどのように利用するのか，つまり，各エネルギー間の変換の模式図を図 14・8 に示す．たとえば，火力発電の場合，化石燃料のもつ化学エネルギーを，化石燃料を燃やすことで熱エネルギーに変換し，熱機関によって回転エネルギーに変換し，発電機を用いて電気エネルギーを得る．電気エネルギーは，そのまま電気エネ

---

*4　**省エネルギー法**：日本におけるエネルギーの合理化に関する法律であり，燃料資源の有効な利用を目的としているが，同時に地球温暖化防止のためにも重要な法律である．省エネ法では，工場・事業体，輸送，住宅・建築物，機械器具の分野において，さまざまな規制が設けられている．

*5　**スマートグリッド**：通信機能をもった人工知能搭載の電力計測機器や制御機器を用い，発電から末端までの電力機器・設備をネットワーク化した電力系統を構築し，電力の需給バランスを最適化しようというものである．マイクログリッドの上位概念．

*6　**エネルギーセキュリティ**：政治・経済・社会情勢の変化に過度に左右されずに，資源・エネルギーを確保し，安定に供給すること．

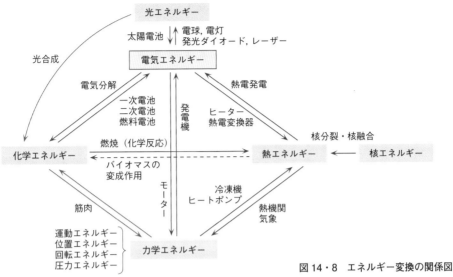

図14・8　エネルギー変換の関係図

ルギーとして利用できるし，ヒーターやヒートポンプを使って熱エネルギーを生み出し，モーターを使って力学的エネルギーに変換するのは容易である．

電気エネルギーを得るには，次のa〜cの方法があるが，未来を支えるエネルギーとしては新エネルギーと核融合による発電であろう．

a. 従来の発電　東日本大震災以降，原子力発電の利用が限定的となったため，主力発電は火力発電および水力発電である．火力発電は，石油火力，石炭火力，天然ガス火力の3種類があり，いずれも化石燃料を使用し，CO_2を排出するため環境負荷が大きい．現在の原子力発電は，核分裂による核エネルギーを用いる方式であり，ウランを燃料として用いるものであり，環境負荷は低いが，安全性や使用済み核燃料処分も問題がある．放射能汚染の問題もある．水力発電もCO_2を排出しないという意味では環境負荷が低いが，大型水力ではダムの建設にかかわる環境破壊と水系への生態学的影響が問題となる．

b. 環境負荷の低い発電　新エネルギーとよばれる発電方式で，再生可能エネルギー資源を用いる．新エネルギーには，代替エネルギーやリサイクルエネルギーなども含まれる．運転時にCO_2を排出しない発電方式として原子力発電や水力発電があるが，年々増加するエネルギー需要への対応，エネルギーの安定供給，環境負荷低減などの観点から新エネルギーの利用が期待されている．水力発電も再生可能エネルギーを用いているが，従来の大型水力はこの分類からはずさ

れている．新エネルギーは，廃棄物や地球温暖化ガスの排出が少なく環境負荷が低いエネルギー供給形態を表す総称である．グリーンエネルギーやクリーンエネルギーともよばれる（表14・3）．

表14・3　新エネルギーの種類と形態

新エネルギーの種類	具体的エネルギー源
自然エネルギー	小型水力，地熱，太陽光・熱，風力，波力，温度差，濃度差（海水と淡水）など
代替エネルギー リサイクルエネルギー 未利用エネルギー	水素，バイオマス，バイオ燃料など 廃棄物償却時の熱利用・発電 生活排水や下水の熱，超高圧地中送電線からの排熱，変電所の排熱，河川水・海水の熱，工場の排熱，地下鉄や地下街の冷暖房排熱，雪氷熱など

自然エネルギーは，自然環境のなかで繰返し起こる現象（エネルギー流）から取出すエネルギーで，資源枯渇のおそれがないため，再生可能エネルギーの一つである．しかしながら，自然エネルギーは刻々と変化する自然（気象）を利用しているため，エネルギー供給が不安定であるという問題がある．

c. 未来の発電　未来の大型発電技術として期待されているのは**核融合発電**である．太陽表面で行われているエネルギー創生反応と同じものである．燃料は重水素であり，海水中に無尽蔵に含まれている．核融合反応を起こすためには，超高温あるいは超高圧と

いう環境を人工的に作り出す必要があり，実用化には克服すべき多くの技術的課題がある（たとえば，超高温に耐えながらプラズマを安定して閉じ込める方法や材料の実現，核融合で発生する高速中性子を含む高エネルギー粒子による影響の低減など）．また，必然的に巨大施設となるため，膨大なコストがかかる．

14・3・2　コージェネレーション

生活のなかにおける消費エネルギーとして，熱エネルギーも重要である．冷暖房，調理，給湯などに利用される．**コージェネレーション**とは，発電と同時に発生した排熱も利用して，電力需要とともに熱需要もまかなうことによって，総合エネルギー効率を高めた新

しいエネルギー供給システムである．図14・9にその仕組みを示す．これは，電力をおもに取出し，排熱を二次的に有効利用する場合である．逆に，先に熱を使

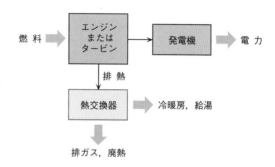

図14・9　コージェネレーションの概念

メモ14・1　核エネルギー

原子は，原子核と電子とで構成されている．原子核は，Z 個の陽子と N 個の中性子とで構成されている．原子番号は Z であり，質量数 $A = Z + N$ である．ここで，陽子および中性子の質量を，それぞれ，M_P および M_N とすると，陽子と中性子の総和としての質量 M_A は，$M_A = (M_P \cdot Z + M_N \cdot N)$ となる．しかしながら，実際の原子の質量を M とすると，$M < M_A$ である．この差分，$\Delta M = M_A - M$ を**質量欠損**とよぶ．質量欠損は，原子核が結合するために必要なエネルギー，すなわち**結合エネルギー**として原子核に取込まれたエネルギーである．これは，アインシュタインの**特殊相対性理論**が示すところの $E = \Delta M c^2$ であり，エネルギーとして質量を失ったと考えればよい．核エネルギーの利用からみれば，この質量欠損分のエネルギーを取出せばよいことになる．

さまざまな原子について，核子（陽子と中性子）当たりの結合エネルギーを図14・10に示す．結合エネルギーが大きいほど，核子の結合の観点からは安定で，質量数60前後の物質，Fe, Co, Ni, Cu が安定物質ということである．これらは核子レベルで壊したり変化させたりするのが容易ではない．一方，これらより軽い原子および重い原子は，原子レベルの操作が可能である．図14・10から，核エネルギーの利用方法として2通りの方法があることがわかる．一つは，重い原子を分裂させて軽い原子に変えるときに得られるエネルギーを利用すること，もう一つは，軽い原子を融合させて重い原子に変えるときに得られるエネルギーを利用することである．前者が核分裂であり，現在，ウランを燃料として稼動している原子力発電である．後者が核融合である．

現在開発が進んでいる核融合では，**重水素**（デュートリウム，D あるいは $^2_1 H$）や**三重水素**（トリチウム，T あるいは $^3_1 H$）を燃料として，これらを融合してヘリウム He に変化させる．この際に放出される質量欠損分のエネルギーを用いて発電を行う．核分裂でも核融合でも得られるエネルギーは熱エネルギーとして取出し，火力発電所でも用いられている熱機関を利用して発電する．現在の核分裂**原子炉**には，熱の取出し方や燃料によって加圧水型原子炉（PWR, Pressurized Water Reactor），沸騰水型原子炉（BWR, Boiling Water Reactor），高速増殖炉（FBR, Fast Breeder Reactor）などがある．PWR と BWR は現在利用されている形式で，ウランや MOX 燃料を燃料として使う．FBR は，ウラン核融合の廃棄物であるプルトニウムを積極的に利用できる方式であるが，開発が停止している．

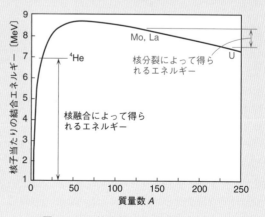

図14・10　核子当たりの結合エネルギー

い，余剰熱を二次利用して発電しようという方法もある．火力発電など，従来の発電システムにおけるエネルギー利用効率は 40% 程度で，残りは排熱として失われていたが，コージェネレーションでは理論上最大 80% の高効率利用が可能となる．すでに，地域熱供給などが有効である場合に広く利用されている．日本では，これまでおもに，紙パルプ，石油化学産業などの産業施設において導入されていたが，近年はオフィスビルや病院，ホテル，スポーツ施設などでも導入されつつある．もちろん，総合エネルギー効率がよいため，CO_2 排出削減策の一つでもある．

また，最近では，**小型エコ・エネルギーシステム**[*7] が，家庭や小規模オフィスへ導入されつつある．

14・3・3　分散型電源ネットワーク・マイクログリッド

分散型電源ネットワークとは，ある程度の大きさの需要家群（コミュニティ）に対し，各種の新エネルギーや貯蔵電力を連携して制御・運用し，安定した電力を供給するシステムのことである．一般に，熱エネルギーも同時に供給するシステムとして構築されることが多く，単に**マイクログリッド**（小規模電力網，分散型電源）とよばれることも多い．自然エネルギーに代表される新エネルギーは出力が安定せず，系統側に影響を及ぼす可能性があるため，新エネルギーや電力貯蔵システムを適切に組合わせたり，コージェネレーションシステムを組合わせたりすることも多い．現存の系統も連携される．図 14・11(a) に示すように，従来のエネルギーネットワークでは，電力は消費地から遠く離れた巨大発電所から供給され，熱は電力とは独立にガスや灯油などの形で供給されている．これに対し，図 14・11(b) に示すように，マイクログリッドでは，需要家やコミュニティが独自の新エネルギーやエコ・エネルギーシステム，電力貯蔵システム，およびエネルギー制御システムを持ち，かつ，通常，系統と連携して電力需要と熱需要とをまかなう．

マイクログリッドシステムの優位性は次のとおりである．1) 新エネルギーを主体とするため，地球環境に優しい．2) 大規模でないため需要増に応じ，大規模な設備投資なしにタイムリーに設置できる．3) 輸送距離が短いため，送配電損失を軽減できる．4) 熱と電気を融通しながら供給するため，トータルエネルギー高効率が高い．5) 自立性の高いエネルギーシステムを構築できる（災害などのリスク回避が可能）．6) 系統負荷を低減できる．

しかしながら，次のようなデメリットもある．1) 大規模発電に対し，エネルギー密度が低い．2) 自然エネルギー利用発電は，変換効率が低い．3) 自然エネルギー利用の場合，発電変動が大きい．4) 大容量蓄電は困難である．5) 制御が複雑であり，事故時対策が十分であるかどうかという課題が残る．6) 連携したときに，電力の質（電圧および周波数の安定性）の確保に課題が残る．7) 高度な通信システムが必要であり，セキュリティの脆弱性をつかれる心配がある．8) 消費者の電力需要情報はプライバシー問題に発展する可能性がある．

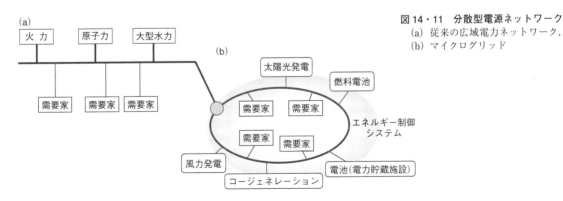

図 14・11　分散型電源ネットワーク
(a) 従来の広域電力ネットワーク．
(b) マイクログリッド

[*7]　**小型エコ・エネルギーシステム**：氷蓄熱式空調システムは，割安な夜間電力を使って冷房時には氷，暖房時には温水を蓄え，空調に利用するものである．同様なシステムとして水蓄熱式がある．自然冷媒ヒートポンプ式電気給湯機は蓄熱式給湯システムであり，電動ヒートポンプユニットと貯湯タンクとから構成される．昼夜一定運転の原子力発電や火力発電による夜間余剰電力を用いるため，省エネ効果がある．一方，クリーンな都市ガスや LPG を燃料としたシステムもある．ガスエンジンや燃料電池を利用し，発電と同時に，余剰熱でお湯をつくり，暖房もできる．また，高効率給湯器も省エネ効果の高いガス機器として普及が進んでいる．

⑮ 地球環境と持続社会

　地球環境問題は人類の発展とともにひき起こされた．現代の豊かな生活を支えるために多くの資源が消費され，環境負荷物質が放出されてきた．こうした問題を克服するために経済と環境が両立した"持続社会（持続可能な社会）"を目指すべきである．持続社会の形成には多様な技術，多様な対策が必要である．そのためには地球環境問題の本質と現代の生活を十分に理解しなければならない．本章では，まず，社会における物質の消費の歴史を理解し，持続社会のヒントを探る．次に，地球環境問題の特徴として，科学技術と政治の深いかかわりを考える．最後に，環境問題の本質から持続社会構築へ向けてわれわれがなすべき取組みを述べる．

15・1　環境問題と持続社会

　生物圏のなかで**人間圏**（§8・3・2参照）という独自の領域をつくり，今日の高度石油文明社会を築いた人類は，**地球環境問題**という新たな課題に直面している．地球環境問題は一様ではなく，問題解決へ向けての課題もきわめて複雑である．地球環境問題は，そもそも，われわれの暮らしが化石燃料を中心とした資源を大量消費する社会であることに根源があるが，このように複合化した問題をもたらした要因として人間圏の拡大と相互作用，すなわち**グローバリゼーション**[*1]がある．現代においては，必要なものを，ときとして必要以上に，低価格で供給できる国から製品として輸入する．たとえその国が地理的に遠くても，高速・大量物流のおかげで距離を意識することはない．これは，グローバリゼーションの恩恵であるが，同時に，地球環境問題を加速化・複雑化させている要因でもある．

　人類は英知を結集してこの困難を克服しなければならないが，そのキーワードとなるのが**持続可能性**[*2]である．**持続社会**とは，生態学的には**生物地球化学的循環**（§8・1・2参照）への非生物学要因の排出抑制および人間圏内における完全リサイクルが実現した社会と

考えることができる．一方，社会的には経済発展と環境保全が両立した社会と考えることができる．その実現へ向けては課題が山積みであり，経済，エネルギー，環境の**トリレンマ**（§14・3・1参照）もあるが，脱化石燃料へ向けたエネルギー革命が大きな一歩となる．加えて，先進国において考えられる可能な方法は，技術革新およびビジネス・ライフスタイルの変化であろう（図15・1）．生活水準を保ちながら資源消費を下げようと思えば，今と同程度のサービスを提供する省資源型の新技術が必要である．一方，必要な生活は維持するという前提でライフスタイルを変化させ，今享受しているサービスを少なくすることによっても資源消費を下

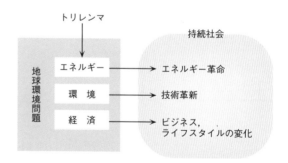

図15・1　環境問題のトリレンマと持続社会構築へ向けたアプローチ

---

*1　**グローバリゼーション**：交通網，インフラなどの整備により人，物，お金，情報の移動が容易になり，地理的距離，国境を意識せずにさまざまな活動ができるようになること．グローバリゼーションが進んだ結果，先進国の人材，資本，技術，文化などが途上国に流れ込み，先進国による資源の買い占めや地域固有の文化の破壊などが起こり，南北間の貧富の差はますます激しくなるなどの弊害も生じている．

*2　**持続可能性**という言葉は，1989年に国連"環境と開発に関する世界委員会"（別名ブルントラント委員会）において宣言された"持続可能な開発（sustainable development）"に由来する．同委員会では，持続可能な開発を，将来世代のニーズを損なうことなく，現在の世代のニーズを満たすこと，と定義した．つまり，開発と環境の共存が大事であることを述べている．日本国政府は，持続可能な社会実現のためには，低炭素社会，循環型社会，自然共生社会を統合的に進めていく必要があるとしている．

げることができる.

　われわれの生活はさまざまな物質を消費することによって成り立っている. したがって, どのような物質が使われているか, そして生活においてこれら物質がどのような機能を果たしているかを知れば, 環境問題の解決, 持続社会への構築に向けた改善の方法を明らかにすることができよう. まずこれまでの人類の歴史において物質がどのように消費されてきたかを, 技術の開発・進歩とともに振り返ってみよう.

15・2　資源消費の歴史

15・2・1　先 史 時 代

　文字がなかった時代である**先史時代**（日本では古墳時代以前）の人々は, 年間1人当たり約6トンの物質を消費したが, 現代人は年間1人当たり約86トンの物質を消費するといわれている. すなわち, 石器時代の人々の物質消費（個人が消費するすべての物質を積算したもの）は現代人の約14分の1であった. わが国の**縄文時代**の食生活は, 常に飢餓にさらされていたのではなく, 豊かだったらしいことがわかってきている. 縄文時代は狩猟社会として知られているが, 不安定な狩猟だけに頼っていたのではなく, 木の実なども採集する狩猟・採集社会でもあった. また, 物流についても広く交易があったようで, 特定の地域からしか産出しない黒曜石やヒスイが, 全国の遺跡から出土していることからもわかる. 縄文時代においても遠距離のモノ・ヒトの移動があったわけで, これは今日の現象であるグローバリゼーションの始まりである.

15・2・2　農業の影響

　石器時代の食生活が飢餓状態にはなかったとはいえ, 狩猟・採集という生態系の**食物連鎖**（§8・2・1参照）に沿った食糧調達には限界があり, 大幅に人口が増えることはなかったと思われる. 生態系とは別に一次生産を行う農業という手段をとることによって, 人口の増加が可能となった. 農耕が始まったのは, 今から1万年くらい前のことで, 最終氷河期（約7万年～1万年前）が終わり, 気候が温暖になったころである. ヒト属の種ではホモ・サピエンスのみが生き残り（§7・5・2参照）, 農耕文化をもった.

　わが国においては特に稲作の発展によって食糧生産性が高まり, 人口が増加した. 弥生時代以前で最も人口が多かった縄文中期で26万人, 弥生時代で約60万人と推計されていることから, 稲作によって人口は2倍以上になったと考えられる. しかしながら, 1人当たりの食料が増えたわけではない. 人口が増えた分だけ, 総量としての確保すべき食料は増えた. 人口の少ない縄文時代であれば, 集落が食料の豊富な地域へ移動することによって食料の減少を補うことができた. しかしながら, 弥生時代においては土地を多く必要とする農耕活動のために移動したとしても, 他の集落がすでに定住している可能性があり, 争いが多い社会であった. 弥生時代の遺跡では外敵から身を守るために集落が堀で囲まれていることからも, 争いの多かったことが想像できる.

15・2・3　技術と資源消費

　最初の技術は道具としての打製石器（旧石器時代～縄文時代）であり, ついで磨製石器, 土器へと移行した. 初期の技術は食料生産・獲得に関するものがほとんどであり, 人口の維持・増加に大きく寄与したものと考えられる. その後, さまざまな技術が開発されることによって生活が豊かになり, 資源消費が増大した.

　a. 農業技術　　初期の農業で用いられてきた道具は木製・石製である. わが国では5～6世紀になると鉄製農具が本格的に導入された. その後, 施肥（草木灰, 刈敷, 人糞尿, 魚糟, 油糟など）や農具の開発（千歯扱など）, 家畜の利用により生産性を増やしてきたが, その飛躍は明治維新まで待たなければならなかった.

　化学肥料の歴史は比較的浅く, 1840年のF.J.von Liebig による"緑色植物の栄養素は無機質である"という無機栄養説が, 化学肥料製造のきっかけとなった. 1913年に開発された**ハーバー・ボッシュ法**（§10・2・3参照）を用いた工業的な**窒素固定**によって, 窒素化学肥料は飛躍的に普及した. 同法では窒素と水素を高温高圧条件下で反応させるため, 化学肥料製造は大量にエネルギーを消費する. 生物学的な窒素固定（§8・2・2, §10・2・3参照）が, 常温常圧で行われるのとは対照的である. また, 過剰な化学肥料の投入は土壌や地下水の汚染をひき起こす（§12・2・4参照）.

　現在, われわれはおもな農作物を1年中手に入れることができる. これは戦後にガラス室やビニールハウスを使う**施設園芸**の技術が発達したおかげである. 冬でも作物生産を可能にしたことは画期的であるが, ボイラーの熱で温度を保つことから, 施設園芸も大きな

エネルギー消費を伴う.

b. 鉄　　現代において身近な資源である**鉄**の利用は, 紀元前 1400 年ごろから始まった. 鉄は鉱物資源である酸化鉄から酸素を取除くことによって得られる. この酸素除去は, おもに炭素を使って行われ, 炭素源として古来木質資源である木炭などが用いられたため, 鉄文明の発展とともに大規模な森林破壊が起こり, やがて各地の鉄文明も衰退した. 英国では, 木質資源の代わりに石炭を用いることによって鉄文明を維持したが, 石炭の利用は各地で深刻な大気汚染をひき起こした. わが国では, 砂鉄を溶かして鉄を得る**たたら製鉄**[*3]とよばれる製鉄法が古くからあった. 本法でも木炭をエネルギー源として用いていたが, 山を区切った各地区の森林の成長を待って順に伐採を行っていたので, 森林資源が衰退することはなかった.

以降, 鉄生産技術は大量生産, 高品質製品を目指して推移し, 現代において鉄は建築材料, 耐久消費財として, 社会基盤の整備や生活に欠かせない資源となっている. 一方で, 鉄産業は鉄鉱石を還元するために大量のコークス (石炭を蒸し焼きにしたもの) を導入しており, 大量に化石燃料を使う産業となっている.

c. 銅　　**銅**は鉄よりも古くから用いられてきた金属である. エジプト, メソポタミア文明において, 紀元前 4000 年ごろには銅が使用されていたことが知られている. 初期には純銅が使われていたが, その後, 錫との合金である青銅が開発された. 青銅は, 銅よりも硬く, また溶解中における気泡発生を抑えることができるため, 複雑な鋳造も可能である. 産業革命以前は, 銅はおもに装飾品, 美術品, 武器に利用されていた. 産業革命以降は, エンジンその他多数の機械部品として大量に生産されるようになった. さらに 19 世紀に発展した電気産業において電導性に優れた銅が急速に普及し, 送電, 配電, 電信電話の導線, 発電機, 電気機器の素材として消費量が増大した. 熱伝導性も高いので熱交換器などにも欠かせない資源である.

銅を含む鉱石は多くの場合, 硫化物となっている. そのため銅の精錬には硫黄を取除く必要があり, **硫黄酸化物** (§11・1・1 参照) が大気へ放出された. また,

排水にも銅イオンなどの金属イオンが含まれており, さまざまな環境問題がひき起こされた. 特に, 足尾鉱毒事件は有名である.

d. コンクリート　　窯業もまた人類の歴史とともに歩んできた技術である. **コンクリート**はセメントと骨材 (砂利や砂) の混合物である. もともとは石膏, 火山灰, 石灰などを原料としたモルタルや漆喰として利用されてきた. 最も古い使用例は, 紀元前 8 世紀ごろ中近東で使用されていたのが発見されている. その後さまざまな発展を遂げてきたが, 18 世紀に現在のコンクリートの原型となる水硬性セメントが発明され, 現在に至っている. コンクリートは社会基盤の整備には欠かせないものであるが, セメントの材料である石灰や砂利などの採掘ならびにコンクリートを使った公共事業は, 森林伐採や河川環境の変貌 (§9・3・1 参照) など, 自然環境に大きな影響を与えている.

15・2・4　輸送の歴史

人類の歴史は移動の発展の歴史でもある. 現在のグローバリゼーション社会では大量・高速の**輸送**によってヒトとモノの移動があっという間に実現してしまう. 移動の高速化には移動手段と交通網の発展が必要である. 今から 3 万年前にエチオピアからヒトの祖先が移動を始め, 1 万 4 千年前に南アメリカ大陸へ到達したという説がある. 当時の移動手段は当然, 徒歩である. 江戸から伊勢へお参りに行くのに, 江戸時代には成人男性で約 13 日間を要したが, 現在では数時間で行くことができる.

中世から近代にかけてのおもな輸送手段である馬は, 牽引用・乗用として用いられてきたが, 急速に広まったのは鞍とあぶみが発明されてからである. それ以前はラクダが利用されていた. ラクダは特に中世のおもな交易路であったシルクロードにおいて大いに利用されたが, 船と航海術の進歩によって 14 世紀にはすたれていった.

船は紀元前より大型の輸送手段として発展してきた. 最初に帆船ができたが, 風のない時には役に立たない. 次に出てきたのは帆と人力を併用するガレー船

[*3]　江戸時代以前のわが国の製鉄は"たたら製鉄"といい, 砂鉄を木炭で還元する製鉄方法である. 砂鉄を土で造られた大きな炉に木炭とともに入れ, 火を入れたのち三昼夜操業する. 鉄はさまざまな品質が混ざった巨大な塊として得られた. その塊を粉砕し, 品質ごとに分けて用いた. なかでも最高品質の玉鋼は日本刀の材料として最適なものだった. 木炭の原料となる森林の管理に関しては持続可能な森林経営をしていたが, 砂鉄を得るために山を削っており, その土砂が下流の農地に被害を与えたこともしばしばあったようである.

であった．7～8世紀に開発された大三角帆をもった
船は風をとらえやすかったので，風が吹くのを待つ必
要がなく航海が容易になった．また，操船技術として
忘れてならないのは，羅針盤の利用である．羅針盤を
使えば，どんな天候であっても航海できることから，
航海期間の短縮につながり，海上輸送が発展した．羅
針盤は9世紀には中国で使われていたが，ヨーロッパ
で広まったのは14世紀ごろである．19世紀に蒸気船
が作られるとそれまでの帆船はすたれていった．

1769年に J. Watt によって改良蒸気機関[*4]が発明さ
れて以来，蒸気機関車，蒸気船が開発され，輸送に石
炭燃料が用いられるようになった．1860年に J.-J.E.
Lenoir が，シリンダーの中で石炭ガスを燃焼させる動
力機関，つまり内燃機関を実用化した．さらに，1872
年に N.A. Otto が改良した内燃機関はガソリンを利用
でき，1894年には R.C.K. Diesel が軽油を利用できる
ディーゼルエンジンを発明した．このように，内燃機
関の発明と，それまであまり使われなかった原油成分
の利用拡大とが相まって輸送手段を飛躍的に伸ばして
いったと同時に，化石燃料の消費も増大していった．

道の発展も移動手段の進歩とともにあった．古代ロー
マの道路は堅土の上を石で固めた板石で舗装され，最
長で約8万kmに及んだ．近世においては，自動車の
発展と空気入りタイヤの発明によってタール舗装やセ
メントコンクリート舗装などの道路技術も発展した．

現代は，遠くへ速く移動し，多くの物質を輸送でき
るようになったため，輸送にかかるエネルギーは膨大
なものとなっている．また，途上国・先進国間の輸送
が容易になったため，先進国の膨大な需要を満たすた
めの途上国における自然開発が過度に行われ，人々の
暮らしに影響を与えている．

15・3 地球環境問題と環境政策

地球環境問題の対策においては，人類の生活と環境
の両立が重要である．人類の生活には経済だけでなく
平和も含まれる．これらが共存して初めて持続社会が
成立する．地球環境問題の科学的事実は前章までの記
述に譲るとして，本節では問題解決に向けた社会的ア
プローチとそれにかかわる政治と科学技術との関係を
述べる．

15・3・1 地球環境問題の概要と性格

ここで地球環境問題とは何か，あらためて振り返っ
てみよう．地球環境問題はその性格によって五つの型
に大別される（表15・1）．すなわち，1）国境を越え
た複数国にまたがる環境汚染（越境汚染，§11・2・2
参照），2）おもに開発途上国への企業進出・直接投資
によってもたらされる公害輸出という環境破壊，3）先
進国と開発途上国との間での経済関係や貿易構造から
生み出される環境破壊，4）一部の開発途上国にみら
れる貧困と環境破壊の連鎖的進行，5）グローバル・
コモンズ[*5]が汚染されることによって地球規模で損害
を被る環境破壊，である．具体的な問題点としては，
地球温暖化・気候変動，オゾン層の破壊，海洋汚染，
酸性雨，有害廃棄物の越境移動，森林の減少，砂漠化，
開発途上国の公害問題，生物多様性の低下（生物の絶
滅）などがある．これらが，これまでの環境問題と異
なる点は，国際的次元の問題であること，そして長い
時間をかけて進む現象にかかわる点である．さらに，

表15・1 地球環境問題の性格と内容

問題の型	影響の範囲	具体的問題
1）国境を越える環境汚染（越境汚染）	一定地域の複数国	酸性雨，国際河川の水質汚染
2）公害輸出	開発途上国	水質・土壌汚染
3）経済・貿易構造に基づく環境破壊	開発途上国	熱帯雨林の破壊，生物の絶滅
4）開発途上国による環境破壊	開発途上国	熱帯雨林の破壊，土地の荒廃，砂漠化，生物の絶滅
5）グローバル・コモンズの汚染	地球規模	地球温暖化，オゾン層の破壊，海洋汚染，生物の絶滅

[*4] **蒸気機関と鉱山**：蒸気機関というと自動車や蒸気船などの移動手段を想像しがちであるが，蒸気機関が最初に広まったのは鉱山の
採掘現場である．鉱山は地中深く穴を掘って鉱石を採掘するが，湧水の処理が最大の課題であった．蒸気機関が開発されるまでは人
力や馬力で湧水を坑道からくみ出していたが，効率は悪かった．蒸気機関の開発によってその問題が解決したので，鉱石の採掘が飛
躍的に進んだ．英国が石炭を使った産業革命の先頭に立ったのも，湧水のおかげで採掘できなかった炭鉱に蒸気機関を導入したから
ともいわれている．
[*5] **グローバル・コモンズ**：人類すべてにとって共通に利用可能な地球規模での資源（大気，水，生態系なども含む）や生命の場であ
る地球そのものをさしていう．地球公共財や国際公共財という認識でもとらえられている．現代社会においては，従来の"効率"や
"局所最適化"から，グローバル・コモンズ重視へと政策原理が移行しつつある．この進行に伴って，地球公共財の保全・利用のた
めの国際的次元の費用負担システムも確立される必要がある．

個々の問題は世界経済のネットワークのなかで相互に結びつき，複雑化しており，国際間の利害関係も絡んで，解決は至難の技といわれている．

　地球環境問題は一様ではなく，個々の問題の解決に向けては，環境政策上や技術上の課題，用いられるべき手法も異なる．表15・1に示した1）および2）の型の問題は，従来，**公害**として狭い地域で起こっていた環境汚染が，生産・消費の拡大に伴ってその空間的スケールも大きくなった現象とみることができる．したがって，20世紀において公害対策として用いられたさまざまな環境政策の手法を問題解決へ向けて国際的次元で適用していくことが肝要であり，そのなかで出てくるさまざまな課題に取組む必要がある．3）および4）の型の問題は，相互依存関係が強くなりつつある世界経済のメカニズムのなかに組込まれた新しい環境問題であり，特に先進国と途上国の経済格差や南北問題が絡んでいる．このような国の利害や経済的構造がかかわる問題はきわめて解決が困難であるが，世界経済システムを全地球的視野から環境調和型に変えていくという，根本的な環境政策原理の構築が必要である．さらに，5）の問題は，人間圏における活動のレベルが生物地球化学的循環を超える段階に達し，その循環に外れる**貯蔵所**（§8・3・1参照）起源の排出物が蓄積され，地球規模の汚染・破壊が進行している究極的な問題である．これは，そのもとになっている石油文明そのものの転換を迫る大きな課題を人類に突きつけている．

15・3・2　リオ宣言からSDGsへ

　地球環境問題の国際的な取組みとして，1992年に国連**地球サミット**（§8・3・4参照）が開催され，**リオ宣言**と**アジェンダ21**が採択された．リオ宣言とは持続可能な開発を実現するための一般原則である．この宣言は27の原則から構成されており，持続可能な開発，地域と世代間の公平性，予防的取組，汚染者負担の原則，戦争の環境破壊的性質，開発および環境保全の相互依存性などの内容が盛り込まれている．法的拘束力はないが，環境政策のさまざまな場面で重要視されている．アジェンダ21は持続可能な開発を実現するために実行されるべき行動計画であり，それを実現するための人的，物的，財政的資源のありかたを規定している（表15・2）．現在の環境政策，特に国際的な環境政策は，このアジェンダ21で提案されている行動

計画と方向性が一致している．それらの環境政策には**気候変動枠組条約**や**生物多様性条約**などがある．

表15・2　アジェンダ21　アジェンダ21は4セクション40章からなる膨大な宣言である．各セクションの要点を示す．

a. 社会的・経済的側面：途上国における持続可能な開発を促進するための国際協力と関連国内政策，貧困の撲滅や人口問題などについて述べている．
b. 開発のための資源保護と管理：陸上資源，森林，生物多様性，海洋などを対象としている．
c. おもなグループの役割の強化：女性，子供と若者，先住民，NGO，地方政府，労働者と労働組合，産業界，科学コミュニティ，農民などの権利を明らかにし，これら主体が強化されることにより持続可能な開発が可能であるとしている．
d. 実施手段：資金メカニズム，技術移転，国際協力，教育などがアジェンダ21行動計画の実施に必要であるとしている．

　さらに，こうした考え方はMDGs，SDGsへとつながっている．**MDGs**とはミレニアム開発目標（Millennium Development Goals）のことで，2000年に国連で採択された国連ミレニアム宣言をもとにつくられている．これを継承し，2015年に採択された"持続可能な開発のための2030アジェンダ"に記載されているのが**持続可能な開発目標SDGs**（Sustainable Development Goals）である．MDGsは極度の貧困と飢餓の撲滅など八つの目標から成り立っているが，SDGsは17のゴール・169のターゲットから構成され，持続可能で多様性と包摂性のある社会を目指している．

15・3・3　パリ協定

　気候変動に関する国際的な話し合いの場として，国連気候変動枠組み条約に基づく締約国会議がある．1997年の第3回締約国会議（COP3）では，初めて気候変動を防ぐための各国の義務を定めた．それが**京都議定書**であり，先進国に具体的な温室効果ガス排出の削減目標を義務化した．

　2012年の京都議定書終了後，新たな気候変動防止の枠組みをつくる話し合いが何度かもたれ，ようやく2015年に**パリ協定**が合意された．これは，1）世界の平均気温上昇を産業革命以前に比べて2℃より十分低く保ち，1.5℃に抑える努力をする，2）すべての国が削減目標を5年ごとに提出・更新する，3）すべての国が共通かつ柔軟な方法で実施状況を報告し，レビューを受けること，などから成り立つ．

　パリ協定ではすべての国が削減目標を掲げることか

ら，先進国しか削減義務が課せられなかった京都議定書の欠点は克服された．一方で，各国に課せられたのは削減目標の義務ではなく削減目標の宣言のため，その実効性が疑問視された．しかしながら，気候変動防止に関する国際的な関心は高くなり，多くの国が気候変動防止を優先すべき政策の上位においている．わが国でも 2020 年に温暖化ガスの排出量を 2050 年までに実質ゼロにする目標を表明した．産業界でも気候変動防止に関するビジネスに注目が集まり，再生可能エネルギーや電気自動車（EV, electric vehicle）の開発が盛んに行われている．

15・3・4　カーボンニュートラル

カーボンニュートラルの考え方を図 15・2 に示す．

2020 年 10 月に菅首相は "2050 年までに，脱炭素社会の実現を目指す" ことを表明した．この声明のなかで，温室効果ガスの排出を日本国全体として 0 にすると述べており，これは広義の**カーボンニュートラル**である．2021 年 1 月時点では，日本を含む 124 カ国と 1 地域が，2050 年までのカーボンニュートラル実現を表明している．

植物体は光合成によって二酸化炭素を吸収・固定している．その植物体を燃焼しても，大気から固定した二酸化炭素を大気へ戻しているだけなので，"正味"

の二酸化炭素排出量は 0 となる．これが狭義の**カーボンニュートラル**である．温室効果ガス排出量の正式な計算では，廃棄物燃焼による二酸化炭素排出量においてはプラスチックなどの石油由来の廃棄物の二酸化炭素排出量のみを計算し，食品由来の二酸化炭素排出量は計算しない．

広義の**カーボンニュートラル**を実現させるためには，温室効果ガスの排出量を削減するだけでなく，吸収・固定することも考慮しなければならない．その方法として，**LULUCF**, **CCS** がある．**LULUCF** とは Land Use, Land Use Change and Forestry の略であり，"土地利用，土地利用変化および林業部門" とよばれ，植林などの土地利用変化による吸収である．**CCS** とは Carbon Dioxide Capture and Storage の略であり，二酸化炭素を固定して蓄積する手法である．これは，火力発電所から排出される二酸化炭素を回収して，地中や海底に固定化する技術である．さらに，近年は，積極的に大気中の二酸化炭素を除去しようとする技術である DACCS（direct air capture with carbon storage）やバイオマス燃料の使用時に排出された二酸化炭素を回収して地中に貯留する技術 BECCS（bioenergy with carbon dioxide capture and storage）の研究が行われている．

15・3・5　科学技術の役割

現代は，政治が問題を解決するために**科学技術**[6] の知識を必要とし，科学技術も研究費確保のために政治

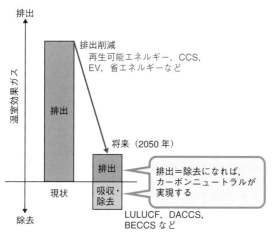

図 15・2　カーボンニュートラルの考え方

（a）科学的知見が必要とされる問題

（b）科学技術と社会の関係

図 15・3　政策と科学技術の関係

---

[6]　**科学技術**とは，科学と技術，さらにはその中間も含めたものも表す．技術の始まりは，人々の生活を便利にするための道具であり，そこには社会との関連性が存在する．一方，科学はギリシャの自然哲学の祖といわれるタレスの時代（紀元前 6 世紀頃）に誕生した（16～17 世紀のコペルニクスやガリレオらによる自然科学の誕生を起源とする意見もある）．当初，科学の成果は専門家の間で共有されるものであり，社会との関連性は薄かった．しかし，リービッヒ（§15・2・3a 参照）が有機化学に関する研究を農業に応用したことから科学と技術の関連性が高まり，今日のような科学の成果を技術に応用する，あるいは技術を科学で解明する（**技術科学**）という領域も誕生した．

と無縁でいられない時代である．科学技術者は，政府の意思決定に必要な科学的情報の発信を求められるだけでなく，意思決定そのものも求められている（図15・3a）．

　現代の政治と科学技術の関係の例として，地球環境問題において科学が果たす役割を紹介しよう．気候変動問題においては，**国連環境計画**と**世界気象機関**（World Meteorological Organization）が1988年に共同で設立した**気候変動に関する政府間パネル**（Intergovernmental Panel on Climate Change, IPCC）が，専門家集団としての役割を果たしている．IPCCは地球温暖化と気候変動に関して，世界中の科学的知見を集め，分析・評価している．特に，気候変動防止のための温室効果ガス排出削減のシナリオを報告書に記載しており，これが国際交渉の基礎資料として活用されている．

　IPCCが2007年にノーベル平和賞を受賞したことに象徴されるように，科学技術者の**知的共同体**としての情報発信は，単なる政策決定者へのメッセージではなく，政策決定そのものに大きな影響を与え始めている．この点に関して科学技術者が留意しておくべきことは，科学的事実を明らかにし，すべての可能性を伝えるということである．科学者が直面する問題は多くが科学的に証明されていないものが多いが，たとえわずかであっても，すべての可能性について言及すべきであろう．また，問題に対して適切な対応策を示し，どのようなリスクがあるかを誇張することなく，客観的に発信すべきである．

　科学技術と政治・社会にはもう一つの関係がある（図15・3b）．現代の科学技術は大型化ならびに高度化されており，多額の研究開発費を必要とする．わが国の**科学技術基本計画**[*7]においては，基礎研究の推進とともに，政策課題対応型研究開発に対する重点化を述べている．すなわち，国民生活の向上に資する研究に対して研究費がより重点的に支出される傾向に伴

い，研究自体が政治に左右されることが多くなっている．持続社会形成のための課題が明らかになっている現在，国民はその解決を望み，課題解決型の科学技術が優先される．科学技術が大型化，高度化したからこそ，社会との関係が深くなり，今後もその関係が続くことを科学技術者は考慮すべきであろう．

15・4　持続可能な社会を目指して

　人類は豊かな生活のために常に新しいものを追い求め，技術開発・物流革新によって達成してきた．中世ヨーロッパの人々がインドの胡椒を得るためには造船・操船技術が必要であったし，現代人が旬ではない食料を食べるためには施設園芸の技術が必要である．持続社会という概念は，人類がこれまで優先してきた豊かさや経済発展だけでなく，"環境"を価値あるもの，すなわちグローバル・コモンズとして重要視することである．

15・4・1　技術と物質循環

　人類は物質を精製・濃縮して**エントロピー**[*8]を下げ，それを利用することにより文明を築いてきた．しかし，その結果，生態系では循環しない貯蔵所からの物質を大量に環境へ放出してきた（§8・3参照）．環境へ放出された物質はさまざまな媒体に乗って循環する．環境問題が多岐にわたっている理由の一つは，かかわる物質がそれぞれ異なる循環時間・循環規模をもっているためである（図15・4）．

　地球環境の形成や生物多様性の構築には地質年代規模にも匹敵する長時間を要する場合もあるが，水質汚濁や大気汚染はそれよりも圧倒的に短い期間で環境に影響を及ぼす．石油・石炭の滞留時間は，6千万〜2億年と地質年代規模であり，いったん生態系に排出されると，人類の歴史の時間的スケール程度では実質的に循環しない．したがって，環境や生態系を修復するの

[*7] **科学技術基本計画**: わが国が策定した科学技術の振興に関する施策を実施するための基本的な計画．2016年に第5期基本計画が策定されたが，サイバー空間とフィジカル空間が高度に融合した"超スマート社会"を世界に先駆けて実現するための一連の取組みをさらに深化させつつ"Society 5.0"として強力に推進するとしている．一方で，地球規模の気候変動への対応，生物多様性への対応など13の重要政策課題を掲げ，地球規模課題への対応と世界の発展への貢献も目指している．この計画が，政府の研究開発への投資の指針となる．

[*8] エントロピーとは物質やエネルギーの状態を表す指標であり，$S = Q/T$で表される．Qは熱量であり，Tは温度である．エントロピーは物質やエネルギーの拡散状態を意味し，エントロピーが小さいほど濃縮され，大きいほど拡散されている状態である．われわれはふだん濃縮された物質やエネルギーを利用し，その結果，拡散された状態の物質やエネルギーを環境へ放出する．たとえば，同じ熱量をもつ流体であっても，高温の流体は発電に使ったりすることができるが，低温（環境温度と同じ温度）の流体は利用価値がほとんどない．

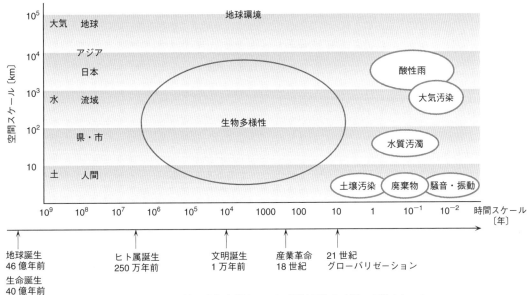

図15・4　地球環境，生物多様性，および環境汚染の時間・空間スケール

は容易ではない．

　現代の技術は，多かれ少なかれ自然の循環にない貯蔵所起源の物質を取出し，効用を生み出している．そして，それらの非生物学的要因が環境に放出されることによって，自然の循環が乱されるという負の側面が必ずある（図15・5）．一方で，非生物学的要因を，その循環から除くことも技術の役割である．持続社会においては，技術の負の側面を理解し，それを正す技術が重要である．前述したように，物質の循環は多様な時間・空間スケールをもつので，技術の負の側面を予測するためには，技術が利用する物質やその影響の範囲を的確に知ることが必要である．

15・4・2　ライフスタイルと技術開発

　持続社会とは経済と環境が共存する社会である．そのような持続社会を形成するための要点として，ライフスタイルと技術開発をあげ，それぞれの持続社会形成に果たす役割について考えた．ここで，われわれの生活がいくつかの機能の集合体であると考えてみよう（図15・6）．機能とは，衣食住，移動する，遊ぶ，学ぶなど，生活におけるわれわれの行動様式と定義できる．これら機能の組合わせがライフスタイルと考えることができる．それぞれの機能を利用するためには資源を消費し，生態系に環境負荷をかけることになる．機能を利用するには社会基盤の整備が必要であるが，それにも資源消費が伴う．

　ある生活上の機能Aを利用することにおける**資源消費**は以下のように表すことができる．

　　資源消費量＝
　　　機能Aの利用回数×機能A当たりの資源消費量

　機能A当たりの資源消費量とは，ある機能を利用した場合における資源消費量である．たとえば，電灯を1時間つけるための化石燃料消費量が該当する．ここで資源消費量を減らすには，機能Aの利用回数を減

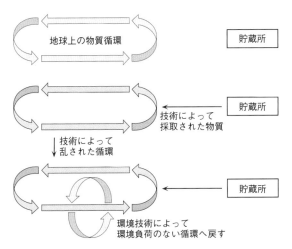

図15・5　文明社会における技術と環境技術との関係

らすか，機能 A 当たりの資源消費量を減らすか，のどちらかである．この機能の利用回数を減らすことがライフスタイルの変化であり，電灯の点灯時間を減らすことに該当する．ただし，この方法では生活の快適性を損なう恐れがある．一方，機能 A 当たりの資源消費量を減らすには，資源消費量の少ない技術を選択すればよい．たとえば，白熱灯から，消費電力の小さい蛍光灯や LED（light emitting diode）照明に切り替えることに該当する．

われわれは資源を消費することが目的でなく，機能を利用したいだけである．同じ機能であれば，資源消費が少ない技術を選択するべきである．ただし，既存の技術のなかからの選択には限界がある．たとえば，

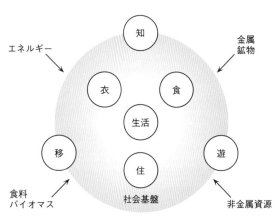

図 15・6　生活機能と資源消費の関係

ある場所への移動に従来は自動車を利用していたとしよう．自動車に乗る回数を減らすことがライフスタイルの変化であり，燃料量当たり走行距離の長い自動車に乗り換えることが技術の選択である．しかし，燃料量当たり走行距離の長い自動車を利用したとしても，ガソリン燃料を消費することには変わらない．そこで，電気自動車を選択するという方法が考えられる．この方法では，移動目的は達成しながら，化石燃料の消費を大幅に減らすことができる．ここに，新技術開発の可能性が存在する．

とはいえ，新技術が新しい資源を利用するものであるならば，それに伴う新たな資源消費，環境負荷をひき起こす可能性がある．電気自動車は化石燃料の消費自体は大幅に削減することができるが，素材としてそれまでのガソリン車では使用しない貯蔵所起源の非鉄希少元素（レアアース）を使用している．よって，新技術の消費資源に伴う環境負荷やリサイクルには，新たな技術的対応が必要となろう．また，資源消費量の少ない技術を開発しても，機能の利用回数自体が増えてしまえば資源消費量が増えてしまう可能性もある．新技術を開発してもライフスタイルの変化に気をつけなければならない（持続社会におけるその一つとしてグリーン購入[9]がある）．

このように，持続社会の構築に向けては，脱化石燃料のエネルギー革命とともに，ライフスタイルの変化，技術の選択，技術革新，および環境技術の支援の組合わせが重要である．

---

[9]　**グリーン購入**：環境にやさしい消費行動をすることをいい，そのような行動形態の人々を**グリーンコンシューマー**とよぶ．グリーンコンシューマーの原則として，必要なものを必要な量だけ買う，使い捨て商品ではなく長く使えるものを選ぶ，包装はないものを最優先し，容器は再使用できるものを選ぶ，資源とエネルギー消費の少ないものを選ぶ，化学物質による環境汚染と健康への影響の少ないものを選ぶ，などが示されている．

エピローグ

　生命体は，いわば高性能な超分子機械である．分子生物学の発展はめざましく，その仕組みや働きは分子レベルで日々解き明かされている．今日においては，遺伝情報としてのDNAの設計図をもとに，人工細菌やゲノム編集生物も産み出されるようになった．私たちヒトを含めた高等動物においても，比較的短時間かつ低コストで，個体ごとに全ゲノム情報を得ることが可能な時代になってきた．さらに，iPS細胞などのいわゆる万能細胞からさまざまな臓器を産み出す再生医療分野の研究の進展もめざましい．情報通信技術（ICT）との関係でいえば，人体とインターネットを一体化したIoB（internet of bodies）の時代も到来している．

　一方で，生命体はいかに精密であっても，修復を繰返しても，機械的な補助を受けたとしても，生物単独として生きられるわけではない．すなわち，生命を育む良好な環境があってこそ，生命体は生物として働くことができる．言い換えると，環境を流れているエネルギーや物質を取込み，そしてまた環境へと排出する，環境一体型の有機媒体としての存在が，真の意味での生命体すなわち生物なのである．このように物質の**交換プール**（§8・3・1参照）として働いている生物の体は定常状態にあり，これを地球生態系と同様に**動的平衡**とする見方もできる．つまり，生体内のミクロのレベルでみると常に変化している（動的である）が，個体というマクロでは見かけ上変化していない（平衡に達している）状態とみなすことができる．そして，その総体が地球生態系につながっている．

　地球は46億年前に生まれた．ここでもう一度，この時間的スケールと生命の進化との関係をわかりやすくするために，地球の歴史を一年にたとえてみよう．1月1日に地球は生まれたとすると，最初の生命が誕生したのが，2月初旬になる．こうしてみると比較的早い時期に生命が生まれたように思えなくもないが，このときから真核生物の誕生まではかなりの月日を要し，夏を過ぎ，秋の風が吹くまで待たなければならない．実に生命史の85%は微生物のみの世界で構成されている．そして，本格的な多細胞生物が生まれたカンブリア紀が始まるのが11月下旬である．恐竜が栄えた時代になると12月中旬，人類の祖先が誕生したのがもう大晦日の12月31日の正午あたり，そして，私たちホモ・サピエンスが生まれたのが同日の午後11時40分頃である．さらに，西暦紀元の人類の歴史2000年に至っては，わずか最後の14秒しかなく，年越し蕎麦を食べるヒマもないくらいの時間になる．

　私たちヒトは紛れもなく従属栄養生物であり，大晦日の11時40分からの20分間のほとんどを，自然界のエネルギー流と食物連鎖のなかで末端の消費者として生きてきた．すなわち，生態系の一員として他の生物と同様に**生物地球化学的循環**（§8・1・2参照）の交換プールとして働いてきた．しかし，最後の1秒も満たない間に劇的なハプニングがあったことを改めて考えなくてはならない．

　西暦紀元の14秒間の世界の人口の推移を図でみてみよう．西暦が始まる頃が2億人，日本の江戸時代の頃で6億人程度だった世界人口が，産業革命以降増え始め，特に窒素化学肥料が開発された1910年代以降の100年間に急激に増加していることがわかる．これが最後の1秒にも満たない間のできごとなのである．このままいけば，2050年には100億人に達すると予測されているが，その手前から人口増加は頭打ちになると考えられている．まさしく，**ロジスティック曲線**（§8・2・5参照）に従うような人口の増加パターンで

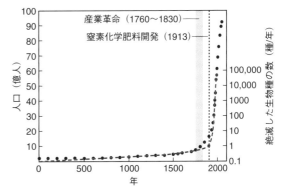

2100年までの人口の推移（2010年以降は推測）**と生物の絶滅速度**　黒丸は人口の推移，赤丸と赤線は生物の絶滅速度を示す．

ある．危機的な地球環境問題の拡大とあいまって，人類は環境収容力の限界に行き着き始めたのだろうか？人口の増加は，もちろん産業革命以降の石油文明社会の構築と深い関係にあるが，特に窒素化学肥料による食料増産が大きく貢献している．地球の歴史を1年間として考えた上記の時間スケールでは，わずか，私たちがまばたきをする間に世界人口は10倍以上になったのである．

化学肥料使用以前の農業は石油・石炭などの**貯蔵所**（§8・3・1参照）からのエネルギー源に頼っておらず，いわゆる有機農法である．この時代には人間活動に伴う環境汚染があったとしても衛生学的（生物に由来する有機物による汚染）かつ局地的な汚染であり，地球規模の汚染になどなりえなかった．その時代の人類の食料調達・生産は生物地球化学的循環のなかで機能し，地球生態系の動的平衡を維持していた．そう考えると，少々荒っぽい推定になるが，地球のエネルギー流を変えない，すなわち貯蔵所からのエネルギー源を使わない範囲で成立できる世界人口は，産業革命以前の10億人以下ということになる．これは現在の中国の全人口も養えない規模である．

現在の人口増加と**人間圏**（§8・3・2参照）の拡大は，まさしく石油文明と科学技術の恩恵である．しかし，それと引き換えに気候変動や地球温暖化をもたらし，地球のエネルギー流と物質循環を変えてしまうグローバルな汚染・破壊が始まり，日を追うごとにそれは激化している．この象徴として図には人口の推移とともに生物の絶滅速度を示している．ヒト目が登場した頃は，生物の絶滅速度はわずか1000年に1種の割合だった．それが現在は，年間40000種の生物が絶滅に至っていると見積もられている．顕性代には人類が生まれる前に5回の大量絶滅が起こったが，現在**第6の大量絶滅**の時代に突入したといわれるゆえんである．いま私たちは，地球温暖化と環境破壊に対して有効な手を打たなければ，もはやそれらを止められなくなり，地滑り的に進行させてしまうという**転換点**に立たされている．

地球温暖化や環境破壊を抑制しながら**持続可能な社会**（§15・1参照）を目指そうとする観点からは，まず，貯蔵所起源のエネルギーに頼らない新エネルギー社会の構築が必要なことは明白である．そして，物質生産や技術の行使に伴う非生物学的要因を自然生態系に排出せず，人間圏のなかでのみ循環させるシステム構築が重要となる．さらに，世界経済やライフスタイルに関する新たな価値観（たとえば公益資本主義という考え方）の導入も必要であり，このような行動転換が新時代のイノベーションや雇用創出の基礎にもなるだろう．2015年9月の国連サミットでは，国連加盟国が2030年までに達成するための**持続可能な開発目標**（SDGs）が採択されている．

自然がもつ価値は，現在**グローバル・コモンズ（地球公共財**，§15・3・1参照）とよばれる，人類の共有財産・資源として認識されている．大気，水，土壌などの環境メディアはあまりにも当たり前すぎてふだんは意識することはないが，人類すべての生存にとって必要不可欠な共有資源である．生命の基本になる資源であるからこそ，安定に存在し，きれいでなければならない．40億年の歴史をかけて1000万種以上に至った生物の多様性とその総体としての生態系は，食物連鎖と生物地球化学的循環を安定に維持するために重要な役割を果たしている．すなわち，大気，水，土壌をきれいに維持するための重要な要素であり，私たちに食料エネルギー，飲料水，その他のさまざまな天然物，および文化的価値を持続的に供給するための基盤でもある．このような地球公共財としての自然生態系が果たす役割や恵みは，**生態系サービス**とよばれている．生物圏に国境はなく，そして人類すべてが同一の気候を共有している．

過去から現在へのできごとに無知であれば，未来への道標も見つけることが困難であろう．今一度，生命と地球環境は一体となって進化してきたこと，そして現在も生命と環境は一体となって生き続けていることを思い起こすべきである．そして，その姿は変わることなく未来へ続くことを，私たちは保障しなければならない．人類はCOVID-19のパンデミックを経験し，防疫対策やワクチン開発を通じて世界共通の目的に一体となって立ち向かうことの重要性を再認識した．人類はさらに，生命科学と環境科学の知識を軸として，気候変動と地球温暖化，食料・水危機という困難な問題に対しても，結集して立ち向かうべきことは論をまたない．これからの時代を担う学生諸君が，本書で学んだ生命科学・環境科学の基礎を踏まえつつ，それぞれの専門分野の立場から，人類が抱える地球規模の諸問題の克服に果敢に挑戦してくれることを願っている．

付録　物理化学量の単位

　この付録には，生命科学・環境科学分野においてもよく取扱われる物理化学量について理解を助けるために，おもな単位をまとめて記す.

　現行の単位系の基本は，1954年の国際度量衡総会（Conférence Générale des Poids et Mesures, CGPM）で決議された**国際単位系**（Le Système International d'Unités, SI）である．英語名は"the International System of Units"であるが，国際度量衡総会の公式な用語は伝統的にフランス語と定められている（発端となったメートル法がフランスの発案という歴史的経緯による）ため，国際単位系の略語も**SI**で統一されている．SIの略称は1960年から用いられている．SIは科学と工学のあらゆる分野で使うことが勧告されており，世界のほとんどの国で合法的に使用でき，かつ多くの国で使用することが義務づけられている．日本においても計量法，日本工業規格（JIS）などに採用されている.

　なお，2018年に開催された第26回国際度量衡総会において，SI基本単位のうち，質量，電流，熱力学温度および物質量の単位に関する定義改定が承認され，2019年5月20日の世界計量記念日から施行された.

　SI単位は，互いに独立する七つの**SI基本単位**，およびこれらの積または商としてつくられる**SI組立単位**からなる．基本単位は，**時間**（s），**長さ**（m），**質量**（kg），**電流**（A），**熱力学温度**（K），**物質量**（mol），**光度**（cd）である．SI基本単位およびSI組立単位は，計算の際に単位の換算をしなくて済むという利点があり，物理化学量に関する情報の共有化という点でも重要である．しかし，一方では多くの非SI単位も併用されており，実用・慣例上これらが廃れることもないと予想される（たとえば，多用されている非SI単位として，リットル〔L〕，分〔min〕，百分率〔%〕などがある）．そのため，国際度量衡総会では，そのうちのいくつかをSI併用単位としてSIとの併用を認めている．とはいえ，それらの使用を推奨しているわけではない.

　SI単位の書き方には一定の規則がある．すなわち，(1)単位の記号は立体で表し，複数のsや略号を表すピリオドはつけない，(2)接頭語（右表）のついた単位記号は，まとめて一つの記号とみなす，(3)二つ以上の単位の積はN m，N・m，N×mの記号で表す，(4)単位の商はg L^{-1}，g/Lの記号で表し，商を表す/（スラッシュ）は二つ以上重ねて用いてはならない（たとえば，J K^{-1}mol^{-1}またはJ/(K mol)と書き，J/K/molとは書かない），などの決まりがある．なお，原則として，人物に由来する単位の記号は大文字で記し，その他の単位記号は小文字で表す．ただし，"リットル"の場合，それを表す小文字"l"は数字の"1"と見誤りやすいので，大文字"L"を使うことが推奨されている.

　SI単位は，一つの接頭語（SI接頭辞，SI prefixes）をつけた単位として使うことができる．すなわち，SI単位の十進の倍量・分量単位を作成するために，単一記号で表記するSI単位の前につけられる接頭語である．唯一，kは例外でSI単位でないgにつけて，kgとしている.

単位につける接頭語（キロ以下は小文字，メガ以上は大文字になる.）

倍　数	接　頭　語	記　号
10^{24}	yotta （ヨタ）	Y
10^{21}	zetta （ゼタ）	Z
10^{18}	exa （エクサ）	E
10^{15}	peta （ペタ）	P
10^{12}	tera （テラ）	T
10^{9}	giga （ギガ）	G
10^{6}	mega （メガ）	M
10^{3}	kilo （キロ）	k
10^{2}	hecto （ヘクト）	h
10^{1}	deca （デカ）	da
10^{-1}	deci （デシ）	d
10^{-2}	centi （センチ）	c
10^{-3}	milli （ミリ）	m
10^{-6}	micro （マイクロ）	μ
10^{-9}	nano （ナノ）	n
10^{-12}	pico （ピコ）	p
10^{-15}	femto （フェムト）	f
10^{-18}	atto （アト）	a
10^{-21}	zepto （ゼプト）	z
10^{-24}	yocto （ヨクト）	y

物理化学量を表す単位の一覧

単　位　名　称	記　号	量	系	定義・備考
時　間				
秒（second）	s	時　間	SI 基本単位	セシウム 133 原子の超微細遷移周波数 $\Delta\nu_{Cs}$ を単位 Hz（s^{-1} に等しい）で表したときに，その数値を 9192631770 と定めることによって定義される
分（minute）	min	時　間	SI 併用単位	1 秒の 60 倍
時（hour）	h	時　間	SI 併用単位	1 秒の 3600 倍
日（day）	d	時　間	SI 併用単位	1 秒の 86400 倍
年（year）	y	時　間	SI 併用単位	太陽が平均春分点を引き継ぎ 2 回通過する間の時間間隔，1 y = 365.2422 d
長さ・空間				
メートル（metre）	m	長　さ	SI 基本単位	真空中の光の速さ c を単位 $m\,s^{-1}$ で表したときに，その数値を 299792458 と定めることによって定義される．ここで，s は $\Delta\nu_{Cs}$ により定義される
平方メートル（square metre）	m^2	面　積	SI 組立単位	辺の長さが 1 m の正方形の面積
アール（are）	a	面　積	SI 併用単位	1 a = 100 m^2
ヘクタール（hectare）	ha	面　積	SI 併用単位	1 ha = 100 a
立方メートル（cubic metre）	m^3	体　積	SI 組立単位	辺の長さが 1 m の立方体の体積
シーシー（cubic centimetre）	cc	体　積	非 SI 単位（メートル系）	辺の長さが 1 cm の立方体の体積，1 cc = 1 cm^3 = 1 mL
リットル（litre）	L	体　積	SI 併用単位	1 立方メートルの 1000 分の 1
重さ・速さ				
キログラム（kilogram）	kg	質　量	SI 基本単位	プランク定数 h を単位 J s（$kg\,m^2\,s^{-1}$ に等しい）で表したときに，その数値を 6.62607015×10^{-34} と定めることによって定義される．ここで，m および s は c および $\Delta\nu_{Cs}$ に関連して定義される
回毎分（revolution per minute）	r/min	回転速度, 回転数	非 SI 単位	1 分間に 1 回の回転速度．[rpm] と表されることも多い
ヘルツ（hertz）	Hz	周波数, 振動数	固有の名称をもつ SI 組立単位	1 秒間に 1 回の周波数
電気・磁気				
アンペア（ampere）	A	電　流	SI 基本単位	電気素量 e を単位 C（A s に等しい）で表したときに，その数値を $1.602176634\times10^{-19}$ と定めることによって定義される．ここで，s は $\Delta\nu_{Cs}$ により定義される
クーロン（coulomb）	C	電気量, 電荷	固有の名称をもつ SI 組立単位	1 秒間に 1 A の直流の電流によって運ばれる電気量
ボルト（volt）	V	電位, 電圧, 起電力	固有の名称をもつ SI 組立単位	1 A の直流の電流が流れる導体の 2 点間において消費される電力が 1 W であるとき，その 2 点間の直流の電圧．1 A の交流の電流が流れる導体の 2 点間において消費される電力の 1 周期平均が 1 W であるとき，その 2 点間の交流の電圧
ウェーバ（weber）	Wb	磁　束	固有の名称をもつ SI 組立単位	1 秒間で消滅する割合で減少するときに，これと鎖交する 1 回巻きの閉回路に 1 V の起電力を生じさせる磁束
テスラ（tesla）	T	磁束密度, 磁気誘導	固有の名称をもつ SI 組立単位	磁束の方向に垂直な面の 1 m^2 につき，1 Wb（ウェーバ）の磁束密度

（つづき）

単 位		量	系	定義・備考
名 称	記 号			
温度・エネルギー				
ケルビン（kelvin）	K	熱力学温度	SI 基本単位	ボルツマン定数 k を単位 $J\,K^{-1}$（$kg\,m^2\,s^{-2}\,K^{-1}$ に等しい）で表したときに，その数値を 1.380649×10^{-23} と定めることによって定義される．ここで，kg，m，s は h，c，$\Delta\nu_{Cs}$ に関連して定義される
セルシウス度（摂氏度，degree Celsius）	℃	セルシウス温度	固有の名称をもつ SI 組立単位	ケルビンで表される熱力学温度の値から 273.15 を減じたもの
ジュール（joule）	J	仕事，エネルギー	固有の名称をもつ SI 組立単位	1 N（ニュートン）の力がその力の方向に物体を 1 m 動かすときの仕事
カロリー（calorie）	cal	熱，熱量	非 SI 単位	1 cal = 4.184 J
ワット（watt）	W	仕事率，動力	固有の名称をもつ SI 組立単位	1 秒間に 1 J の効率
力・圧力				
ニュートン（newton）	N	力	固有の名称をもつ SI 組立単位	1 kg の物体に働くとき，その方向に 1 m/s^2 の加速度を与える力の大きさ
パスカル（pascal）	Pa	圧 力	固有の名称をもつ SI 組立単位	1 平方メートルにつき 1 N（ニュートン）の圧力
トル（torr）	Torr	圧 力	非 SI 単位	1 Torr =（101325/760）Pa
標準大気圧（気圧; atmosphere）	atm	圧 力	非 SI 単位	1 atm = 101325 Pa
物質量・濃度				
モル（mole）	mol	物質量	SI 基本単位	1 モルには，厳密に $6.02214076 \times 10^{23}$ の要素粒子が含まれる．この数はアボガドロ定数 N_A を単位 mol^{-1} で表したときの数値で，アボガドロ数とよばれる
規定（normality）	N	イオンの当量濃度	非 SI 単位	溶液 1 m^3 中に溶質 1000 グラム当量を含む濃度
水素イオン指数（potential Hydrogen）	pH	濃度（水素イオン濃度）	非 SI 単位	[mol/L] で表した水素イオンの濃度に活性度係数を乗じた値（水素イオン活量，a_{H^+}）の逆数の常用対数
百分率（パーセント, percent）	%	分 率	非 SI 単位	ある数または量が全体のうちの，100 分のいくつにあたるかを表す比率量
千分率（パーミル, permil, per mil）	‰	分 率	非 SI 単位	1000 分のいくつにあたるかを表す比率量 1 ‰ = 0.1 %
百万分率（parts per million）	ppm	分 率	非 SI 単位	100 万分のいくらであるかを表す比率量
十億分率（parts per billion）	ppb	分 率	非 SI 単位	10 億分のいくらであるかを表す比率量
一兆分率（parts per trillion）	ppt	分 率	非 SI 単位	1 兆分のいくらであるかを表す比率量
カタール（katal）	kat	触媒活性	固有の名称をもつ SI 組立単位	1 kat = 1 mol/s
光・放射能				
カンデラ（candela）	cd	光 度	SI 基本単位	周波数 540×10^{12} Hz の単色放射の視感効果度 K_{cd} を単位 $lm\,W^{-1}$（$cd\,sr\,W^{-1}$ あるいは $cd\,sr\,kg^{-1}\,m^{-2}\,s^3$ に等しい）で表したときに，その数値を 683 と定めることによって定義される．ここで，kg，m，s は h，c，$\Delta\nu_{Cs}$ に関連して定義される
ベクレル（becquerel）	Bq	壊変率，放射能	固有の名称をもつ SI 組立単位	1 秒間に 1 個の原子核が崩壊して放射線を放つ放射能の量
グレイ（gray）	Gy	吸収線量	固有の名称をもつ SI 組立単位	電離放射線の照射により，物質 1 kg につき 1 J（ジュール）のエネルギーが与えられることに相当する吸収線量（1 Gy = 1 J/kg）
シーベルト（sievert）	Sv	線量当量	固有の名称をもつ SI 組立単位	グレイで表した吸収線量の値に，線質係数，修正係数を乗じたもの

索　引

さかき　よし　ゆき
榊　　佳　之
　　1942 年　愛知県に生まれる
　　1966 年　東京大学理学部 卒
　　豊橋技術科学大学 第 6 代学長
　　東京大学名誉教授，豊橋技術科学大学名誉教授
　　現　静岡雙葉学園 理事長
　　専門　ゲノム科学，分子生物学
　　理 学 博 士

ひら　いし　あきら
平　石　　明
　　1951 年　福岡県に生まれる
　　1976 年　長崎大学水産学部 卒
　　豊橋技術科学大学名誉教授
　　専門　生命科学，微生物学，環境生物工学
　　理 学 博 士

第 1 版 第 1 刷 2021 年 10 月 22 日 発行

環 境・生 命 科 学

© 2 0 2 1

| 編 集 者 | 榊　　佳　之 |
| | 平　石　　明 |

発 行 者　住 田 六 連

発　　行　株式会社 東京化学同人
東京都文京区千石3-36-7（〒112-0011）
電話 03（3946）5311・FAX 03（3946）5317
URL: http://www.tkd-pbl.com

印刷・製本　新日本印刷株式会社

ISBN978-4-8079-2017-4
Printed in Japan